U0162470

数据化分析与决策

从入门到精通

何宗武 / 著

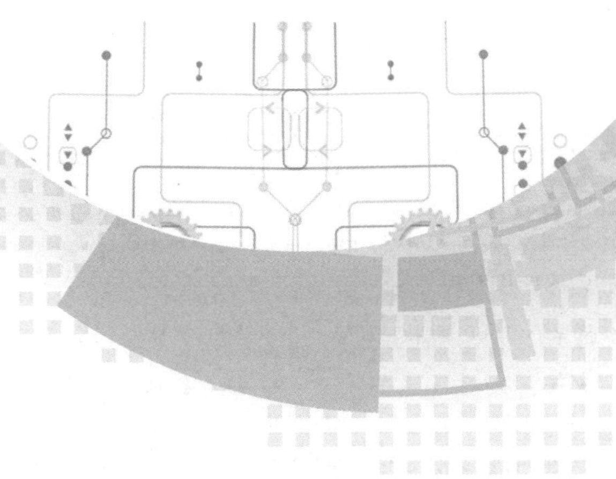

浙江人民出版社

图书在版编目（CIP）数据

数据化分析与决策：从入门到精通 / 何宗武著．— 杭州：浙江人民出版社，2022.8
ISBN 978-7-213-10503-6

Ⅰ．①数…　Ⅱ．①何…　Ⅲ．①数据处理　Ⅳ．①TP274

中国版本图书馆CIP数据核字（2022）第027539号

浙江省版权局
著作权合同登记章
图字：11-2019-262号

数据化分析与决策：从入门到精通

SHUJUHUA FENXI YU JUECE: CONG RUMEN DAO JINGTONG

何宗武　著

出版发行：浙江人民出版社（杭州市体育场路347号　邮编：310006）
　　　　　市场部电话：（0571）85061682　85176516
责任编辑：陈　源
责任校对：杨　帆　何培玉
责任印务：刘彭年
封面设计：红杉林文化
制　　版：济南唐尧文化传播有限公司
印　　刷：杭州宏雅印刷有限公司
开　　本：710毫米×1000毫米　1/16　　印　　张：21.25
字　　数：265千字　　插　　页：1
版　　次：2022年8月第1版　　印　　次：2022年8月第1次印刷
书　　号：ISBN 978-7-213-10503-6
定　　价：88.00元

如发现印装质量问题，影响阅读，请与市场部联系调换。

推荐序

比尔·盖茨曾说：搜集、管理和使用信息的方式决定了输赢！科学家们说过：继蒸汽、电力和石油之后，下一次工业革命的生产要素是“数据”。人工智能的发展需要利用大量的数据。因此，数据科学将成为未来非常重要的一个研究领域。

如何把“数据”转化为“决策”是数据科学研究领域面临的重大课题。此前中国很多厂商在计算机硬件生产领域表现得很好，它们生产的计算机及各种终端设备搜集并处理了大量的数据。下一步工作的重点就是如何使用这些数据，如果谁在这次浪潮中缺席了，那么它就会在下一波的角逐中被淘汰。

幸好有一些数据科学家在看到这一现象后，不断地通过撰写文章、出版图书，把毕生所学毫无保留地分享给大家，希望能够联合更多的有识之士，让中国在创造了硬件奇迹之后，再创高峰。何宗武老师就是这样一位数据科学家。

何老师令人钦佩之处在于，他长期在数据科学领域工作，从来不急于追赶潮流，反而扎扎实实、一步一个脚印地为该领域不停地做贡献。他说，大数据不是一个口号，而是一种思维，可以内化为个人与企业决策的一部分。这些年，他不断地写作出书，引领众多非数据科学人士一步步地迈入这个新的殿堂。

在大数据和人工智能等口号响彻云霄之际，何老师大道至简，从基础入手创作了本书。在本书中，何老师将 R 语言作为工具，从最基础的分析型企业的概念讲起，由浅入深，依次介绍统计分布的数字特征、时间序列、期望值与信赖区间、二元选择模型与Logistic模型、主成分分析、聚类分析、决策树及随机森林，最后一讲介绍了一个大数据营销的案例——购物车分析。本书就像是一本大数据秘籍，帮助我们不断地提高，最终让我们把数据转化为决策。

近年来，我服务的嘉实信息公司致力于金融信息供货商交易决策平台的发展，我们尝试通过使用程序，从庞杂的金融数据中寻找出现频率高且转瞬即逝的交易机会。这当中涉及的数据科学就是相关行业从业者必须不断学习的内容，只有把知识积累到一定程度才有可能取得成功。

何老师的这本书，可以让有志于从事量化交易的人士带着正确的观念，处理与金融相关的数据。很荣幸可以帮何老师推荐这本书，让我们从学习数据分类开始吧！

李政霖（嘉实信息公司总经理）

自 序

数字科技席卷世界的同时也带来了大数据浪潮，但是“大数据”三个字容易让人们产生误解，以为“大”就是美。其实在商业管理领域，大数据是指以证据为基础的决策分析。更精准地说，“大”不是指用“4V 特性”[①]来描述的大数据特征，而是指数据科技（Data Technology）的进步和对多样数据的“大范围应用”。

不可否认，在互联网技术突飞猛进的当下，日常生活所产生的数据量远超从前。目前，人们工作中分析的数据表动辄“千行万列”，为了从这些数据中提取价值，“统计学”（Statistics）和“数据挖掘”（Data Mining）成了炙手可热的领域。然而，我们不是为了获取大数据而获取大数据，大数据乃至人工智能的发展目标都是为了支持决策。简单地说，数据分析产生“预测”，预测解读产生“决策”。数据分析涉及两个重要过程——排序和分类，一言以蔽之，以排序来分类，从预测到决策就是大数据分析的核心思想。

适合的分类产生的结果可以得出可靠的预测，但是，如果数据的结构复杂，排序乃至分类过程也会比较复杂，所以需要利用算法来处理数据。例如，从分类的角度学习统计。统计学的预测以样本期望值或条件期望值为基准，据此将数据划分置信区间，分为内外两类，数据划分后的重点不再是参数估计的显著程度，而是预测表现和误差

① 规模性（Volume）、高速性（Velocity）、多样性（Variety）和价格性（Value）的简称。

分析。

本书共分为10讲，是笔者多年来教学和实践经验的浓缩。书中部分内容出自笔者在台湾师范大学EMBA课程中讲授“大数据决策分析”一课的教材。每一讲皆以一个特定企业应用大数据进行决策的案例为开场，希望借此减少读者在学习过程中的枯燥感，同时了解大数据的决策端，这相当关键且实用。如果没有预测，一切决策都是纸上谈兵。每一讲结尾都有一个关于数据决策思考的案例，通过真实且生动的案例加深读者对大数据决策的认知。本书实战案例都是用R语言编写的，其实使用何种语言不是重点，重点是要对所预测的对象行为有深刻的认识。

何宗武（台湾师范大学全球经营与策略研究所）

目　录

第1讲

分析型企业的概念

我分类，故我在

所谓大数据分析就是把数据进行分类（Classification），所谓分析型企业（Analytical Enterprise）就是能从已分类的数据中解读出数据类型、提取价值，并据此做出决策的企业。IBM 专家胡世忠曾在《云端时代杀手级应用：大数据分析》一书中提到：欧洲某烘焙坊在与 IBM 合作时发现，女性消费者的消费行为在雨天和晴天有很大的不同，她们在雨天喜欢购买蛋糕，而在晴天喜欢购买潜艇堡。得出这个结论使用的技术很简单，就是分类。首先将消费者按照性别分为男性和女性两类，然后将两类消费者的购买行为与天气相结合，再根据雨天和晴天对他们购买的品项进行分类。

沃尔玛著名的“尿布和啤酒”案例则是通过商品之间的关联性，将消费者按照性别、年龄和购买时间等特征进行分类，从中发现消费者的消费类型（Pattern），进而制定销售决策。

2008 年，网飞（Netflix）公司面向全球数据科学家发起了一次竞赛，只要是能将公司视频推荐绩效增加 10% 的队伍，就可以赢得百万美元。这项数据分析的重点在三个方面：第一，用户会给视频怎样的评分？第二，用户会给予高评分的视频有哪些？第三，如何将视频推荐给合适的用户？这个过程简单地说就是根据用户对视频的评分筛选出获得高评分的视频，再将获得高评分的视频推荐给可能感兴趣的用户。原则虽如此，但实际操作上不仅要别具巧思，还要设计出合适的算法。

上述过程体现了数据解析学（Data Analytics）的基本思想，也就是大数据时代数据科学的基本思想，它的核心就是分类。然而，随着数据量越来越大，不但分类变得越来越困难，解读的难度也是更上一层楼。

“大数据，大思维”这 6 个字是笔者在 2015 年接受某电视台采访时提到的，当时提到这 6 个字是因为大数据的概念往往过度强调与信息技术相关联，容易与企业进步所需的元素格格不入。如果说大数据只是一个串流数据的科技设备，那么大数据只会让企业纠结于数据库规模与形式上的数据演算。一言以蔽之，所谓大数据思维就是数据时代下的分析型企业最需要的思维。分析型企业做出的各类决策都跟数据分析有关。

数据分析就是以证据为基础的决策行为。为什么数据分析很重要？想象一下，如果你胸痛了去医院挂了心内科，医生没有检查你的心脏，直接就给你装 3 个心脏支架；你的主治医师不做生理指标检验，而是用直觉判断某个药物有用，直接开处方让你购买服用；你只看了大学成绩单就决定了自己的交往对象……上述决策都是片面且不切实际的。我们应该搜集、研究数据，学习更好的分析技术，这样才能做出准确的决策。

“分析型企业”这一概念最早是由托马斯 · H. 达文波特（Thomas H. Davenport）提出的，后来鲍勃 · 刘易斯（Bob Lewis）和李 · 斯科特（Lee Scott）于 2015 年在认知学习型企业（Cognitive Enterprise）的基础上扩充了这个概念。数据分析能否为企业创造价值，关键就在于一个数据学习型系统是否与决策紧密连接。我们可以通过与“量化”（Metrics）一词比较，来理解何为数据分析。量化是以指标为基础的量化系统，如各种绩效指标（Performance Index）。最具代表性的例子就是把数字形式的绩效转化为可视化的雷达图和仪表盘。分析则是以形态与关系（Pattern and Correlation）为基础的类型辨识（Pattern Recognition）过程。

以学生在校成绩为例，教育上的量化绩效指标通常是考试成绩、出勤率和缺勤率等，通过模型与算法得出学生的优良标准。在数据分析方面，则通过传感器的数字记录功能来了解学生的学习模式。例如：

E-learning 学习平台根据学生的投入状况（Engagement Inputs）来衡量其学习的刻苦程度，而不是分析其学习结果（Outcomes）。若只是分析学习结果数据，可能会打击到一个正在努力向上的学生，具体可以参考凯西·奥尼尔（Cathy O'Neil）在其书中提到的美国中学教师评定系统将优秀教师解聘的案例。

所以，问题不在于大数据本身，数据再大，如果不改变方法论，产出的结果就不会改善。数据科学对企业的帮助不只是用更多的数据做量化处理，如果只将大量数据进行量化处理而不进行分析，就会造成奥尼尔所谓的“大灾难”。然而，我们也可以广义地说，数据分析是扩增维度的新量化（Augmented New Metrics）过程。

本书借“分析型企业”一词来说明与数据分析紧密结合的企业决策模式，这是一个结合“机器智能”和“大脑智能”的分析型（Analytical）决策生态链，如图 1.1 所示。

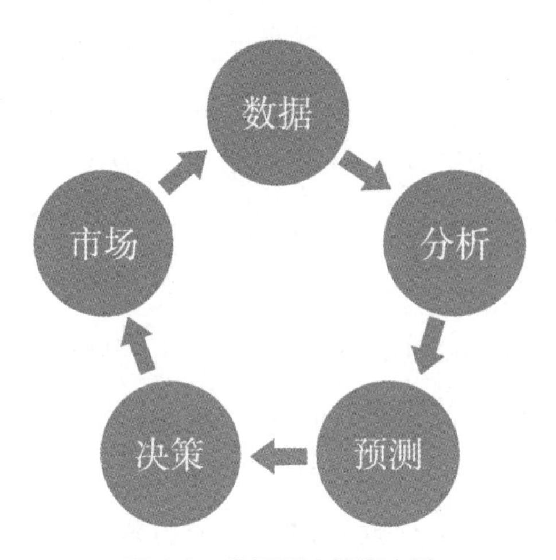

图 1.1　分析型决策生态链

没有预测就没有决策。数据经分析产生预测（Prediction），基于预测衍生出可行的策略（Strategies）集合，然后根据这个集合做出决策（Decision），如果决策经过市场检验且有绩效，再反馈至数据分析过程。

在这个以互联网为导向的数据经济时代，数据的搜集和存储都很容易实现，每个人或多或少都会使用一定量的数据来完成某些工作。例如，企业在制定营销决策时要分析顾客的行为和意见数据；顾客购买特定商品时要查看相关的点评数据等。

虽然数据使用的普及性正在增加，但它被两种事物围困。首先是大数据，近几年来，人们将工作重点放在数据库技术上。“大数据”3个字被炒作成了“比大小”的工作，肤浅且空洞；其次是程序语言，人们的学习重点变成写程序，甚至将视野聚焦于使用哪种程序语言比较好，纠结于在Python、R上还是在Spark、Hadoop的基础上学习算法。数据科技带来了算法等工具，但如果只是把数据变大，认知学习能力的维度没有变大，则从少量数据中将无法收获价值，大数据只会让这些价值更加遥不可及。

事实上，整个数据事件与数据库的大小无关，而与决策事实有关。如果数据事件与企业决策的制定无关，那就不是在进行大数据分析。因为如果数据事件与企业决策有关，那么数据量就会慢慢变多，价值也会愈来愈高。所以，与决策深度连接的数据与预测是企业做出决策的关键，做到了这一点，数据库不但会自己变大，还会在面临决策成功或失败的时候帮助预测完善，这就是所谓的认知学习（Cognitive Learning）。现阶段我们看到很多号称机器学习（Machine Learning）的平台，但实际情况是“只有机器，没有学习”。

大数据有价值，但我们不是因为“大”而研究这些数据，我们没必要在一开始就直接找一组巨量数据来分析。数据分析的本质是一个与数据科学紧密结合的企业决策模式，即商业数据分析（Business Analytics），且此模式在运作过程中，会自然地让一切变“大”、变“聪明”，其内涵就是所谓的商业智能（Business Intelligence）。现阶段全球智慧城市（Smart City）就是最好的例子，从城市到企业，一言以蔽之，就相当于一个分析型企业（Analytical Enterprise），如图 1.2 所示，这其中涉及两个概念：

1. 与数据科学紧密结合的企业决策模式被称为商业数据分析（Business Analytics，BA）。
2. 决策模式衍生的动态学习过程被称为商业智能（Business Intelligence，BI）。

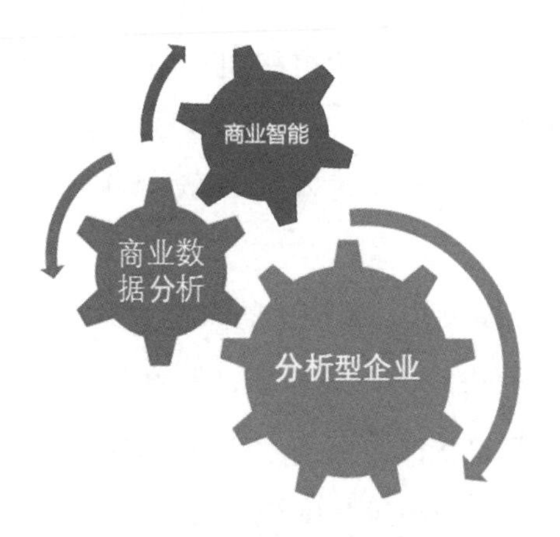

图 1.2　在商业数据分析与商业智能中成长的分析型企业

分析型企业的背后是一个学习型的商业模式，且学习过程与结果数据都被数字化处理，因此，成败的关键在于学习过程是否开放、先进，而数字解读也不是各抒己见的过程。除了拥有数据，还需要拥有深厚的数据素养（Data Literacy）。例如，我们是否可以只根据一个人所读的专业判断他的逻辑能力是否够强？我们是否可以根据一个人拿到了信息工程硕士学位，就认为他是大数据分析专家？我们是否可以看到一位高中生在公交车上不给老人让座，就认为他是个没教养的人？综上所述，数据素养不需要在统计学或数据挖掘的技术上纠结。

本书以数据分类为主线，帮助读者掌握数据分析的方法与工具用法，以期提升读者的数据素养。

大数据有大用

我们不是因为大数据“大”而研究它，大数据不是既定的海量数据库，而是一个“会长大”的数据库，或者说是一个数据分析库。也就是说，数据库是有机连接的生命。互联网技术的发展引发了数据浪潮，如果企业只是积极地升级数据存储设备，而不对数据进行分析，那么这些存储起来的数据只是数字垃圾而已。反之，如果这些杂乱的数据经过整理、合并、分析之后能够为企业带来 30% 以上的业务增长，为组织降低 10% 以上的成本，那它们就是宝贵的资源。数据分析是以系统化的方法处理大量的数据，通过多种数据整合方法，产生大分析（Big Analytics）的过程。

接下来，我们通过“大数据”三个字的由来进一步解释大数据思维的概念。信息工作人员很早就在处理大规模的数据存储问题，当时常见的概念是大规模数据库（Large Scale Database），包括关系型数据库与非关系型数据库。然而这并没有为数据形态赋予一个响亮的名称，直到大数据的出现。“大数据”三个字最早是由数据科学家绍洛姆 · M. 韦斯（Sholom M.Weiss）和尼亭 · 因杜尔亚（Nitin Indurkhya）在 1997 年出版的《预测数据挖掘：实用指南》（*Predictive Data Mining: A Practical Guide*）一书中提到的，如图 1.3 所示。之后 IBM 为大数据定义了 4V 特性。从此以后，大数据就像被贴上了一个标签，很多单位都用这个标签来定义大数据。想不到一个由科技领域工作者（Vendor）提出来的概念竟然迅速风靡全世界。

Contents

图 1.3 《预测数据挖掘：实用指南》目录

然而，大数据的发展多聚焦在信息设备上的“比大小”，很多大数据相关研究项目只体现了一次能读取大量的数据。对决策而言，如果认为把数据放入 Hadoop 或 MongoDB 等数据库中就能决定它们的价值是很肤浅的。这好比某位厨师的菜做得不好吃，难道换个大餐盘就会让食物变美味？再比如，如果一本书在书店里没有人细细品读，那么将它放到再大的图书馆也是徒劳的。对决策有用的数据规模往往不大，但数据思考若没有深度，再大的数据库也不过是个仓库而已。何谓大人？身高很高，体重很重，年龄很大，还是什么？伴随科技发展出现的种种问题往往由于决策失误，就像用年龄来判断一个人的心智成熟与否一样。

韦斯和因杜尔亚虽然在所著的书中提到了大数据的概念，但并没有特别强调其在技术上的“大”。两位专家用“大”描述了数据的多样性，并说明了如何存储这些大量的、非标准化形式的数据。大数据的价值不是建立在“大”的基础上，扩大数据库不一定会给决策带来实质性的帮助。问题的关键不是大小，而是如何通过合适的分析方法提升自身的信息洞察力（Information Insights）。

互联网和移动设备的普及，让我们随时随地都可以搜集、积累数据并进行分析，其过程如图 1.4 所示。

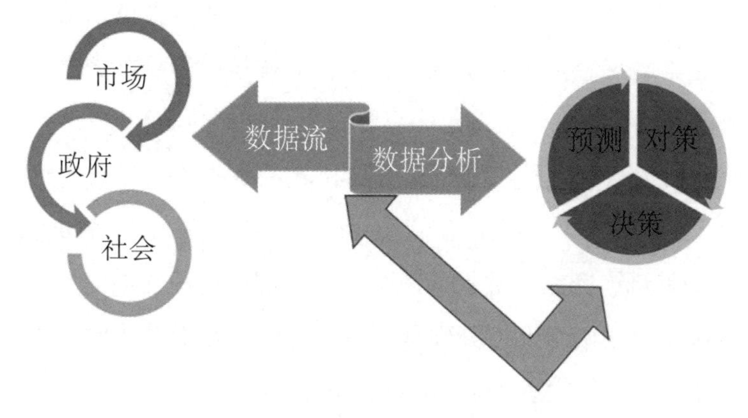

图 1.4　数据的获取与分析过程

因此，数据仓库的重要性不可忽视。这个时代的确是一个以大规模数据为导向的时代，但研究的焦点不应只是使用何种软件或程序，而应是让商业决策有更强的问题发掘能力。

数据分析过程涉及的两个大数据环境

1990 年前后，PC 机（个人计算机）286 的发展接近尾声。当时抽取式软盘是最常见的设备，100 MB 容量的硬盘十分少见，而光驱则是额外配备的。当时大规模计算多半使用IBM 3090虚拟机（Virtual Machine，VM），昂贵的软硬件设备使得数据分析成为学术机构或大公司的专利。大规模的数据存储于大容量的磁盘中，分析人员将终端机与IBM 3090虚拟机联机，撰写统计软件SAS的程序分析数据，再撷取结果。

PC机大约每两三年就有一个大进步，内存和硬盘容量大幅提升，操作系统也愈加强大。1995年左右，开源编程语言如Python、R①，功能强大的数据库如Hadoop、MySQL逐渐出现，由服务器支持的大数据分析成为关键工作。之后，网络技术的成熟促成了美国电子商务的狂热与泡沫。到了2005年左右，个人PC仿真服务器的功能大幅度提升，内存和硬盘容量突破了技术瓶颈。也就是说，目前大量数据分析所需要的硬件设备已经由特定的组合变成了简单的PC机。

所谓的大数据环境，是以服务器模式的数据库为基础，而不是将很多很大的数据文件零散地存储在硬盘中。我们先以从1990年至今的IT简史为基础，介绍大数据的两个环境，这样后面介绍的知识读者就容易掌握了。这两个环境分别是企业架构的大数据环境和个人架构的大数据环境。关于这两个环境简单说明如下。

1. 企业架构的大数据环境：包括所谓的机房或数据中心，如云端服务器或独立服务器机房。依赖一个由数据仓库为基础的IT架构，后台包括搜集和存储海量数据的设备，连接前台的数据分析端，它们组成一整个系统。
2. 个人架构的大数据环境：以个人计算机为主或有个人服务器的环境。目前，个人计算机已经可以连接TB（1TB=1 024GB）级别的

① Python语言最早出现于1991年，R语言则于1995年问世。

> 硬盘，PC 机操作系统仿真服务器（如 LAMP）或 Linux 操作系统也已经很成熟，它们可以支持存储和分析数据的软件的工作。所以，一个会“成长”的数据库可以在个人架构的大数据环境中生存。

这个时代推崇学习大数据是因为个人架构的数据库环境正在逐渐进步并成熟，且互联网的普及使得数据的获取变得更加方便。为什么以前不需要学数据库技术？因为过去企业规模多半较小，而且架构都很健全，PC 机只要能吞吐几个独立的数据文件就够了。而现在，由于技术的进步，数据量越来越大。例如，证券交易所网站每天下午公布 30 个产业指数，每 5 秒更新一次，一天产生的数据量约为几 MB，如果每天都进行数据的搜集，那么一年就会产生几百 MB 数据，10 年就会产生几 GB 数据。如果加上更细的数据，如微秒或商品信息，那么数据量就更大了。证券交易所所更新的数据都是以 .csv 格式文件保存的，单位为天，因此需要将这些数据存入数据库。

前文中提到过，大数据相当于一个会变大的数据库，因此在进行分析前必须先学习数据科学。数据科学是分析数据的科学，涉及的领域主要有统计学和数据挖掘。进行大数据分析时，要强调它的智能特征，进阶的方法论包含两种学习模式：统计学习和机器学习。没有学习模式的数据分析工作相当于只是给计算机一批数据，算一算结果而已，数据分析过程需要包含以下三要素。

- 学习器：已知训练样本，在其中演算结果。
- 检测器：未知测试样本，把参数带入其中，检测学习结果。
- 回馈器：修正错误，调整参数。

下面我们做个小结，厘清几个概念。

第一，数据工程是一个以数据库开发和管理为主的工程技术。例如，Hadoop、Spark、SQL Sever、MySQL 和 Access 等数据库软件对数据的管理与存取技术，也称数据存储（Data Warehouse）技术。可以用“ETL”描述这个过程：Extract（数据萃取）、Transform（格式转换）和 Load（重载）。其中涉及的细节还有数据清理和分布式结构等。

数据科学是一门用科学的方法对数据本身进行探讨或挖掘的学科，这里有三个关键词，一是“科学的方法”，二是“数据本身”，三是“挖掘知识”。基本上，数据科学认为数据是来自知识海洋的溪流，只要我们能够追踪它的轨迹或数据类型，就可以发现更多的未知事物。科学方法方面，一般涉及“统计学”和“数据挖掘”两个领域。

在数据持续增长的情况下，依照不同的数据动态属性，“统计学”和“数据挖掘”也能用“学习”两字来强调，要学习利用更多的数据来修正既有的错误，所以统计学也称统计学习（Statistical Learning），数据挖掘也称机器学习（Machine Learning）。现在很火的人工智能（Artificial Intelligence，AI）就是以类神经网络为基础的具有辨识能力的深度学习（Deep Learning）过程。如果混淆了数据工程和数据科学，就相当于把制造冰箱的人当成厨师。

第二，大数据分析属于数据科学。大数据解析本身具有强烈的决策意向，是前瞻性（Forward Looking）的。不管数据库多大，它都不是只在数据库内进行比对检索的工作，关于这方面有以下几点需要说明。

1. 不需要纠结大数据的 4V 特性，不用在乎数据大小。大数据有泡沫，但数据科学没有。只要确信不管是什么形式的数据，我们都有能力处理得很好，分析出价值，帮助产生有效的决策即可。
2. 大数据本身就是厚数据，但是目前发展出现了两个问题：一是数据库技术取向太过，人们谈起数据库想到的都是数据库的结构化与非结构化设计、程序设计，却忽略了数据科学的内涵；二是“数据科学”这四个字被滥用到无以复加的地步，只要是在计算机前处理数据的人都被称为数据科学家。因此，我们将通过厚数据探究在数据库技术泛滥的情况下寻找失落的意义维度。

3. 大数据没有快捷键，不是质化或量化的问题，它也不是万灵丹，进入社会科学研究的可行性尚须谨慎评估，目前所有的工作都只是尝试。大数据在社会科学现行研究中的主要价值是分析“现行研究受到另类数据的撞击后，产生的意义变化”。以《红楼梦》为例，传统“红学”专家的研究遇到文字挖掘的数字撞击后，产生的意义变化和冲突要如何去调和？此外，汇率变动的预测，遇到情绪数据的数字冲击时，对现行模型的预测有何冲击？这样的关系对学术研究是有利还是有害都尚不明确。
4. 不要因为屈服于压力而向外界显示你很高端，正在用大数据做事，也不需要把什么数据都冠上一个“大”字。许多自作聪明的企业被市场炒作蛊惑，花了大钱却一头栽进去，这种显而易见的教训代价很高。
5. 我们不是因为大数据的“大”而去研究大数据，也不是为了单纯地进行大数据分析，大数据分析是为了提升决策质量从而创造价值，大数据分析的三个价值包括：

（1）扩充现有的分析流程，增加额外价值；

（2）找到新方法来处理当下的问题；

（3）发现全新、亟待解决的问题。

算法的概念

机器学习的核心是用算法处理数据，算法是对解题方案准确且完整的描述。算法可以分为两类，一类是有公式代入的算法。例如，二元一次方程的解可表示为：

$$ax^2 + bx + c = 0 \Rightarrow x = \frac{-b \pm \sqrt{b^2 - 4ac}}{2a}$$

线性回归的系数，最小二乘法的公式可表示为：

$$\begin{aligned} &Y = X\beta + \mathbf{e} \\ &\Rightarrow \beta = (X'X)^{-1}X'Y \end{aligned}$$

这类算法通过代数求得结果，也被称为封闭解（Closed-form Solution），特点是等号两端都没有相同的变量。

另一类算法则没有明确的代数公式。例如，解联立方程式时用到的数值求解的算法。一个常用的例子是高斯－赛德尔迭代运算过程（Iterative Procedure），已知联立方程式 $\boldsymbol{Ax=b}$ 如下：

$$\boldsymbol{A} = \begin{bmatrix} a_{11} & a_{12} & \cdots & a_{1n} \\ a_{21} & a_{22} & \cdots & a_{2n} \\ \vdots & \vdots & \ddots & \vdots \\ a_{n1} & a_{n2} & \cdots & a_{nn} \end{bmatrix}, \quad \boldsymbol{x} = \begin{bmatrix} x_1 \\ x_2 \\ \vdots \\ x_n \end{bmatrix}, \quad \boldsymbol{b} = \begin{bmatrix} b_1 \\ b_2 \\ \vdots \\ b_n \end{bmatrix}$$

第一步，将矩阵 $\boldsymbol{A}$ 写成下三角矩阵 $\boldsymbol{L}$ 和上三角矩阵 $\boldsymbol{U}$ 相加的形式：$\boldsymbol{A=L+U}$

$$\boldsymbol{L} = \begin{bmatrix} \frac{a_{11}}{2} & 0 & \cdots & 0 \\ a_{21} & \frac{a_{22}}{2} & \cdots & 0 \\ \vdots & \vdots & \ddots & \vdots \\ a_{n1} & a_{n2} & \cdots & \frac{a_{nn}}{2} \end{bmatrix}, \quad \boldsymbol{U} = \begin{bmatrix} \frac{a_{11}}{2} & a_{12} & \cdots & a_{1n} \\ 0 & \frac{a_{22}}{2} & \cdots & a_{2n} \\ \vdots & \vdots & \ddots & \vdots \\ 0 & 0 & \cdots & \frac{a_{nn}}{2} \end{bmatrix}$$

第二步，代入原式：$\boldsymbol{Lx}+\boldsymbol{Ux}=\boldsymbol{b}\Leftrightarrow\boldsymbol{Lx}=\boldsymbol{b}-\boldsymbol{Ux}$

未知数 $\boldsymbol{x}$ 的解为：$\boldsymbol{x}=\boldsymbol{L}^{-1}\cdot(\boldsymbol{b}-\boldsymbol{Ux})$

但是，上式等号两边都有 $\boldsymbol{x}$，故不是一个封闭解，此时可以用 k-step 算法求解，公式为$\boldsymbol{x}^{k+1}=\boldsymbol{L}^{-1}\cdot(\boldsymbol{b}-\boldsymbol{Ux}^{k})$，过程如下：

$$
\begin{aligned}
\boldsymbol{x}^{k+1}&=\boldsymbol{L}^{-1}\cdot(\boldsymbol{b}-\boldsymbol{Ux}^{k})\\
&=\boldsymbol{L}^{-1}\cdot\boldsymbol{b}-\boldsymbol{L}^{-1}\cdot\boldsymbol{Ux}^{k}\\
&=\boldsymbol{Tx}^{k}+C
\end{aligned}
$$

其中，$\boldsymbol{T}=-\boldsymbol{L}^{-1}\cdot\boldsymbol{U}$；$\boldsymbol{C}=\boldsymbol{L}^{-1}\cdot\boldsymbol{b}$

计算到$\boldsymbol{x}^{k+1}\equiv\boldsymbol{x}^{k}$时就可停止。

以下为一个代入数值的示例：

$$
\boldsymbol{A}=\begin{bmatrix}16 & 3\\ 7 & -11\end{bmatrix},\ \boldsymbol{b}=\begin{bmatrix}11\\ 13\end{bmatrix}
$$

$$
\boldsymbol{L}=\begin{bmatrix}16 & 0\\ 7 & -11\end{bmatrix}\Rightarrow\boldsymbol{L}^{-1}=\begin{bmatrix}0.0625 & 0\\ 0.0398 & -0.0909\end{bmatrix}
$$

$$
\boldsymbol{T}=\begin{bmatrix}0 & -0.1875\\ 0 & -0.1193\end{bmatrix},\ \boldsymbol{C}=\begin{bmatrix}0.6875\\ -0.7443\end{bmatrix}
$$

接下来给定初始值 x^0，开始迭代运算：

$$
\boldsymbol{x}^{0}=\begin{bmatrix}1\\ 1\end{bmatrix}
$$

$$
\boldsymbol{x}^{1}=\begin{bmatrix}0 & -0.1875\\ 0 & -0.1193\end{bmatrix}\begin{bmatrix}1\\ 1\end{bmatrix}+\begin{bmatrix}0.6875\\ -0.7443\end{bmatrix}=\begin{bmatrix}0.5000\\ -0.8639\end{bmatrix}
$$

$$
\boldsymbol{x}^{2}=\begin{bmatrix}0 & -0.1875\\ 0 & -0.1193\end{bmatrix}\begin{bmatrix}0.5000\\ -0.8639\end{bmatrix}+\begin{bmatrix}0.6875\\ -0.7443\end{bmatrix}=\begin{bmatrix}0.8494\\ -0.6413\end{bmatrix}
$$

$$
\vdots
$$

$$
\boldsymbol{x}^{7}=\begin{bmatrix}0 & -0.1875\\ 0 & -0.1193\end{bmatrix}\begin{bmatrix}0.8122\\ -0.6650\end{bmatrix}+\begin{bmatrix}0.6875\\ -0.7443\end{bmatrix}=\begin{bmatrix}0.8122\\ -0.6650\end{bmatrix}
$$

上例在第七步停止计算，因为$\boldsymbol{x}^7=\boldsymbol{x}^6$。

再看一个示例，下式左边是由四个方程式组成的方程组，要解出四个未知数，需要将左边的式子逐个写成右边的形式：

$$10x_1 - x_2 + 2x_3 = 6 \quad \Rightarrow x_1 = \frac{1}{10}x_2 - \frac{1}{5}x_3 + \frac{3}{5}$$

$$-x_1 + 11x_2 - x_3 + 3x_4 = 25 \quad \Rightarrow x_2 = \frac{1}{11}x_1 + \frac{1}{11}x_3 - \frac{3}{11}x_4 + \frac{25}{11}$$

$$2x_1 - x_2 + 10x_3 - x_4 = -11 \quad \Rightarrow x_3 = -\frac{1}{5}x_1 + \frac{1}{10}x_2 + \frac{1}{10}x_4 - \frac{11}{10}$$

$$3x_2 - x_3 + 8x_4 = 15 \quad \Rightarrow x_4 = -\frac{3}{8}x_2 + \frac{1}{8}x_3 + \frac{15}{8}$$

以$(x_1^0, x_2^0, x_3^0, x_4^0) = (0, 0, 0, 0)$为初始值，可计算出第一步的四个未知数，代入右式可解出第二步的四个未知数，再代入右式解出第三步的四个未知数，结果为：

$$x_1 = 0.6 \quad x_2 = 2.3272 \quad x_3 = -0.9873 \quad x_4 = 0.8789$$

$$\vdots$$

$$(x_1, x_2, x_3, x_4) = (1, 2, -1, 1)$$

到此，收敛解求解完毕。

此类算法常见的还有“梯度下降算法”（Gradient Descent），这种沿着梯度方向往下走的算法也称“贪婪算法”（Greedy Algorithm），因为它每次都朝着梯度下降最快的方向计算，以便得到最大的下降梯度。类神经网络中的反传递算法就是一种梯度下降算法。另外还有“批次梯度下降法”（Batch Gradient Descent）和“随机梯度下降算法”（Stochastic Gradient Descent）。

随机梯度下降算法是一个常出现在机器学习领域中的算法，因为本书不涉及过深的技术内容，所以在此仅将重点放在如何从分类的角度思考大数据决策和厚数据的意义上，关于算法的内容点到为止。我们将在第 4 讲中，用一个代入数值的示例讲解随机梯度下降算法。

有些算法是要解决数据本身的特殊问题。例如，对于不完全数据（Incomplete Data），有学者提出了最大期望算法（Expectation-Maximization，EM）算法，基本思想是在一个优化架构下，在期望值和极大值之间切换计算模型的最佳参数。这个算法经常用于估计隐藏马尔可夫链和空间状态变化。

另一种数据问题是“列”观察值少于“行”变量。对数据表来说，就是“上下”少于“左右”。比如，有 500 个观察值，却有 1 000 个变量。这种状况不见得是由于数据遗漏造成的，可能与数据本身的性质有关。以基因数据为例，扫描 5 000 ～ 10 000 个基因组，可能只会得到 100 个肿瘤样本。这样的数据在使用矩阵处理时会出问题，所以要用更高级的算法来处理。

数据分析之信息概论

认识数据类型

所谓数据类型（Data Type）是指记录或测量对象使用的数据形态，主要有以下九种。

1. 索引（Indexing）：索引类型的数据在数据表中以键的形式存在，如姓名、身份证号码、生日、时间戳和性别等，索引类型的数据包括两个重要的概念，其一是主键（Primary Key），它是独一无二的，如每个人的身份证号码；其二是外键（Foreign Key），顾名思义就是连接其他数据表的键。例如，学校教务系统有学生数据表和教师数据表，教师数据表中的主键就是教师的身份证号码，学生数据表中的主键就是学生的身份证号码。假设教师和学生之间存在导师与学生的联系，则教师数据表和学生数据表中都会有一个名为导师的键（或记录），这个键就是外键。

2. 二元(Binary)：二元类型的数据通常取两个相反的值。例如，“对—错”“成功—失败”“支持—反对”或“男—女”。
3. 布尔（Boolean）：布尔类型的数据基本只取两个值：“真”（True）或“假”（False），偶尔也包含“未知”（Unknown）这个值。
4. 定类（Nominal）：定类类型的数据以字符串的形式存在，用来描述对象特征，例如，家庭地址、姓名和所在城市等。
5. 定序(Ordinal)：定序类型的数据其值本身的顺序有意义。例如，“非常同意、同意、不同意、非常不同意”，债券信用评级机构的等级“AA+”“AA”和“AA-”等。
6. 整数(Integer)：整数类型的数据其值为整数。例如，次数100，人数55等。
7. 连续（Continuous）：连续类型的数据其值的取值范围可以在数轴上连续变动。例如，身高、体重等。
8. 定点数(Fixed)：定点数类型的数据其值是事先可以确定的。例如，年级＝{高一，高二，高三}，定点数类型的数据可以为上述七种数据类型中的任意一种。
9. 随机数(Stochastic)：随机数类型的数据是通过抽样得到的。例如，民意调查数据和平均物价数据等。

从数据到数据库

Excel提供的表格为数据表（Data Table），是最标准的结构化数据形式，从计算机的角度来看，数据阶层由低到高依次为：

位（bit）→字节（Byte）→栏（field）→记录（record）→文件（file）→数据库（database）

一张Excel工作表就是由栏和记录组成的数据表。一个Excel文档可以由一张或多张数据表组成。管理数据表的软件是数据库管理系统，它是一种系统软件。例如，学校图书馆的查询系统就是一个数据库管理系统，里面存有多张包含图书信息的数据表。

存储在数据库管理系统中的数据主要有两种类型，分别是结构化数据和非结构化数据。结构化数据遵循严格的长度限制和长度规范，通常以二维表的形式存在。用于存储结构化数据的数据库为关系型数据库，用结构化查询语言（Structured Query Language，SQL）对数据进行操作。非结构化数据的结构通常不完整或不规则，包括所有格式的办公文档、图片、各类报表、视频等。用于存储非结构数据的数据库为非关系型数据库（Not Only SQL，NoSQL）。以下是一段JSON格式的非结构化数据：

```
{
    ISBN:9787213101533,
    title:"IT 传 ",
    author:" 中野明 ",
    format:" 精装 ",
    price: 人民币 88
}
```

上述非结构化数据可以经过转换，变为二维表形式的结构化数据：

ISBN	title	author	format	price
9787213101533	IT 传	中野明	精装	人民币 88

上例中的非结构化数据可以与结构化数据相互转换，但下面这段非结构化数据就很难转化为二维表形式的结构化数据了。因此，通常网页上不会只有结构化数据，在存储网页数据的时候，关系型数据库和非关系型数据库都要用到。

```
{
    ISBN:9787213101533,
    title:"IT 传 ",
    author:" 中野明 ",
    format:" 精装 ",
    price: 人民币 88,
    description:" 学习信息技术的历史 !",
    rating:"5/5",
    review:[
    {name:" 读者 ", text:" 读过的比较好的书 ." },
    {name:" 历史专家 ",text:" 推荐给有兴趣的人 ."}
    ]
}
```

关系型数据库起源于 20 世纪 70 年代，著名且常用的有 Oracle、MySQL 和 SQL Sever。非关系型数据库起源于 20 世纪 60 年代，著名且常用的有 MongoDB、CouchDB、Redis 和 Apache Cassandra。大数据领域常用的分析框架有 Apache Hadoop、Spark 等，它们配合数据库使用可以分析各种类型的数据。

大规模的数据分析必须依赖数据库，有关数据库的功能我们会在附录部分简单地介绍（使用 R 语言连接 MySQL 数据库）。通常数据库无法在个人计算机的操作系统中单独运行，一般个人计算机操作系统的资源无法驱动数据库，需要用专门的接口来驱动，并使用编程语言建立数据库连接。另外，还需要输入使用数据库的用户名和密码，才能对数据进行操作。

我们常常会听到一些科技顺口溜，如：

LAMP：Linux, Apache, MySQL, PHP

MEAN：MongoDB , Express, Angular, Node.js

.NET, IIS and SQL Server

Java, Apache and Oracle.

上述事物彼此之间没有排他性，都可以互通。例如，NoSQL 的 MongoDB 可以在 PHP 环境或 .NET 架构中使用。MySQL 或 MsSQL 服务器可以在 Node.js 架构中使用。因此，数据库的选用可以根据需要，而不会受制于程序语言和框架。

数据库的管理

数据库的管理需要通过“数据库管理系统”（Database Management System，DBMS）来实现，它是一种系统软件。管理关系型数据库的软件称为关系数据库管理系统（Relational Database Management System，RDBMS）。RDBMS 使用 SQL 语言对数据进行操作，SQL 由以下三个部分组成：

1. 数据定义语言（Data Definition Language，DDL）。用于对数据库对象进行创建。
2. 数据操作语言（Data Manipulation Language，DML）。用于增加、删除、修改和查询数据。
3. 数据控制语言（Data Control Language，DCL）。用于对数据访问权限进行控制。

随着科技的发展，日常的生产、生活对数据的实时性要求越来越高，联机事务处理系统（On-Line Transaction Processing，OLTP）应运而生。OLTP 的特点是可以将接收到的数据及时处理，并在很短的时间内返回处理结果。典型的 OLTP 有网络订票系统、网上购物等。数据仓库（Data Warehouse，DW）就是基于 OLTP 技术发展而来的，用于为企业中所有级别的决策制定过程，提供所有类型的数据支持。目前多数行业内的顶尖企业如 FedEx、UPS、Sears 等都使用数据仓库技术来增强数据分析能力，进而制定决策。有些学校也使用数据仓库技术来分析校务，甚至部分医疗机构也使用这一技术来整合各分支机构产生的数据。

传统的 OLTP 只能从数据库中汇总出报表，但在全面分析数据方面存在困难，数据仓库技术的发展产生了两个优良系统：决策支持系统（Decision Support System，DSS）和在线分析处理系统（On-line Analytical Process，OLAP）。DSS 用于支持中、高层管理者针对具体问题制定的决策，运用数据库、模型库、知识库等技术解决半结构化和非结构化的问题。OLAP 能够帮助分析人员迅速、一致、交互地从各个方面观察数据，以达到深入理解数据的目的。

这就像一个团体，一旦人多了，难免会出现各种问题。一旦数据库庞大了，自然会面临数据质量问题。数据质量问题可以概括为以下三类：

1. 数据不一致。指数据存在矛盾或不相容的现象。
2. 数据离群。指某个数据的值与大部分数据的值偏离，表现为极大或极小，但不一定是错的。如果数据量较少则容易辨认，如果数据量较大则不容易辨认。在高维度数据中，离群数据往往取决于我们观察数据的角度，所以辨认离群数据不是一件容易的事。
3. 数据缺失。指数据有遗漏。

认识存储容量

我们常常听到一个文件大小是多少 MB，一个硬盘容量大小是多少 TB，一台计算机内存大小是多少 GB，等等。那么 MB、GB 和 TB 这些单位是什么概念？首先介绍两个基本名词：位和字节。它们的关系是：1 字节 =8 位或 8 bits = 1 Byte。硬盘相当于仓库，其容量远大于内存，而上述单位主要用于描述内存容量。计算机只有在内存充足时才能存取数据。

计算机只会识别“0”和“1”，任何交由计算机处理的指令最终都要转换成二进制数的形式才能执行。例如，我们在键盘上输入字母 A，真正传给计算机的是“01000001”这 8 个数字，1 个数字占 1 位存储空间，8 个数字共占 8 位存储空间，所以一个英文字母占 8 位存储空间，也就是 1 个字节。除了英文字母，数字和常用的符号都采用上述二进制编码的形式表示，被称为 ASCII 码。ASCII 码使用 7 位或 8 位二进制数来表示 128 或 256 种可能的字符。关于位和字节，需要注意以下两点：

1. 位是构成计算机内部数据的最小单位，如同机器语言中的0与1。例如，1个英文字母在计算机内部是由8个二进制位所表示的。不同的ASCII码对应不同的英文字母。
2. 字节是最常用的表示存储容量的单位。每个英文字母占1个字节的存储空间，每个汉字占2个字节的存储空间，也就是说每个汉字需要用16个二进制位来表示。

Byte、KB、MB等单位之间的换算关系如下：

1 KB（Kilo Byte）=1 024 Byte
1 MB（Mega Byte）=1 024 KB=2^{20} Byte
1 GB（Giga Byte）=1 024 MB=2^{30} Byte
1 TB（Terra Byte）=1 024 GB=2^{40} Byte
1 PB（Peta Byte）=1 024 TB=2^{50} Byte
1 EB（Exa Byte）=1 024 PB=2^{60} Byte
1 ZB（Zetta Byte）=1 024 EB=2^{70} Byte
1 YB（Yotta Byte）=1 024 ZB=2^{80} Byte

1 KB大约相当于一个英文段落的大小，100 KB大约相当于一张低分辨率照片的大小，128 KB大约相当于简单型计算器内存的大小。

如果一页写满纯文本的A4纸大小为5 000位（包括标点和空白）左右，即5 KB，那么1 MB就超过200页了，差不多相当于一部短篇小说的大小，而5 MB大约相当于一部莎士比亚全集的大小。

1 GB相当于一个7分钟高分辨率视频的大小，4.7 GB相当于标准可重复写入的 DVD 内存的大小（内存不足时无法驱动 DVD）。

目前笔记本电脑的硬盘容量多为 1 TB，可以存储由 5 万棵树所制造的纸张书写的文字量，如果要保存我们的日记、上传自拍、摄影作品、录音等内容，那么 10 TB 的容量可以存储我们一年之内所有的所见所闻。

1 PB 大约相当于 8 亿包 A4 纸（一包 500 张）所书写的文字量。谷歌每天处理的全球数据量约为 20 PB，沃尔玛一星期全球卖场交易数据量约为 2 PB。

我们日常生活接触到的容量通常只到 PB 级。在计算机中，如果要制作更漂亮的文字效果，还需要更多的内存来存储每个文字的字体、特殊效果和段落格式等，那么 1 MB 容量也只能存储几十页或更少的纸书写的文字。简而言之，越漂亮的文字所需的内存越多。

数字彩色影像以像素为单位，每个像素用 RGB 三原色表示。每个颜色的亮度占 8 位，故每个像素有 8×3=24 位。高画质电视（HDTV）的一个画面有 207 万个像素，也就是说，单一画面大小约为 50 MB。电视播放的内容是动态的，每秒要传送 30 个静态画面，所以我们看电视时，每秒的信息流量至少为 1.5 GB。如果是高画质、高特效的动画电影，则信息流量比这个数字大得多。当然，一物降一物，数字压缩技术会缓解这些问题，如动态图像专家组（Moving Picture Experts Group，MPEG）技术可以将视频大小压缩到原来的 1/10 甚至 1/100。

服务器

企业整体的数据分析架构要在一个由独立服务器支持的数据库系统下实现，如图 1.5 所示。图中左下角是最关键的服务器，它相当于一台高配置的计算机，通常由惠普、戴尔、IBM 等大厂生产，内置软件服务器操作系统，如 Windows Server 2012。一台服务器加上一个操作系统就是一个完整的服务器环境，服务器也称主机。

接下来就是服务器应用软件，包括网站服务器、邮件服务器和数据库服务器等，它们是服务器软件，而不是实体服务器。一般我们使用的软件分为单机软件和网络软件，网络软件就是服务器软件。单机软件供个人计算机使用，服务器软件装在服务器中，可以由多人共同使用。

我们可根据需要，在网站服务器中搭建 ASP、JSP、PHP 等应用环境。客户端可以通过 ASP、JSP、PHP 等语言编写网页，并连接服务器内部数据库、文件系统。客户端可以通过特定的程序语言连接数据库，如 R、Python 或 Java 等，也可以直接由服务器远程控制数据库。

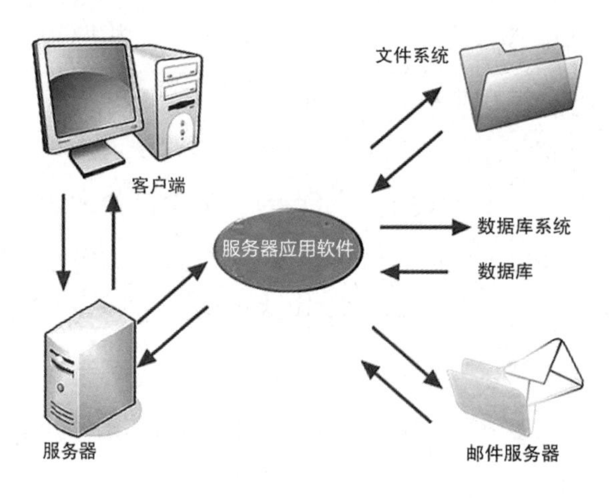

图 1.5　企业数据分析架构器架构

服务器不仅需要强大的操作系统支持，如 Linux 或 Windows Server 2012，还需要充足的硬件资源。硬盘容量要大，至少要达到 TB 级别，并且内存容量也要大，至少要达到 GB 级别，否则服务器可能会出现性能故障。

数据库的学习必须是一个完整的过程，本书针对的是不熟悉数据库的读者，所以后面的范例都将利用独立数据文件进行讲解。

互联网收集数据的方式

互联网中有三大装置，分别为服务器、网关和客户端设备，如图 1.6 所示。网关是网络通信设备[①]之一，很多互联网设备是不能直接联网的，而网关的作用就是将终端设备与网络相连接。网关接口支持USB、Wi-Fi 和蓝牙等组件。不能直接上网的设备通过传感器，接入网关就可以连接到服务器，进而联网。一个网关可以连接多个设备，大多数网关都是在 Linux 系统下工作的。

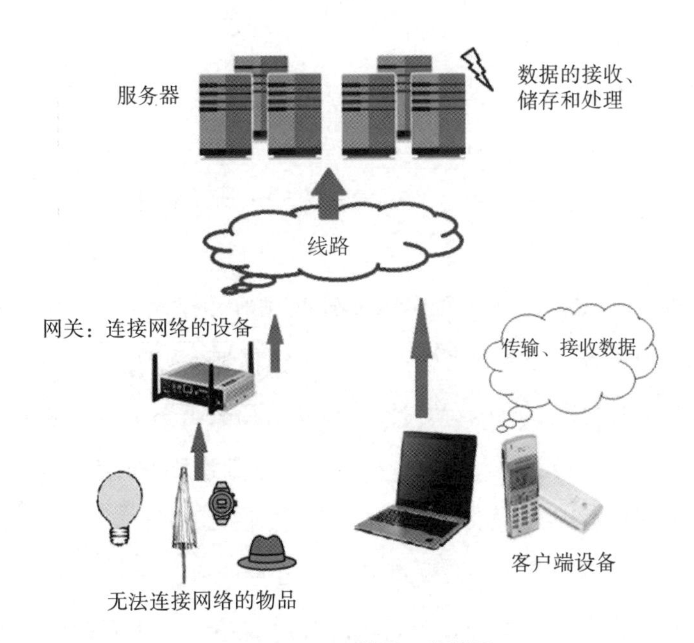

图 1.6 互联网三大装置

① 常用的网络通信设备有五种，分别为中继器（Repeater）、网桥（Bridge）、路由器（Router）、网关（Gateway）、调制解调器（Modem）。

将各种数据通过网络传输到服务器端需要通过三个协议，分别为简易对象通信协议（Simple Object Access Protocol，SOAP）、超文本传输协议（Hyper Text Transfer Protocol，HTTP）和WebSocket协议。SOAP协议是一种基于XML文档的通信协议，作用是编译网络服务所需的要求或响应，并将编译后的数据传送到网络中，简单来说就是一种在应用程序和用户之间传输数据的机制。HTTP协议是全球网络数据通信的基础，是一种工作于分布式、协作式和超媒体系统的应用层协议。WebSocket协议的作用是在客户端和服务器之间实现实时通信，并且不需要客户端发起请求，服务端就可以直接向客户端发送数据。引入WebSocket协议的好处是网络应用程序设计者不需处理应用层以下（运输层、网络层）层面的工作，专注于应用层的程序设计即可。

服务器接收数据后的处理过程可以分成三个步骤。

第一步：通过网络接收多个通信协议传输的数据。

第二步：进行数据处理。数据处理方式又分为以下两种：

1. 批处理。是指以一定的间隔分批处理所存储的数据。一般而言，数据会被暂存于数据库中，每隔一段时间会从数据库中取出部分数据进行处理。批处理的特点在于所有的数据都要处理完毕，因此，当存储的数据量很大时，必须提升执行数据处理的终端设备效率。批处理常通过Apache Hadoop和Spark框架实现。
2. 流处理。不同于批处理先暂存后处理的原则，流处理可以实时处理服务器中的数据。金融领域流行的程序交易就是一种流处理方式。当下数据发出了信号，服务器必须马上处理并响应。流处理常通过Apache Storm和Spark Streaming框架实现。

Hadoop 和 Spark 是工作于服务器端的框架。Hadoop 采用的数据处理技术为 MapReduce，这是一种编程模型，用于大规模数据集（大于 1 TB）的并行处理。Spark 则采用的是弹性分布式数据集（Resilient Distributed Datasets，RDD）技术。在批处理方面，Hadoop 可以控制多台服务器的 Hadoop 节点，管理分散于多台服务器中的数据。MapReduce 技术包含三种数据处理机制：Map、Shuffle 和 Reduce。简单地说，MapReduce 可以把 100 个国家的钱，先根据纸钞或硬币的面值加以分类，再进行整合计算。MapReduce 处理数据时，需要把数据存入硬盘，RDD 处理数据时则需要把数据存入内存，而且 RDD 不需要把数据写入内存，处理结果会显示在新的内存区中，数据处理速度相对较快。

第三步：把处理完的数据存入数据库，这点我们不再赘述。基本上，数据处理阶段的分析可以通过数据库查询实现，也可以通过统计或机器学习实现。多数数据库相关技术以数据管理为主，机器学习使用的技术相对较多，但不会太精细。Spark 提供的数据分析工具比较多，如果数据库无法进行精细的数据分析，我们可以通过 R 语言或 Python 语言先读取数据库中的数据，再进行分析。

本书假设数据处理过程是先提取再分析，默认不直接在数据库中进行分析。多种类型的数据可以并行传输和处理，如图 1.7 所示。我们的重点是“数据”，关于互联网概论的内容不在此赘述，以免喧宾夺主。后面章节的重点必须放在数据分析上。

在正式学习数据分析之前，请记得用智能城市的概念模拟一个互联网环境下的企业，即以数据科学为基础的决策模式，目的是让企业变“聪明”。

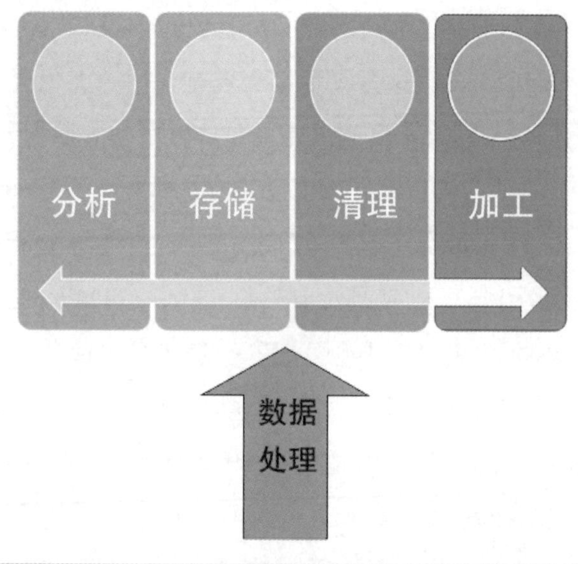

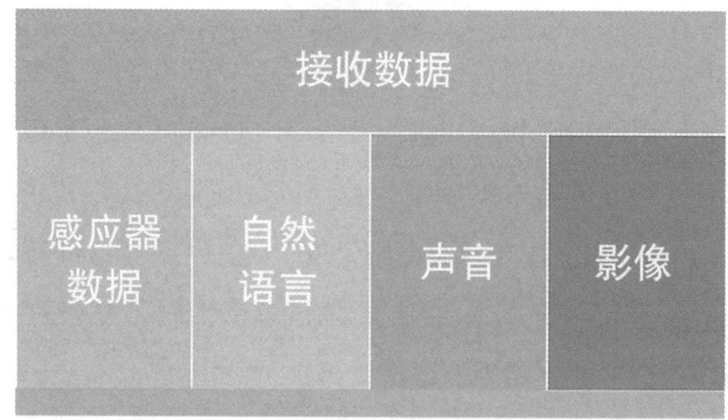

图 1.7　多种类型的数据并行传输和处理

测量的哲学——自我学习之路

测量是数据科学中很重要的一项工作，任何数据科学的操作目的都是设计方法来测量数据。所谓大数据分析，实际上就是对数据进行测量。如上市公司的财务报表，在损益表、现金流量表与资产负债表中填写的比率，就是对公司财务健全程度的测量。统计学用平均值测量数据的集中趋势，用四阶动差测量数据分布的特征。生活中的健康检查就是在测量我们的健康状况，如血压的高低，判断肝脏指数是否恶化。同样，金融市场也有很多指标，如上证指数和美国道琼斯工业指数等，这些都是对整体股市状况评估的测量指标。

要增强企业的大数据决策能力，对于被测量的对象，也就是企业，要将其看作生命并理解它的运作原理，所以掌握核心知识很重要。对于数据来说，要体会其中记录的是企业哪一个部分的活动。以下是几个可以长期培养数据测量能力的方法。

1. 如果对金融市场比较熟悉，那么对财报所披露的数字比率，要弄懂分子和分母分别记录了什么活动，两者相除得到的比率有什么特定的含义。市场上出版的财报书都可以用来参考，这些书实用性很强，如可以参考“财报狗”系列。
2. 对于学过统计的人，建议精读由经济新潮社出版的《如何衡量万事万物》。这本书讲述了很多关于如何观察事务，如何用简易的原理得到数据中隐藏的价值等内容，生动地讲解了隐藏于各种现象背后的复杂原理。
3. 想了解经济行为分析与认知心理学结合的商业知识，可以精读《快思慢想》《推力》等。这些书的文字相对通俗易懂，需要慢慢品读，细细体会。
4. 对于预测（Prediction）方面的知识，推荐阅读由纳特·西尔弗（Nate Silver）编著的《信号与噪声》（*The Signal and the Noise*），这也是一本值得精读的书，作者毕业于美国芝加哥大学经济系，擅长搜集数据并进行预测，书中对垒球、金融、地震与气象方面的问题预测有详细的讲解。读完此书就能知道商业智能是如何通过数据分析实现的。

5. 如果想进一步提高数据测量能力，可以阅读由桑乔伊·马哈詹（Sanjoy Mahajan）编著的《科学与工程中的洞察艺术》（*The Art of Insight in Science and Engineering*：*Mastering Complexity*）。作者是美国富兰克林欧林工程学院应用科学与工程系副教授。书中有很多例子和问题，对启发测量思维很有帮助，但是这本书只适合数学基础好的读者。刚入门的读者可以阅读第 4 章“Proportional Reasoning”（比率推理）和第 7 章“Probabilistic Reasoning”（概率推理）。

本书内容安排

统计学和数据挖掘各有其优化数据分析的特色方法。统计学以方差分析为基础，较重视估计和检测，由渐近（Asymptotically）的收敛性质达到优化估计和检测的目的。数据挖掘则是从数据结构（Data Structure）入手，将数据分类结果予以优化。虽然二者采用的方法不同，但目的都是一样的，都是对不同类型的数据进行分类。缘起于此，本书以“分类”为主线。如果读者有统计学基础将有助于提升学习效率，如果没有统计学基础也没关系，本书对统计学核心内容有深入介绍。

分析型企业是一个实践性很强的概念，不能仅通过简单的描述去理解。本书接下来的 9 讲以方法为经，以思维为纬，尽可能用浅显易懂的语言讲解方法、技术层面的原理。每讲开头会介绍一个世界级企业的数据分析案例，但这些案例和该讲中提到的方法不一定有关，主要目的是介绍企业如何通过数据分析解决实际问题并做出决策。每讲的实战案例都用 R 语言编写，且最后都会提出一些在数据分析过程中值得反省和思考的问题。

数据分析工作要做得细，但是不要做得琐碎，并且做久了就会熟练。本书以“分类”为主线，讲解数据分析的方法。方法论的原理在于通过“分类”来进行“比较”和“预测”，主要有以下两方面原因。

其一，当数据库变大了，数据变多了，我们处理数据之前就必须进行分类。例如，100 笔事务数据和 10 万笔事务数据都适合用平均值来衡量某些指标吗？通过分类可以挖掘更详细的信息，例如，10 万笔交易数据可以依照金额大小进行排序，然后根据金额的大小划分为多个区间，这样做更容易比较不同交易金额数据的性质。

其二，数据挖掘直接把多笔数据进行分类，统计方法的本质也是分类，只不过数据挖掘以平均值或中位数为分类基准，而统计学是以偏度和峰度为分类基准。通过使用分类方法解读结果有助于简化整个分析过程。

不管分类过程涉及几种方法，原则上都是进行排序，排序之后就可以进行简单的分类。例如，我们要分析 1 万个人各方面的情况，可以按照个人收入，将他们分为高收入、中高收入、中收入、中低收入和低收入五类人群。还可以按照性别、户籍所在地、身高、婚姻状况、学历和工龄等进行分类，这是第一种分类方式。第二种分类方式就是利用这 1 万个人背后的海量数据，彼此组成一些像加权指数一样的变量，用这些指数来进行排序与分类，这就涉及模型演算，也就是本书的主题了。任何分类过程都会遇到某些样本无法分类的情况，此时我们就需要使用特定的数学方法进行分类。通过本书的学习，读者可以了解基本分类的思想，甚至发现数据分析其实并不是很难。

值得思考的问题

“由排序到分类”是一种技术，“由预测到决策”是一门艺术。在大数据商业环境中，决策者不但要懂数据、懂商业，更重要的是需要一套好的、以数据预测为基础的思维方式，数据化思考就是这样一种思维方式。近几年出版界翻译的几本相关书籍都值得慢慢品读，如《决断的演算》(*Algorithms to Live By*) 和《思考的演算》(*The Power of Computational Thinking*)。

《决断的演算》比较难读懂,《思考的演算》的表达风格比较生硬。还有一种在《快思慢想》中介绍的、以认知心理学为主的思维方式。这种思维方式认为，我们思考的问题从根本上说首先要“问对问题”，下面分两个层次来解释它的意义。

第一，苹果和微软哪家公司的商业模式比较好？或许这是一个不恰当的问题，因为这两家公司的成功可能大多是 CEO 的功劳，而不取决于商业模式。同样，如果问市场经济比较好还是计划经济比较好，也是不恰当的。一般人在思考时会把问题简化成自己能理解的范畴，这就导致了决策局限。作为一个做商业决策的人，必须时常思考：公司现在面临的主要问题是什么？公司未来三个月的目标是什么？公司过去一个月内哪些事情做错了，哪些事情做对了，哪些事情可以做得更好？如果公司的数据部门对这些问题不能快速且正确地给出答案，相当于连数据的功能都没有得到初步实现，更遑论对决策的支持了。“提问题”相当于在数据中提炼答案，如果一个在公司内从事商业数据分析的人无法讲出公司面临的三个主要问题，那么数据再“大”也没有用。

第二，某主管说：“从现有的数据来看，不少在新兴市场设厂投资的企业都表现得相当好，所以本公司考虑跟进。”在新兴市场投资或许是一个好主意，但是，人们没有看到那些在新兴市场投资失败的企业，留下来的企业当然都是成功的。所以，不是新兴市场可以带来利润，而是那些成功的企业有值得学习的地方。本例主管的错误认识也被称为幸存者偏差（Survivor Bias）。

一言以蔽之，思考问题时要防止“因果关系”的倒置，发生错误的根本原因就是找错了“因”，即“倒果为因”或是陷入“究竟是鸡生蛋，还是蛋生鸡”的死循环。我们的思考逻辑要谨慎、谨慎、再谨慎，反复推敲“是否反过来说也有道理”“是否有其他可能的原因”。问对问题指的是问题的“方向”对，而不是问题本身精确与否。在数据决策环境中，如果问对了问题，那么答案往往就在小数据中可以得到。其实得到的答案并不重要，更重要的是思考的角度。

一个好问题往往会引出更多的好问题，这是一门哲学和艺术。在大数据时代，我们要培养一套数据化的思维方式，七分靠实践，三分靠观念，不能只靠空谈。

第2讲

统计分布的数字特征

沃尔玛大数据分析团队

大数据分析案例中最有名的就是沃尔玛的“尿布和啤酒”案例。沃尔玛曾是世界上效益最好的公司之一，其在全世界的 30 多个国家和地区开设了 2 000 多家分店，有近 200 万名员工。沃尔玛是世界上最早通过数据分析获取其商业价值的公司之一，尤其 2004 年飓风“桑迪”侵袭美国之后，人们对于急救设备和药品的需求凸显了数据分析的重要性。

沃尔玛这种大卖场型零售企业每天把数以万计的商品卖给消费者。但是，如果消费者在沃尔玛买不到想要的商品，就可能转向其他卖场。所以，除了商品竞争，大卖场型零售企业还需要在消费者服务方面竞争，如服务的便利性。因此，沃尔玛制定了明确的决策目标：（1）通过消费者的交易数据了解商品的衍生需求；（2）根据商品的衍生需求对商品进行分类并设计促销方案。

2011 年，沃尔玛开始聚焦于大数据分析，先后成立了“@Walmart（沃尔玛）Labs”和“Fast Big Data Team”两个大数据分析团队，这两个团队的总部均设在美国阿肯色州。团队成员每天通过掌握的 200 条数据流，分析全世界卖场的实时数据，包括上一周累积的 40 PB 的数据，这个战略也被称为数据咖啡（Data Café）战略。

沃尔玛的盈利情况和数据的实时分析息息相关。一位内部资深统计学家说：“如果需要一星期或更久才能从数据中分析出问题和解决方案，那我们就输了。”沃尔玛的工作模式是以数据为中心的，数据分析团队不是单独工作的，他们与公司内部各个部门合作，让公司各部门自由提问，数据分析团队先从数据中分析出参考答案，再共同思考解决方案。

沃尔玛的中央数据系统掌握了世界各地卖场的商品上架状况，可以通过需求预测来调整世界各地卖场的商品库存量。如果发现哪个卖场的库存量不足以满足需求，就会立刻发出报警信号。库存量不足的情况最常出现在节日或举办大型活动的时候。沃尔玛还推出了“Shopycat 服务”，专门在社交媒体中挖掘消费者的人际关系和消费模式，据此开发了 Polaris 搜索引擎。Polaris 搜索引擎不但可以根据消费者输入的关键词查询对应的商品，还可以查询出与该关键词相关的商品。

数据咖啡战略处理的数据量相当大，沃尔玛官方文件指出，每两周产生的事务数据就有 2 000 亿列。除了事务数据，还有至少 200 个开放数据源。例如，气象、经济、电信、社交媒体、天然气价格，以及各卖场附近将举办的活动信息等。零售超市是一个竞争激烈的产业，因此，通过数据分析消费者需求，进而提升竞争力是一个可以称为军备竞赛的行动。沃尔玛发现相较于阿里巴巴与亚马逊的网购模式，只有少量消费者习惯使用网购，更多消费者倾向于亲自去卖场购物，而沃尔玛在这方面具有很大的优势。

从技术层面上看，对于沃尔玛这一类的公司，数据存储技术很重要。2011 年采用的 Hadoop 分散技术已经被淘汰了。为了更灵活地管理尚未存储的数据、分析数据，Spark 和 Cassandra 系统被投入使用，而对数据的分析则通过 R 语言和 SAS 系统实现。

统计图

对数据统计分析前要先对数据进行排序，然后分析其特性，而分布（Distribution）是统计学中对数据进行排序与分析的基本步骤，具体做法为：把原始数据按一定的规则排序后置于 x 轴，然后分割成多个组，计算每个组内的个体数并用不同的高度表示，而 y 轴上的数值则表示个体数量。

图 2.1 所示的是 5 000 笔数据按一定规则排序后的统计图。图 2.1 (a) 所示为数据的原始分布情况，y 轴表示每组数据的个数。图 2.1 (b) 在图 2.1 (a) 的基础上内嵌了一个正态分布曲线，y 轴表示每组数据的密度值。

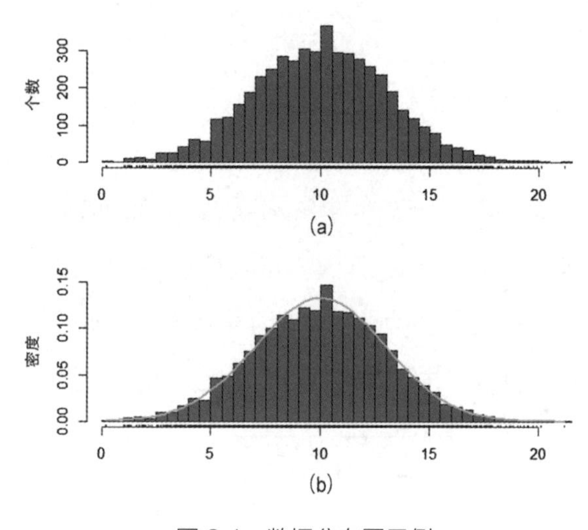

图 2.1　数据分布图示例

在本讲中，我们将介绍如何通过数据统计图的几个主要数字特征来检验数据的性质，这些数字特征包括平均值、标准差等，具体说明如下：

1. 平均值表示数据的集中趋势。
2. 标准差表示数据的离散程度。

3. 偏度表示数据分布图偏离中轴的程度。
4. 峰度表示数据分布图在平均值处峰值的高低。
5. 四分位距表示统计图中各数据的分散程度。

上述数字特征是衡量数据分布特性的常用指标，类似一个人的健康检查报告，通过对上述数字特征的分析，就能了解数据分布的特性。本讲会对这些数字特征逐个进行讲解，说明它们是如何帮助我们从数据中获取重要信息的。

平均值

平均值（Mean）在数据分析上的应用相当普遍，日常生活中常使用平均值作为数据预测的判断基准。例如，大雄每天都要去师大路的自助餐厅买午餐，根据以往的消费经验，他知道在 11 点半到店大约只需要等 12 分钟就可以买到午餐，这里的“12 分钟”就是等待时间的平均值，也可作为期望值。以下几则新闻都体现了平均值的概念：

1. 平均每个人每五年内在银行的存款数为 2.5 万元。
2. 失业率较高的青年平均每次待业时间为 2.6 个月。
3. 2017 年平均每户股民在炒股过程中共赚得 8 万元人民币。

上面这些新闻使用了问卷调查（如平均待业时间）和抽样调查（如银行存款）的方式获得平均值。平均值可用于与不同的观察数据进行相对比较，从而得出更多信息。例如，2020 年夏天的平均温度创了近 60 年来的新高，这里将 2020 年夏天的平均温度与近 60 年来夏天的平均温度进行了比较。

平均值的计算公式为：

$$\bar{X}=\frac{X_1+X_2+...+X_n}{n}$$

其中，X_n 表示样本内单个数据的值，n 表示数据个数。

表 2.1 所示为某地区 2015 年 6—10 月的平均温度。

表 2.1　某地区 2015 年 6—10 月的平均温度

月份	6 月	7 月	8 月	9 月	10 月
平均温度 / ℃	30.0	30.0	28.6	27.4	25.2

则该地区 2015 年 6—10 月的平均温度为：

（30.0+30.0+28.6+27.4+25.2）÷5=28.24（摄氏度）

与平均值联系最紧密的数字特征是期望（Expectation）和中位数（Median）。期望是统计学中最基本的数字特征，它反映了一组数据平均取值的大小。期望的计算公式为：

$$E(X)=\sum_{k=1}^{\infty}x_k p_k$$

其中，x_k 表示第 k 个数据的值，p_k 表示 x_k 出现的概率。

期望与平均数的区别在于，期望针对的是总体数据，而平均值针对的是从总体数据中抽取的一个样本。

中位数又称中值，是将一组数据值按照一定规则排列后，居于中间位置的数据值（如果数据个数为偶数，则中位数取值为中间两个数据值的平均数），即在一组数据中，一半数据值比它小，另一半数据值比它大。中位数的选取不会受到离群值的影响，有时用它表示一组数据的平均水平更合适。中位数与平均数的区别在于，中位数是将数据进行排列后得到的，而平均数则是经过计算得到的。

四分位距

四分位距是指将样本数据分为四等份，再进行具体分析。例如，设我国 25 ～ 30 岁职工年收入中数为 3 万元，如果想了解同龄人中有多少人年收入在 3 万元左右，就可以通过四分位距来判断。四分位距由第一四分位数（Q_1），第二四分位数（Q_2，中位数）和第三四分位数（Q_3）组成。第二四分位数（也就是中位数），在前文已经讲过，而第一四分位数及第三四分位数分别表示在样本数据中占第 25% 及第 75% 位置的数据。四分位距的值等于第三四分位数减去第一四分位数，如图 2.2 所示。

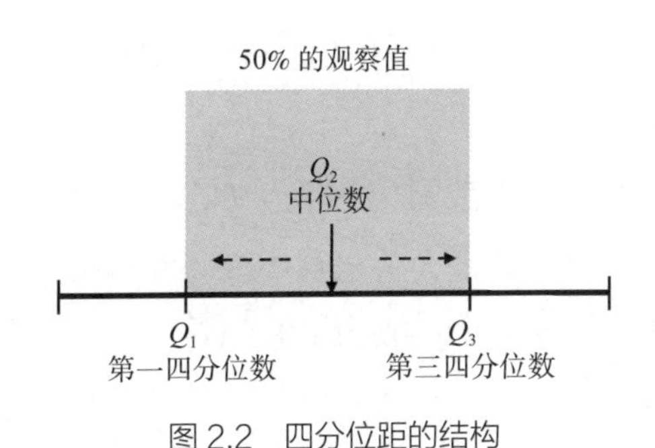

图 2.2　四分位距的结构

四分位距表示的是位于样本数据中间 50% 的数据的分布情况，也可间接表现出数据的离散程度，对于两组样本数据来说，四分位距的值相差越大，样本数据的相对离散程度越大。例如，有如下两个假设及结论：

1. 设 Q_1 的年收入为 1.2 万元，Q_3 的年收入为 7.5 万元，则表示有 50% 的人薪资在 1.2 万～7.5 万元。

2. 设 Q_1 的年收入为 2.2 万元，Q_3 的年收入为 3.5 万元，则表示有 50% 的人薪资在 2.2 万～3.5 万元。

对比上述两种假设及结论可以知道，第二种情况的整体收入水平较为集中。在某些情况下分析样本的四分位距时，应先将极端值移除。例如，现在要分析 Facebook 公司全体员工的年收入水平，Facebook 创始人年收入为全公司全体员工年收入的极端值，应先将它从样本数据中移除。移除极端值后，可以增加 Facebook 公司全体员工的年收入水平分析结果及后续分析结果的准确度。通过用四分位距可以得出样本数据的合理范围，也就是“篱笆”，位于篱笆外的数据即为极端值，篱笆的范围可表示如下：

$$（篱笆上限，篱笆下限）=（Q_1-1.5\times \mathrm{IQR}，Q_3+1.5\times \mathrm{IQR}）$$

能最直观地表示样本数据中位数与四分位距的图被称为盒须图。盒须图中包含样本数据的最大值与最小值，并移除了极端值，是一种能体现样本数据离散情况的工具，如图 2.3 所示。

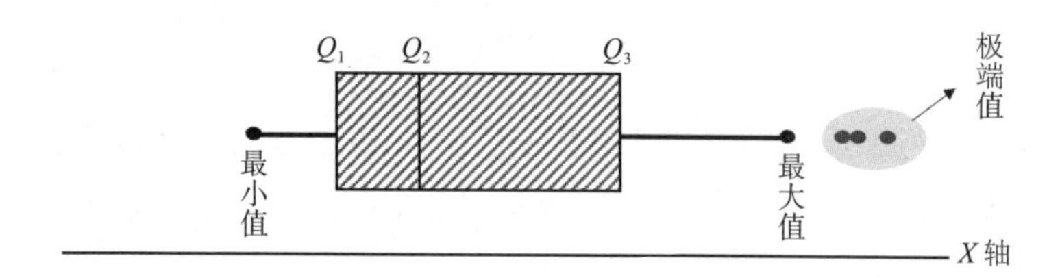

图 2.3　盒须图结构

标准差

再看一个例子：近年来全球温度变化相当明显，某地区 2005 年和 2015 年 6—10 月的平均温度如表 2.2 所示，经过计算发现，该地区 2005 年和 2015 年 6—10 月的平均温度都为 28.24℃。如果只看该地区 2005 年和 2015 年 6—10 月的平均温度，则会得出“该地区 2005 年和 2015 年 6—10 月的平均温度没有变化”的结论。但若对比该地区 2005 年和 2015 年每月的平均温度就会发现，2005 年和 2015 年每月的平均温度相差很大，所以单纯用平均值无法得出 2005 年和 2015 年 6—10 月具体温度变化信息。

表 2.2　某地区 2005 年和 2015 年 6—10 月的平均温度

月份	6 月	7 月	8 月	9 月	10 月
2005 年平均温度 / ℃	30.0	30.0	28.6	27.4	25.2
2015 年平均温度 / ℃	34.0	38.4	29.5	22.0	17.3

“全距”（Range）可以帮助我们初步判断数据的离散情况，全距的计算公式如下：

$$R = X_{\max} - X_{\min}$$

其中，$X_{\max}$ 表示样本数据中最大的数据，$X_{\min}$ 表示样本数据中最小的数据。

该地区 2005 年和 2015 年 6—10 月的平均气温全距分别为：

$$R_{2005} = 30.0 - 25.2 = 4.8$$
$$R_{2015} = 34.0 - 17.3 = 16.7$$

比较该地区 2005 年和 2015 年 6—10 月的平均温度全距值可以发现，该地区 2015 年 6—10 月的平均温度全距值明显高于 2005 年 6—10 月的平均温度全距值，这揭示了该地区 2015 年 6—10 月的平均温度变化幅度较大。

全距是以数据中的最高值和最低值分析数据，这个做法较为笼统。在上例中，如果想进一步分析每个月的平均温度变化幅度，需要引入标准差的概念。

标准差（Standard Deviation）用来衡量样本数据的离散程度。标准差越大，表示样本数据的离散程度越大。标准差的计算的公式如下：

$$\sigma = \sqrt{\frac{\sum_{i=1}^{n}(X_i - \overline{X})^2}{n-1}}$$

其中，“$\sum$”表示求和运算；i 表示样本中各数据的编号，n 表示样本中数据的个数，X_i 表示单个数据值，$\overline{X}$ 表示平均值。

回到前面的例子，该地区 2005 年和 2015 年 6—10 月的平均温度都是 28.24 ℃，但每月的平均温度都不等于 28.24 ℃，如图 2.4 所示。

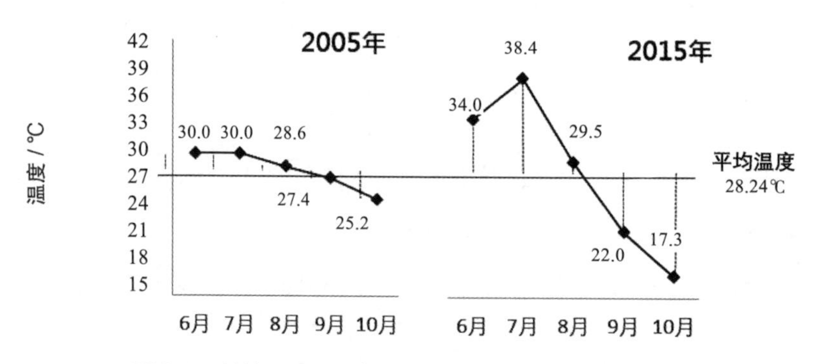

图 2.4　某地区 2005 年和 2015 年 6—10 月平均温度

我们可以通过标准差来判断该地区 2005 年和 2015 年 6—10 月的

平均温度离散程度：

$$\sigma_{2005}=\sqrt{\frac{(30.0-28.24)^2+(30.0-28.24)^2+(28.6-28.24)^2+(27.4-28.24)^2+(25.2-28.24)^2}{5}}\approx 0.91$$

$$\sigma_{2015}=\sqrt{\frac{(34.0-28.24)^2+(38.4-28.24)^2+(29.5-28.24)^2+(22.0-28.24)^2+(17.3-28.24)^2}{5}}\approx 7.70$$

经过计算可以发现，该地区 2015 年 6—10 月的平均温度的离散程度明显高于 2005 年同期，因此我们可以得出该地区 2015 年 6—10 月的温度变化程度相对较高的结论。数据离散程度的高低会影响预测结果的准确率。数据离散程度越高，用平均值进行预测的准确率越低。例如，要预测该地区 2025 年 6—10 月的平均温度，则该地区 2015 年 6—10 月的平均温度的参考价值就很低。

方差（Variance）也可以用来衡量样本内的数据离散程度。方差的计算公式如下：

$$\sigma=\sqrt{\frac{\sum_{i=1}^{n}(X_i-\overline{X})^2}{n-1}}$$

偏度

偏度（Skewness）又称偏态或偏态系数，是统计学中一个重要的数字特征，用于衡量数据分布的偏斜方向和程度。数据分布的偏度根据倾斜方向可分为 3 种，分别为上升正态、左偏态和右偏态。正态的偏度为 0，是指数据分布图左右尾部长度相同；左偏态的偏度在数值上为负，是指数据分布图左侧尾部长于右侧尾部如图 2.5 所示；右偏态是指数据分布图右侧尾部长于左侧尾部，如图 2.6 所示。

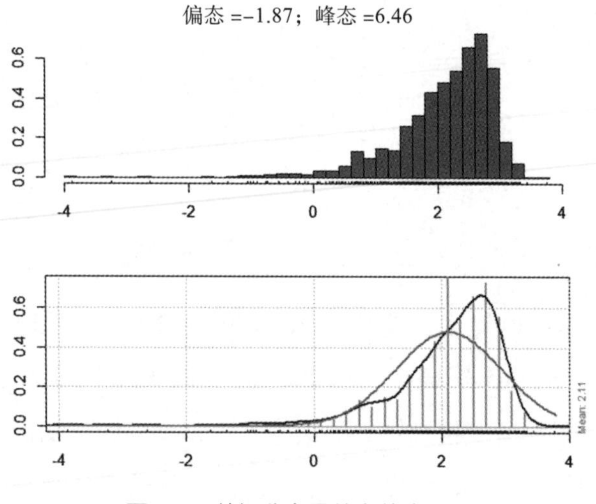

图 2.5　数据分布图的左偏态示例

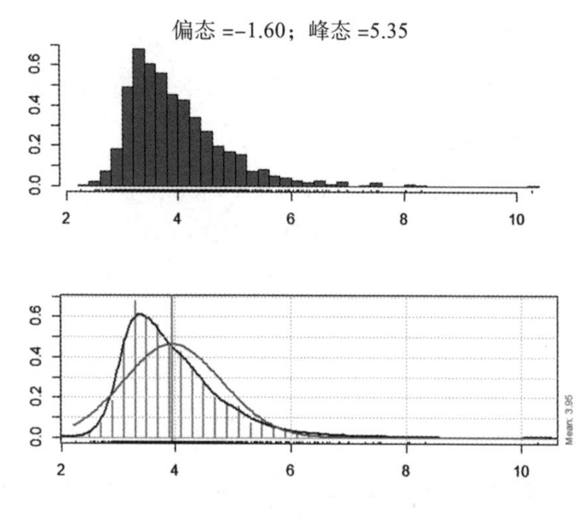

图 2.6　数据分布图的右偏态

偏度的计算公式为：

$$S_k = E[(\frac{X - EX}{\sigma})^3]$$

偏度的计算分为以下三个步骤。

第一步：利用“$\frac{X-EX}{\sigma}$”将数据进行标准化处理。数据标准化是指将大量的数据等比例缩放，使之落入一个小的、特定的区间内。

第二步：对第一步的方程进行三次方处理，即“$(\frac{X-EX}{\sigma})^3$”。目的是在数值上区分偏度的正负，并且将偏度图放大，使结果更加明显。

第三步：对第二步的方程求期望，最后求出数据分布图的偏度。

图 2.7 所示为女性从怀孕到生子的周期，该数据分布图的偏度为负，即属于左偏态。

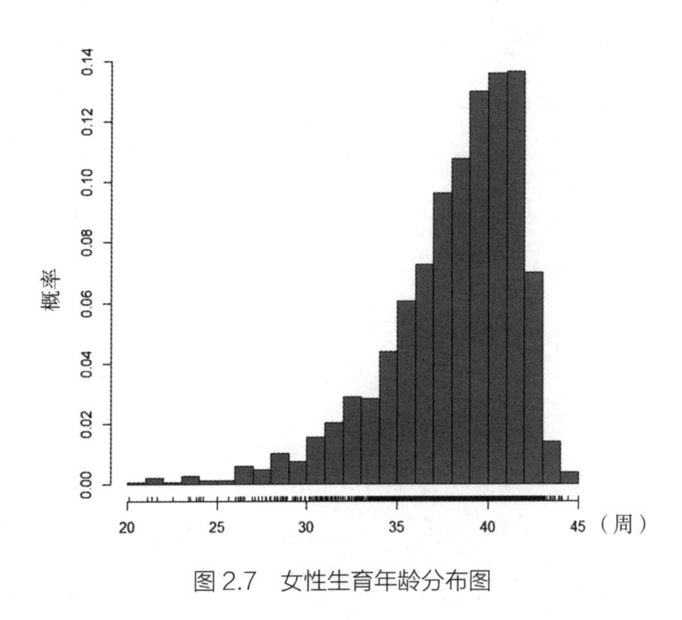

图 2.7　女性生育年龄分布图

峰度

峰度（Kurtosis）又称峰态或峰态系数，用于衡量概率密度函数在平均值处峰值的高低，即描述概率密度图的陡缓程度。所谓概率密度函数是指样本内的单个数据为某个特定数值可能性的函数。正态分布的峰度为 3，峰度大于 3 时概率密度函数图像较为陡峭，峰度小于 3 时概率密度函数图像较为平缓。

峰度的计算公式为：

$$K_u = E\left[\left(\frac{X - EX}{\sigma}\right)^4\right] - 3$$

由于峰度的计算步骤与偏度相似，故此处不再赘述。

其实偏度和峰度都是参考值，如果要研究数据的性质还是要分析数据分布图。相较于峰度，偏度的使用频率较高，但是数据分布图的偏度所暗示的信息有时会与真实信息存在偏差。所谓偏差是指得到数据分布图的过程中有人为因素的影响。例如，从图 2.7 中可以看出，女性从怀孕到生子的周期一般为 40 周左右，数据分布图呈明显的左偏态。但是形成左偏态的主要原因是医生认为这一周期超过 40 周母子都会有危险，即存在人为控制周期的情况。因此，我们不能根据数据分布图认定这一周期不会超过 45 周。数据分布图虽反映了数据中隐含的部分信息，但如果不了解数据分布图的推出过程，就容易错误地解读数据。

类似的例子还有 1936 年美国的总统大选，当时罗斯福得到了很高的支持率，获得了连任的资格。大选结束后，《文摘》(*Literary Digest*) 杂志采用打电话的方式做了民意调查，结果发现绝大多数受访者都对罗斯福连任一事表示不满。原因在于当时电话并不普及，拥有电话的人多为富人，而当时的富人多半反对罗斯福执政。另外，受访者中只有两成人表达了意见，因此调查结果缺少代表性。

数据所呈现的是表象，只有知道数据是怎么产生的才能更准确地解读数据。

分析大数据时需要注意的问题

由于数据的来源、存在形式、数量等方面存在多种可能性，因此分析大数据时要注意两方面的问题。

第一，如果数据量特别大，那么该如何根据数字特征来分析数据？例如，如果有 10 亿笔交易数据，也是通过平均值、标准差等数字特征来分析吗？分析 1 000 笔数据和分析 10 亿笔数据采用的方法一样吗？当然不是！如果数据量过大，就必须将数据进行分类或分批，对每类或每批数据单独进行分析。另外，数据量很大时就会产生很大的异质性，也就是数据的隐性差异会增大。想想看，对于前面女性从怀孕到生子的周期的案例，如果得到 1 000 万名女性这一周期的数据，该如何分析？

第二，有时数据中的离群值会对分析结果造成影响，而且平均值和中位数的使用与数据分析本身的意义也有着密切的联系。我们常听到很多人说：某组数据中有大量离群值，所以使用中位数分析比较好，这句话不一定是正确的。例如，想了解某家便利店一年的收益，使用平均值衡量就比使用中位数衡量更为全面。因为在计算平均值的时候可以得知该便利店一年的总收益，而利用中位数衡量就无法得知该便利店一年的总收益是多少。因此，分析数据时使用哪个数字特征要根据具体情况具体分析。

再看一条来自中国台湾的新闻："中国台湾大学职业医学与工业卫生研究所做的'工人健康风险评估报告'指出，自 2012 年起，中国台湾每年有 70 ～ 90 人因为患有职业病而领取劳保用品，平均每 4.8 天就有 1 位工人领取过劳保用品。"想一想，"平均每 4.8 天就有 1 位工人领取过劳保用品"是什么意思？其实，如果反推原始数据就可知道这个结论是怎么得出来的。

商业模式的数字挑战

近期一向以人工智能医疗技术著称的IBM的沃森健康（Watson Health）部门大规模裁员，这些被裁员工为了抗议IBM的这一举措，在Facebook上开通了专页，呼吁全社会一起“Watching IBM”（“盯着IBM”）。在这场风波中，IBM的股票价格从2017年的180美元持续下滑，到2018年6月28日已跌至140美元。这个案例中蕴藏着商业模式的挑战。大数据商业模式向来是充满挑战的，其中最重要的问题就是“关键数据是什么”。例如，假如你是PChome公司的首席数据官，如果让你用三个关键数据说明公司上周的运营状况，你会用哪三个数据？这个问题可以从两个方面考虑，一方面是从统计学的角度出发，主要针对交易数据，如流量和交易量等商业数据；另一方面要换位思考，CEO是公司的决策者，他要知道竞争对手的运营状况，因此要提供竞争对手的各项数据。换位思考是数据决策中很重要的原则，不同的职位要做出不同的决策，所以对数据关注点有很多不同。首席数据官或数据科学家必须对这个问题相当了解，不然就变成“工具人”了。

第3讲

时间序列

视频流量之王

网飞（Netflix）是一家提供在线视频播放服务的公司。截至本书撰稿时，其股票价格约为 350 美元。网飞公司仅提供播放服务，但其规模却是非常大的。2017 年第四季度的新增会员突破了 800 万人，美国网络使用高峰时段的 1/3 流量都是由网飞创造的。截至 2018 年初，网飞的会员人数共有 1 200 万人，并且来自全球 50 多个国家和地区。这些会员每天收看的视频超过 1 000 万个小时。这些惊人的流量数据都被网飞的数据库记录了下来。然而，网飞发展壮大的原因并不是因为它搜集了这些流量数据，而是网飞拥有很强的数据分析能力。

网飞在制定决策的时候很清楚一个问题："长期以来，相关从业者不知道消费者想看什么，不知道制作出来的视频消费者爱不爱看"。拥有强大数据搜集与分析能力的网飞致力于解决这个问题，力求让网络平台播放的内容满足全球消费者的需求。

网飞解决这个问题的落脚点在哪？有兴趣的读者可以去网飞的招聘网站看一下它们需要什么样的数据分析人才，可以用以下几个关键词概括：内容传达、设备、信息、个性化等。这些关键词背后都蕴藏着一个主题——数据分析。网飞的科技部博客中曾提到过它们通过机器学习进行数据分析，以及在这个过程中解决的和面对的问题。网飞数据分析面对的问题主要有两个：一是怎样更加有效地进行数据分析；二是硬件设备对收视率的影响。如果硬件设备的数量和性能不足，即使拥有再多的注册会员，愿意付费的会员也不会很多。所以，网飞工程部在世界各地广设服务器，辅以智能算法提供视频内容。由于世界各地消费者的收视习惯存在差异，消费者收视设备不同（台式计算机、手机、平板电脑等），所以网飞面临着巨大的挑战，主要体现在以下几个方面：

1. 在智能手机等移动设备上的收视行为与在智能电视上的收视行为大不相同。

2. 移动设备网络的不稳定性高于固定带宽的设备。

3. 不同代理商的网络质量差异很大。

4. 不同的设备存在硬件性能差异，联网能力不同。

因此，不同于其他同类公司，网飞除了分析消费者喜好，同时还会预测网络动态变化的状况，通过人工智能技术来调整内容传输策略和带宽分配，一方面要了解消费者使用的设备；另一方面动态监测带宽资源。例如，如果消费者正在使用智能手机观看视频，那么他很可能正在上班途中，所以可能随时暂停、续播、快进或后退。这些行为必须经过预测，然后根据预测结果调整传输策略。网飞公司对于统计学和机器学习相关技术的使用非常彻底。

在消费者喜好分析方面，网飞制定了一个推荐系统（Recommendation System）。毕竟只要推荐符合消费者喜好的内容，消费者就会付费续约。早年网飞收集的数据只有四组：消费者 ID、视频 ID、视频评价与消费者收看日期。随着流量数据搜集能力的提升，网飞搜集了更多的数据，打造出更强大的推荐系统。网飞还推出了让消费者添加喜好标签的功能，这一举动为内容推荐提供了很大的支持。

网飞一直以来分析的目标主要是消费者的观看时间（以小时计）。如果消费者喜欢某内容，那么观看时间自然很长。近年来，通过对大数据的分析，网飞发现很多消费者对于特定导演和演员的组合十分青睐，例如，大卫 · 芬奇（David Fincher）和凯文 · 史派西（Kevin Spacey）。因此，网飞由从一开始的单纯推送视频给消费者，发展到自制影片并推荐给消费者，如脍炙人口的《纸牌屋》。网飞近几年制作的影视剧口碑都不错，且获利颇丰，投资人也非常看好这些项目。

在技术层面上，网飞的大数据分析建立在亚马逊 AWS 上。网飞最早使用的是关系型数据库如 Oracle 数据库，后来转使用非关系型数据库如 Cassandra 数据库，另外，还包括 Hadoop、Spark 框架并由 Teradata 和 MicroStrategy 推出传统 BI 工具。与此同时网飞还开发了自己的开源工具，如 Lipstick 和 Genie。

时间序列的概念

时间序列又称动态数列，是将按同一规则统计的数据按其发生时间的先后顺序排列而成的数列。分析时间序列的意义在于可以根据某个事件的历史数据对其未来发展趋势进行预测。时间序列的应用范围很广，尤其是在经济学领域中。时间序列中的时间段可以按年、季、月等进行划分。

对时间序列的分析要从多个角度入手。例如，如果消费者对某种商品的需求呈现季节变动的趋势（如羽绒服），那么商业决策要将这种情况考虑进去；如果消费者需求出现了不规则变动，那么商业决策也要有所改变。

时间序列的特点

时间序列最基本的特点是其中的数据是严格按照时间顺序排列的，且顺序不可以打乱，否则将失去其预测未来发展趋势的作用。时间序列的核心思想就是从数据中挖掘出规律，其有四个主要表现，分别是长期趋势、季节变动、循环变动和不规则变动。

1. 长期趋势：指某个现象在较长时期内受某种根本性因素的影响而形成的总体变动趋势。
2. 季节变动：指某个现象在一年内随着季节的变化而发生的有规律的周期性变动。
3. 循环变动：指某个现象以若干年为周期所呈现出的波浪状、有规律的变动。

4. 不规则变动：指某个现象除了受各种变动的因素影响外，还受临时的、偶然的因素或不明因素影响产生的非周期性、非趋势性的随机变动。

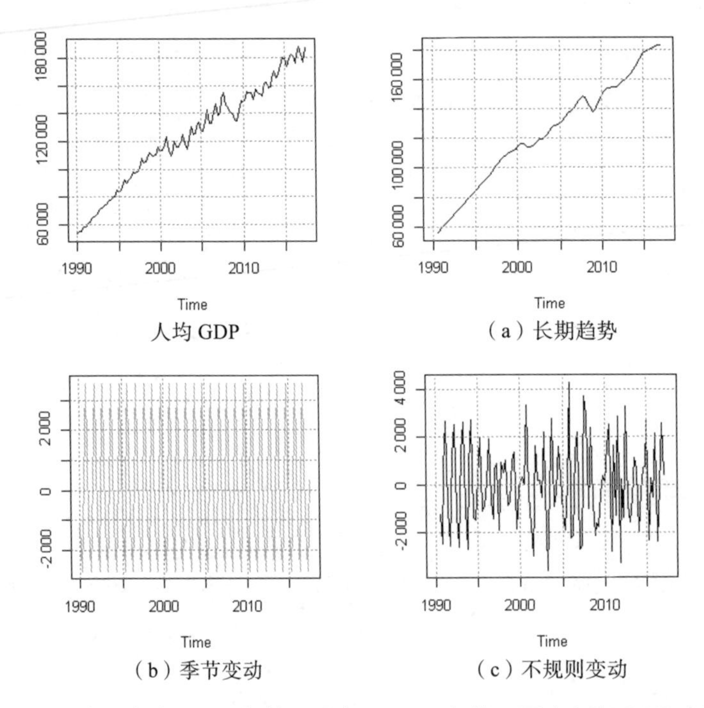

图 3.1　中国台湾 1990 年第一季度至 2017 年第三季度人均 GDP 水平

图 3.1 所示为中国台湾 1990 年第一季度至 2017 年第三季度人均 GDP 水平。对这个时间序列的解读如下：图中的 GDP 变化趋势，除了在 2008 年前后有一次衰退，其余时间基本都呈现明显增长的趋势。这个增长的过程具有季节变动的趋势，即一年四季的总体变化趋势基本相同，但每个季节的变动趋势大致相同。另外，在整个调查时间段内受到各种政治、经济等因素的影响，出现了不规则变动的趋势。

接下来我们使用 R 语言对时间序列进行分析。R 语言中涉及时间序列分析的函数主要有三个，分别为 timeSeries() 函数、xts() 函数和 zoo() 函数。分析时间序列的第一步是调用 timeSeries() 函数读取 timeSeries 对象，语句为：as.timeSeries()。对于不同的数据频率，创建对象和读取对象的步骤也有所不同。

1. 低频数据（时间单位为日以上）：先调用 R 语言内置的 ts() 函数，再执行 as.timeSeries()。
2. 高频数据（时间单位为日）：直接执行 as.timeSeries() 语句。
3. 日内高频数据（时间单位为日以下）：先调用 xts() 函数，再执行 as.timeSeries() 语句。

时间序列分析之低频分析

数据的基本处理

本例使用的数据是中国台湾消费者物价指数（存储于“CPI.csv”文件中）。由于该数据时间单位为月，属于低频数据，所以我们调用 ts() 函数来创建时间序列对象并将其读取，读取完毕后执行以下代码：

```
1.library(timeSeries)
2.temp=read.csv("CPI.csv")
3.head(temp)
4.y0=ts(temp[,2],start=c(1981,1),freq=12)
5.y1=as.timeSeries(y0)
6.plot(y1, ylab="",main="CPI",lwd=2,col="red")
7.grid()
8.y2=window(y1,start="2000-01-31",end="2018-01-31")
9.plot(y2, ylab="",main="CPI",lwd=2,col="red");grid()
```

代码说明

1. 加载 timeSeries 包。
2. 读取中国台湾消费者物价指数数据，并将这些数据存储于 temp 对象中。
3. 查看前六笔数据。
4. temp[,2] 表示时间序列的单位为月。start=c(1981,1) 表示读取数据的起始月是 1981 年 1 月，freq=12 表示时间单位为月，且每年包含 12 笔数据；若以“季”为时间单位，则 freq=4。
5. 转换为 timeSeries 对象，对象名为 y1。
6. 绘制时间序列图像，如图 3.2（a）所示。ylab="" 表示 y 轴标签为空，main="CPI" 表示时间序列标题为“CPI”，lwd=2 表示线条宽度为默认宽度的 2 倍，col="red" 表示图像颜色为红色。
7. 在时间序列图像中添加网格线。
8. 读取 2000 年 1 月至 2018 年 1 月的数据。
9. 绘制时间序列图像，如图 3.2（b）所示。

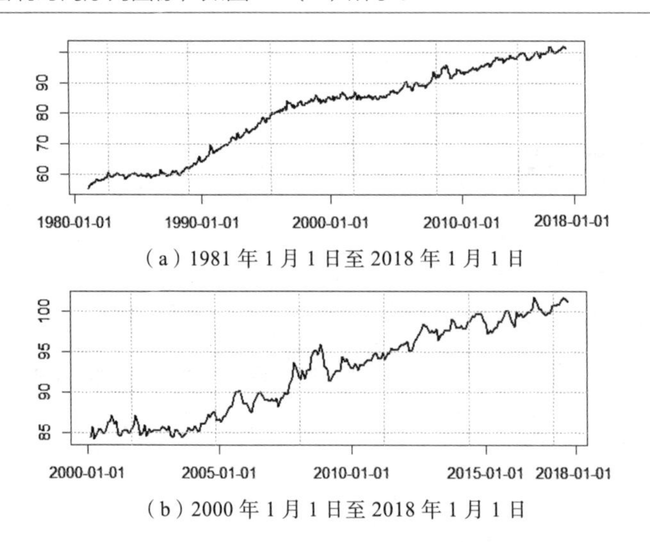

（a）1981 年 1 月 1 日至 2018 年 1 月 1 日

（b）2000 年 1 月 1 日至 2018 年 1 月 1 日

图 3.2　中国台湾消费者物价指数时间序列

在上述代码上方还有如下两条语句，作用是根据国家和地区进行系统语言转换，如果没有设定，则使用系统默认的语言。

```
Sys.setlocale(category = "LC_ALL", locale = "English_United States.1252")
Sys.setlocale(category = "LC_ALL", locale = "Chinese (Traditional)_Taiwan.950")
```

如果设定的系统语言是中文，那么系统所读取的数据名称也是中文格式，可以正常显示。但是，绘制图像时 x 轴显示的时间也是中文格式的，看起来不够美观，此时执行第一条语句，x 轴显示的时间就变成了英文格式。该语句只会影响当前操作，执行第二条语句就可以还原设置，即后续 x 轴显示的时间仍为中文格式。另外，关闭 R 语言环境后重新进入也可以还原默认设置。

时间序列的分类分析

改变频率

在 R 语言中，支持改变频率的函数有很多，timeSeries 包中的大部分函数都支持换频。下面我们将使用 timeSeries 包中的函数将上述时间序列分别改为以季度和年为时间单位，然后分别绘制这两个时间序列图像，代码如下：

```
10.qtrID=timeSequence(from=start(y1),to=end(y1),by="quarter")
11.m2q=aggregate(y1,by=qtrID,FUN=mean)
12.plot(m2q,main="Month-to-Quarter",ylab="",col="red");grid()
13.yearID=timeSequence(from=start(y1),to=end(y1),by="year")
14.m2y=aggregate(y1,by=yearID,FUN=mean)
15.plot(m2y,main="Month-to-Year",ylab="",col="red");grid()
```

代码说明

10. 建立季度索引 IDqtrID，指向待转换的数据。from=start(y1),to=end(y1) 表示 qtrID 索引指向的是 y1 中存储的数据，by="quarter" 表示将时间单位改为季度。
11. 将 qtrID 所指的数据存放于 m2q 对象中，FUN=mean 表示季度数据取月数据的平均值。
12. 绘制时间序列图像，如图 3.3（a）所示。
13. 建立年索引 IDyearID，指向待转换的数据。
14. 将 yearID 所指的数据存放于 m2y 对象中。
15. 绘制时间序列图像，如图 3.3（b）所示。

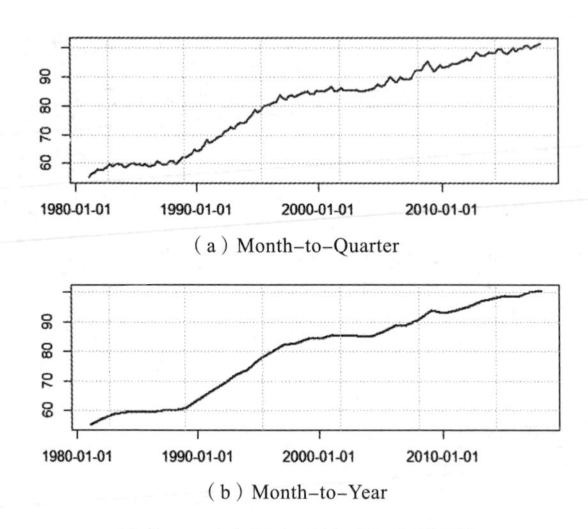

（a）Month-to-Quarter

（b）Month-to-Year

图 3.3　改变频率后的时间序列图像

观察图 3.3（a）和图 3.3（b）可知，使用同样的数据绘制不同时间单位的时间序列图像时，设定的频率越低，图像越平滑。其实，单纯对类似上述案例中的带有趋势的数据进行改变频率分析的意义不大，读者可以计算通货膨胀率，根据得到的通货膨胀率比较不同频率下的时间序列图像。如果图像不同，则说明改变频率确实是一种有意义的做法，有兴趣的读者可自行进行操作。

改变结构

接下来介绍改变结构的时间序列。对于此类情况，需要使用 strucchange() 函数，另外需要用到检测函数 efp()，代码如下：

```
1.library(strucchange)
2.inflation=diff(log(y0),12)*100
3.inf_stch=efp(inflation ~ 1)
4.sctest(inf_stch)
5.plot(inf_stch)
```

```
6.inf_dating=breakpoints(Eq,h=0.15)
7.inf_dating
8.breakdates(inf_dating)
9.time(as.timeSeries(inflation))[inf_dating$breakpoints]
```

代码说明

1. 加载 strucchange 包。
2. 以月为时间单位，计算通货膨胀率。
3. 调用 eft() 检测函数，检测平均通货膨胀率的变化，并将结果存储于 inf_stch 对象中。
4. 计算通货膨胀率。
5. 绘制检测通货膨胀率的时间序列图像，如图 3.4 所示。
6. 将时间序列图形根据通货膨胀率波动幅度划分区间。
7. 检测变动日期。
8. 单独看变动日期。breakdates() 函数看的不是文字格式的日期，而是代码格式的日期。
9. 将数据转换为时间序列对象并输出。

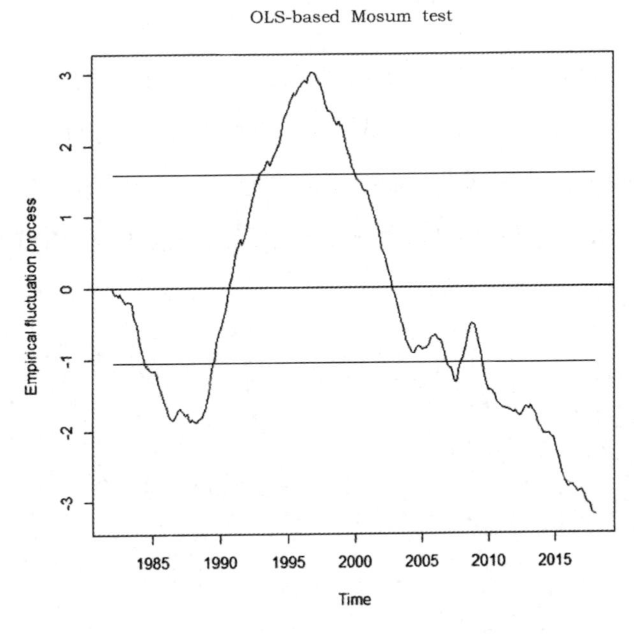

图 3.4　检测通货膨胀率的时间序列图像

要注意，检验模型有效性的参数由“type”关键字指定，该参数共有三个类型。

> 第一类有四种，分别为 Rec-CUSUM、OLS-CUSUM、Rec-MOSUM 和 OLS-MOSUM，默认情况是 Rec-CUSUM。这类参数使用单维残差累积和（one-dimensional empirical process of sums of residuals）进行检测。
>
> 第二类有两种，分别为 RE 和 ME，这类参数使用 k 维的残差累积和（k-dimensional empirical process of sums of residuals）进行检测。其中，k 表示解释变量的数量，在本例中 $k=2$。
>
> 第三类有两种，分别为 Score-CUSUM 和 Score-MOSUM。这类参数使用了更高维的处理方法，此处不进行详细讲解。

由“dynamic”关键字指定的参数输出结果只能为真（T）或假（F）。当结果为真时，会在回归式后面增加解释变量的落后期。

CUSUM 的检测原理是：如果一笔数据在时间 s 处有一个结构变动点，则 CUSUM 的路径会从时间 s 处开始偏离均数 0，最终输出的检测结果如下：

```
>sctest(inf_stch)
      Recursive CUSUM test
data:inf_stch
S=1.6539, p-value=3.44e-05
```

从得出的 p 值可以看出，改变结构后的变化非常明显。回到图 3.5，原始数据和两条直线的交点就是可能发生结构变动的时间点。但是，CUSUM 参数只能判断是否发生过结构变动，不能绝对准确地发现发生结构变动的时间点。要进一步确认结构变动的时间点就要用到 breakpoints() 函数，inf_dating 下方有如下输出结果：

```
> inf_dating
Corresponding to breakdates:
1988(12)1996(12)2003(9)2009(1)
```

从上述结果中可以看出，发生结构变动的时间点是 1988 年 12 月、1996 年 12 月、2003 年 9 月和 2009 年 1 月。可以通过 timeSeries 对象将这些时间点输出，结果如下：

```
> time(as.timeSeries(inflation))[inf_dating$ breakpoints]
GMT
[1] [1988-12-31] [1996-12-31] [2003-09-30] [2009-01-31]
```

由于将发生结构变动的区间表示为时间序列的形式较为直观，所以需要重新绘制时间序列图像，代码如下：

```
>Y=diff(log(y1),12)*100
>lot(Y,col="blue",ylab="",main="Inflation")
>abline(v=breakID,col="red",lty=2,lwd=2)
>abline(h=0)
```

绘制的时间序列图像如图 3.5 所示。

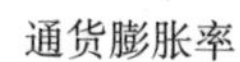

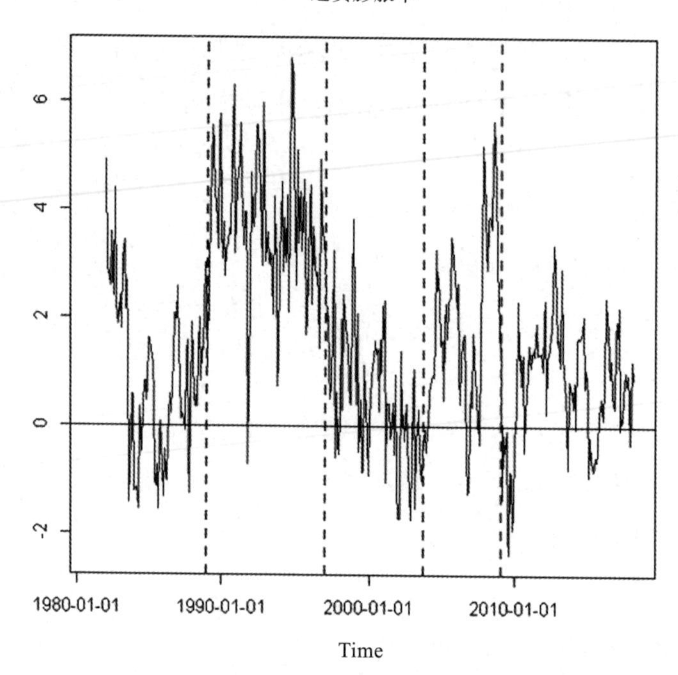

图 3.5　带有发生结构变动时间点的时间序列图像

在图 3.5 中，根据通货膨胀率把发生结构变动的时间序列进行了分段，对决策起关键作用的是最后一个段，也就是从 2009 年 1 月 31 日到现在。因为这段时间，数据的异质性较小，预测的可靠度较高。通货膨胀率与央行升息有关，而央行升息又与资金成本有关，所以与这个案例相关的决策的重要性不言而喻。

循环

低频时间序列的循环一般以季度为周期，可以通过 decompose() 函数对时间序列按季度进行划分，代码如下：

```
> dd_y=decompose(as.ts(y2))
> names(dd_y)
[1] "x" "seasonal" "trend" "random" "figure"
[6] "type"
```

其中，names() 函数中的参数 dd_y 表示标签名称。接着调用 polt() 函数绘制以季度为循环周期的时间序列图像，代码如下：

```
> plot(dd_y$seasonal,col="red")
```

绘制的时间序列图像如图 3.6 所示。

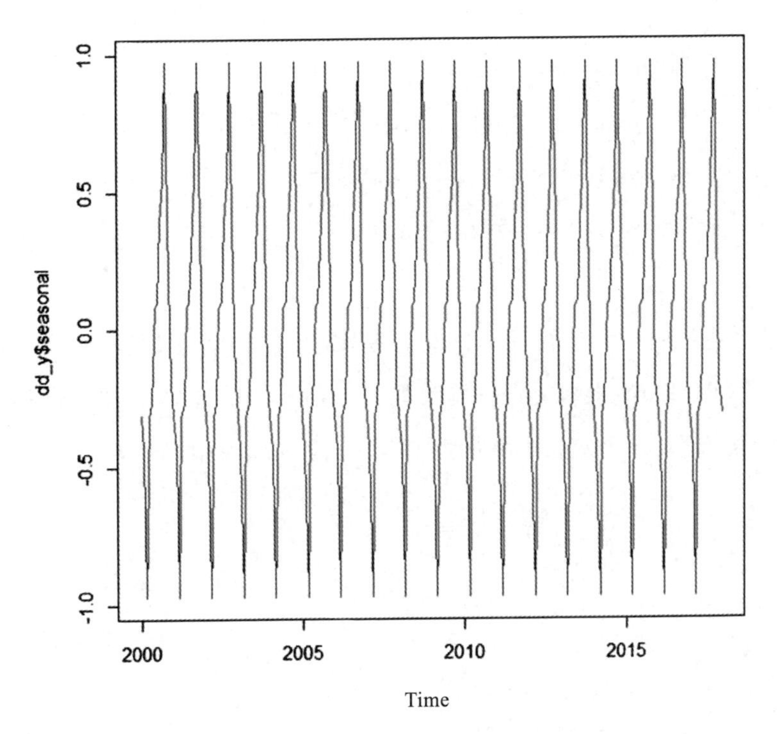

图 3.6　以季度为周期的时间序列图像

图 3.6 所示的时间序列图像明显带有以季度为循环周期的特性。对于企业而言，在分析数据、制定决策时也要将季度因素考虑在内。除通过绘制时间序列图像，还可以通过 auto.arima() 函数，输出不同季度内的数据，如果输出的数据具有以季度为周期的变动规律，则说明这数据中存在季度结构，代码如下：

```
> forecast::auto.arima(y0)
Series: y0
ARIMA(1,1,1)(0,0,2)[12] with drift


Coefficients:
          ar1      ma1     sma1     sma2    drift
       0.5828  -0.7897   0.0748   0.2706   0.1039
s.e.   0.0819   0.0590   0.0518   0.0508   0.0198
sigma^2 estimated as 0.3866:log likelihood=-417.52
AIC=847.04 AICc=847.23 BIC=871.62
```

在上述代码中，值得注意的是“ARIMA(1,1,1)(0,0,2)[12] with drift 语句。“ARIMA (p,d,q)”是一类模型，参数 p、d、q 分别表示自相关（*p* 阶 AR 模型），*d* 次差分和滑动平均（*q* 阶 MA 模型）。

时间序列分析之日高频分析

数据的基本处理

下面我们用一个案例来讲解如何分析日高频时间序列，使用的数据是用 1 美元兑换人民币、日元等五种货币的日汇率数据，数据存储于文件“fx.csv”中，这五种货币缩写如下：

CNY= 人民币

JPY= 日元

HKD= 港币

SGD= 新加坡币

NTD= 新台币

将原始数据进行时间序列分析的前提条件是必须要有时间字段，本例的时间字段在数据文件中的第一列。接下来就可以对时间序列进行分析了，代码如下：

```
1.library(timeSeries)
2.temp=read.csv("fx.csv")
3.head(temp)
4.dat=temp[,-1]
5.dateID=as.Date(temp[,1])
6.rownames(dat)=dateID
7.dailyData=as.timeSeries(dat)
8.tail(dailyData)
9.NTD=dailyData[,1]
10.plot(NTD,col="darkblue")
11.grid()
12.abline(h=30,col="red",lty=1,lwd=2)
13.abline(v=as.POSIXct(c("2016-01-01","2017-12-31")), col="green",lty=2,lwd=1)
```

代码说明

1. 加载 timeSeries 包。
2. 读取数据。
3. 查看前 6 笔数据。
4. 将日期字段去掉。
5. 调用 as.Date() 函数，把第 1 列定义为日期。
6. 将日期嵌入 dat 文件中。
7. 修改 dat 文件格式，重命名为 dailyData。
8. 检测最后 6 笔数据。
9. 读取新台币数据。
10. 绘制时间序列图像，如图 3.7 所示。
11. 在时间序列图像中添加网格线。
12. 在时间序列图像中添加一条水平线，lty=1 表示添加的是实心线。
13. 在时间序列图像底部添加日期。

时间序列对象是以时间为列索引，我们可以根据列索引获取特定区间的数据。对于本例时间序列的建立，需要先为时间序列对象嵌入列名称，再调用 as.timeSeries() 函数进行转换，这样做能确保转换的成功进行。下面调用 tail() 函数检查最后 6 笔数据，代码及结果如下：

```
进行 > tail(dailyData)
GMT
           NTD      JPY      HKD      SGD      CNY
2018/2/2   29.235   109.77   7.8196   1.3118   6.2798
2018/2/5   29.307   109.92   7.8211   1.3179   6.2927
2018/2/6   29.386   109.03   7.8195   1.3215   6.2783
2018/2/7   29.27    109.04   7.8195   1.3186   6.2596
2018/2/8   29.39    109.53   7.8188   1.3289   6.326
2018/2/9   29.407   109.15   7.82     1.3311   6.3004
```

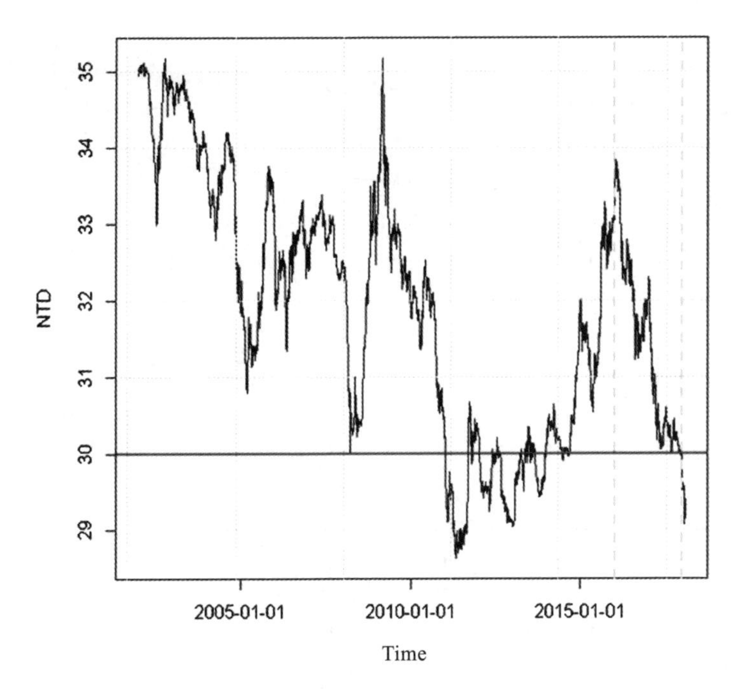

图 3.7　全部时间新台币汇率时间序列图像

通过 timeSeries 对象选择绘制部分时间的时间序列图像时也要调用 window() 函数，但是和以月为单位的时间序列调用 window() 函数的方式略有不同。下面绘制 2008 年 1 月 1 日至 2018 年 2 月 2 日新台币汇率的时间序列图像，代码如下：

```
> NTD=window(dailyData[,1],"2008-01-01","2018-02-02")
> dev.new();plot(NTD,col="darkblue")
> grid()
> abline(h=30,col="red",lty=2)
```

绘制结果如图 3.8 所示。

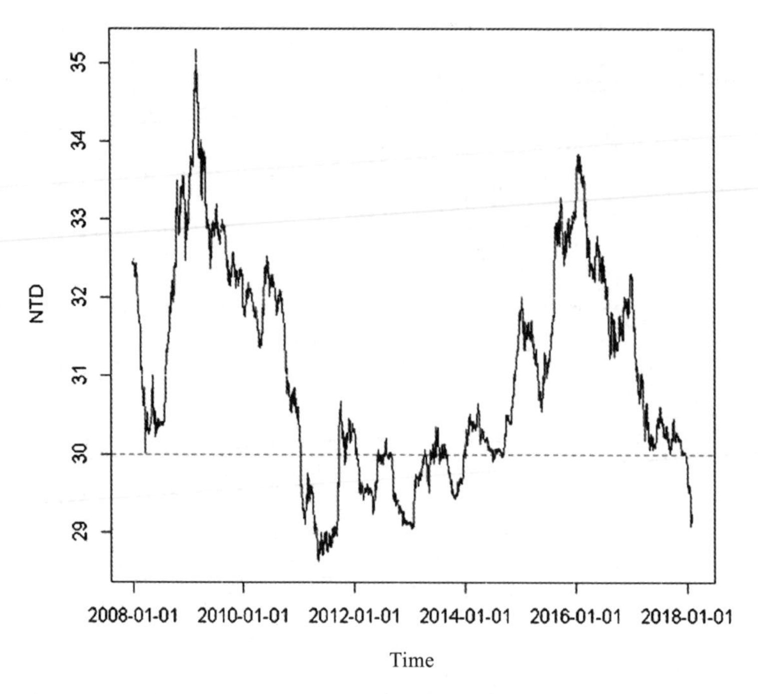

图 3.8　2008 年 1 月 1 日至 2018 年 2 月 2 日新台币汇率时间序列图像

分类分析

频率比较分析

虽然日高频和日内高频数据中不存在以季节为循环周期的性质，但仍然可以根据多日的数据来分析一周内的数据变化趋势。以中国台湾股市指数周收益率为例，如果要分析这一指标一周内的变化趋势，可以先设想一下本周一到下周一、本周二到下周二之间的趋势是否会存在差异。下面我们通过一个案例来讨论这个问题，将数据按照类似本周一到下周一的规则，从周一到周五分成五类，分别分析变化趋势，代码如下：

```
1.library(lubridate)
2.TWII=read.csv("TWII.csv")
3.dat=as.timeSeries(TWII[,"Close"],as.Date(TWII[,1]))
4.bsDay=wday(dat,label=TRUE)
5.R1=returns(dat[bsDay=="Mon",])*100
6.R2=returns(dat[bsDay=="Tue",])*100
7.R3=returns(dat[bsDay=="Wed",])*100
8.R4=returns(dat[bsDay=="Thu",])*100
9.R5=returns(dat[bsDay=="Fri",])*100
10.Max=max(R1,R3)*1.01
11.Min=min(R1,R3)*1.01
12.par(mfrow=c(1,2))
13.plot(R1,col="red",ylim=c(Min,Max),xlab="(A)",ylab="",main="Monday")
14.abline(h=0)
15.plot(R3,col="red",ylim=c(Min,Max),xlab="(B)",ylab="",main="Wednesday")
16.abline(h=0)
17.par(mfrow=c(1,1))
18.fBasics::basicStats(cbind(R1,R3))
```

代码说明

1. 加载 lubridate 包。
2. 读取中国台湾股票指数数据文件（TWII.csv）。
3. 根据股票收盘价格建立时间序列。
4. 读取每个日期对应的星期。
5. 计算根据本周一到下周一分类中国台湾股市周收益率并存储于 R1 对象中。
6. 计算根据本周二到下周二分类中国台湾股市周收益率并存储于 R2 对象中。
7. 计算根据本周三到下周三分类中国台湾股市周收益率并存储于 R3 对象中。
8. 计算根据本周四到下周四分类中国台湾股市周收益率并存储于 R4 对象中。
9. 计算根据本周五到下周五分类中国台湾股市周收益率并存储于 R5 对象中。
10. 读取 R1 和 R3 并集的极大值（乘上 1.01 的目的是将 y 轴极值扩大，以便于观测）。
11. 读取 R1 和 R3 并集的极小值。
12—17. 绘制时间序列图像，如图 3.9 所示。在两个时间序列中使用共同极值的目的是便于比较。
18. 获取两个时间序列的数字特征。

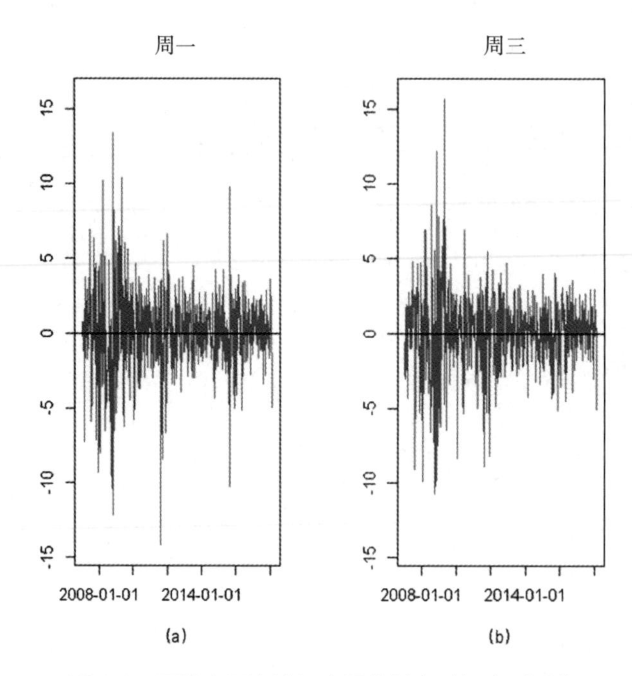

图 3.9 两类中国台湾股市周收益率时间序列图像

单独看图 3.9 所示的时间序列图像会觉得不够直观，下面我们将隐藏于数据中的各数字特征输出，以便进行后续分析，代码及结果如下：

```
> fBasics::basicStats(cbind(R1,R3))
                R1          R3
                R1          R3
Minimum     -14.16      -10.73
Maximum      13.44       15.67
1.Quartile   -1.38       -1.25
3.Quartile    1.72        1.55
Mean          0.06        0.05
Median        0.17        0.30
```

Sum	29.79	27.48
SE Mean	0.13	0.12
LCL Mean	-0.20	-0.18
UCL Mean	0.31	0.28
Variance	8.76	7.80
Stdev	2.96	2.79
Skewness	-0.38	-0.18
Kurtosis	3.20	3.58

从上述结果可以看出，两组数据中的中位数和偏度差距最大。而从周收益率来看，本周一到下周一的左偏度比本周三到下周三的左偏度的两倍还高。

[练习]

请用 fBasics 包内置的 basicStats() 函数，比较是否周一到周五每类数据的数字特征都有所不同。

下面我们利用 fAssets() 函数内置的高可视化绘图功能，绘制带有颜色和形状的数字特征统计图，代码如下：

```
19.newData=cbind(c(R1),c(R2),c(R3),c(R4),c(R5))
20.colnames(newData)=c("Monday","Tuesday","Wednesday","Thursday","Friday")
21.fAssets::assetsMomentsPlot(as.timeSeries(newData),title="",description="",main="A
   ssets Moments Statistics")
22.fAssets::assetsBasicStatsPlot(as.timeSeries(newData),title="",description="",main="
   Assets Statistics")
```

代码说明

19. 合并全部日期周一到周五的收益率。这个做法可以把缺值移除。
20. 更改数据文件的列名称。
21. 绘制高可视化数字特征统计图，如图 3.10 所示。
22. 绘制高可视化分类统计图，如图 3.11 所示。

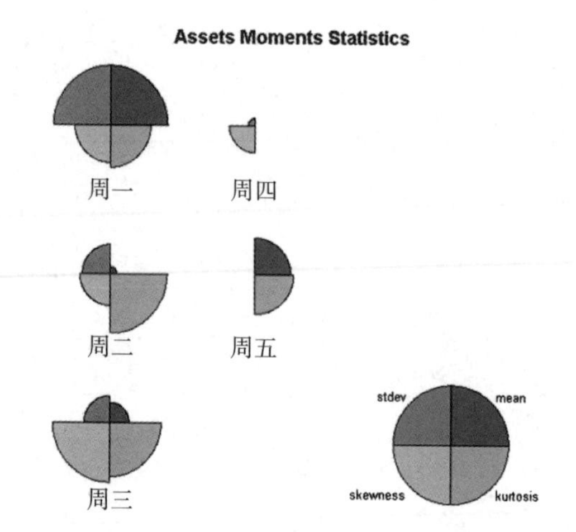

图 3.10　周一到周五的数字特征统计图

图 3.11　周一到周五的分类统计图

图 3.10 和图 3.11 中每个部分的相对面积都是根据如下公式绘制的：

$$S = \frac{y - \min(Y)}{\max(Y) - \min(Y)}$$

以周一的平均值 y 为例，min（Y）代表周一到周五最小平均值，以此类推。所以，如果周一的平均值是 5 天之中最大的，那么面积就是 1。从图 3.10 可以看出，周四的各项数字特征都是 5 天之中最小的，其中，峰度最小表示极端收益的幅度最小。我们也可以从图 3.11 中看到各方面情况的比较。上述由程序代码生成的统计图，在电脑上会被不同的颜色标记，可视化程度很高。

换频分析

日高频时间序列的换频和低频时间序列的换频做法一样，如以日换周的代码如下：

```
weekID=timeSequence(from=start(NTD), to=end(NTD), by="week")
d2w=aggregate(NTD, by=weekID, FUN=mean)
```

时间序列分析之日内高频分析

我们在本部分用中国台湾证券交易所公布的 5 秒内 34 个产业指数规律数据（twse2018-5sec.RData 文件）来分析日内高频时间序列。日内高频时间序列涉及许多专业的计算，这里不一一赘述。我们仅简单介绍日内高频时间序列的频率划分方法，换频后的分析过程与前面两种时间序列类似。分析日内时间序列用到的函数是 xts()，我们通过一个已经用 xts() 函数处理好的文件简单介绍换频操作，代码如下：

```
library(xts)
print(load("twse2018_5sec.RData"))
names(twse_5sec)
```

```
colnames(twse_5sec)=namesEnglish
```

读取第一列数据，也就是加权指数，对应的日期是 2018 年 2 月 7 日，代码如下：

```
dat=twse_5sec[,1]["2018-02-07"]
```

如果需要获取这天特定时段的数据，如收盘前半小时的数据，可输入以下代码：

```
twse_5sec[,1]["2018-02-07 13:00:00::2018-02-07 13:30:00"]
```

通过使用 xts() 函数很容易读取特定时间内的数据，并且速度也很快，支持跨日期获取。如将获取 5 秒内的数据改为获取 45 秒内的数据，代码如下：

```
y1=to.period(dat,period="secs",k=45,name=NULL,OHLC=FALSE)
```

将获取 5 秒内的数据改为获取 2 分钟内的数据，代码如下：

```
y2=to.period(dat,period="mins",k=2, name=NULL,OHLC=FALSE)
```

将获取 5 秒内的数据改为获取 1 小时内的数据，代码如下：

```
y3=to.period(dat,period="hours",k=1,name=NULL,OHLC=FALSE)
```

对于日内高频数据来说，使用 timeSeries 对象画图的效果较好，代码如下：

```
plot(timeSeries::as.timeSeries(y1));grid()
plot(timeSeries::as.timeSeries(y2));grid()
```

另外，可以将一天中的部分时段分成若干区间来分析，这与换频的概念不同。如将每个小时作为一个区间，代码如下：

```
>split(dat, f="hours",k=1) #k-hour a group
```

将每 30 分钟作为一个区间，代码如下：

```
>split(dat, f="mins", k=30)#k-minute a group
```

经过上述分段分析操作，有助于我们仔细查看每个时间段内数据的波动状况。如可以分析金融市场收盘前 1 小时的成交状况，查看每 15 分钟内数据的波动状况，这有助于预测收盘前的价格变动趋势。

日内高频时间序列分析往往针对专业领域，如生物实验、金融交易、气象记录和地震数据等。每个领域要分析的内容都不同，为避免涉及太深的内容，这里不作赘述。

就决策思考而言，要注意时间序列数据呈现的类型是否可以通过频率来辨认，如季节循环或收盘前的数据特征。如果可以，那么决策就可以依照频率的变化进行调整。

分析大数据时需要注意的问题

时间序列的数据存在时间上的依赖关系（Path Dependency），也就是过去对现在有一定的影响。利用时间序列分析结果构建模型时要非常小心，因为决策是在真实时间下制定的，但是在时间序列中，除了极高频数据外，无论是以日、周、月还是季为周期记录，都不是真实时间。既然不是真实时间，那么根据分析结果制定决策时，必须注意以下三个问题：

1. 时间序列数据就像一部历史，过去发生的，未来不一定还会发生。就算还会发生，也不知道它的趋势是怎样的。例如，如果我们知道一个投资策略的成功概率为 90%，失败概率为 10%，但是，如果未来这 10% 的失败概率连续发生多次，往往会带来毁灭性的灾难。所以时间序列预测最困难的地方在于，不清楚未来数据是如何“排列”的。
2. 时间序列随时会受到冲击，从而引发结构变动（Structural Breaks）。这不单单蕴藏着风险，也充满了不确定性。这种引发结构变动的冲击，会导致时间序列的趋势发生变化，也就是之前的预测结果将完全失去参考价值。
3. 多数时间序列都具有随机过程（Stochastic Process）的统计特性，而能用机器学习、数据挖掘算法分析的数据，基本都不具备随机过程的统计特性。当随机过程的统计特性很强时，很多分类方法在预测方面都无法使用。

预测失灵

本书完稿时，正值俄罗斯世界杯期间，那段时间笔者在同济大学授课。2018年6月27日，德国队以0:2输给了韩国队，被淘汰出局。但当时四个不同来源的预测模型都预测德国队会进入当年世界杯的前三名，这四个模型分别是（数字表示该国进入前三名的概率）：

1. 概率预测

（1）Poisson预测模型

Model–1：德国13%, 巴西13%, 西班牙12%。

Model–2：巴西16%, 西班牙8%, 德国8%。

（2）Bradley–Terry预测模型

巴西16.6%, 德国15.8%, 西班牙12.5%。

2. 人工智能预测

（1）德国多特蒙德科技大学预测模型

西班牙17.8%, 德国17.1%, 巴西12.3% 。

（2）高盛金融预测模型

巴西18.5%, 法国11.3%, 德国10.7%。

通常预测排名和实际情况有着很大的差距。为什么基于大数据的机器学习、数据挖掘，甚至人工智能算法会出现如此严重的错误？预测失灵的模型一定是没用的吗？答案在于预测的“随机性”，主要体现在以下两方面。

第一，对于数据的分析并不是从数据的随机性出发。即便是概率预测，依然受制于一个既定的概率密度函数，即对于“模型不确定性”（Model Uncertainty）没有妥善考虑。

第二，人工智能或大数据对于随机性强的预测对象不会有太精准的结果。典型的例子就是对金融市场的预测，金融市场产生的数据有随机过程（Stochastic Process）的特性，即实时事件受到的意外冲击往往会影响整个趋势。竞赛也相当于一个具有随机过程特性的战场，过去的情况往往不能代表未来。更何况从一开始就有一种情况没有被纳入预测，即上一届的冠军在下一届的小组赛中就被淘汰。例如，1988年法国队赢得了世界杯冠军，2002年却在小组赛中被淘汰；2006年意大利队赢得了世界杯冠军，2010年在小组赛中被淘汰；2010年西班牙队赢得了世界杯冠军，2014年也在小组赛中被淘汰。而2014年赢得世界杯冠军的德国队，这一届也没能逃出这个魔咒，遗憾止步十六强。

所以，如果我们预测的对象本身有很大的随机性，那么对于通过算法产生的预测结果必须谨慎解读，并考虑模型的不确定性。那么类似的预测其可靠性究竟有几成？在后面的内容中，我们会继续探讨这个问题。

第4讲

期望值与信赖区间

Apixio 公司的医疗大数据

Apixio 是美国一家医疗大数据公司，成立于 2006 年，总部位于美国加利福尼亚州。Apixio 公司擅长通过认知分析的方法处理医疗大数据，他们利用机器学习算法和自然语言处理技术识别医疗机构的手写病历记录，并将病历记录上的数据存入数据库，再通过建模的方式分析这些数据，从而帮助医疗机构做出更明智的决策。Apixio 官网界面标注了其使用的核心技术，如图 4.1 所示。

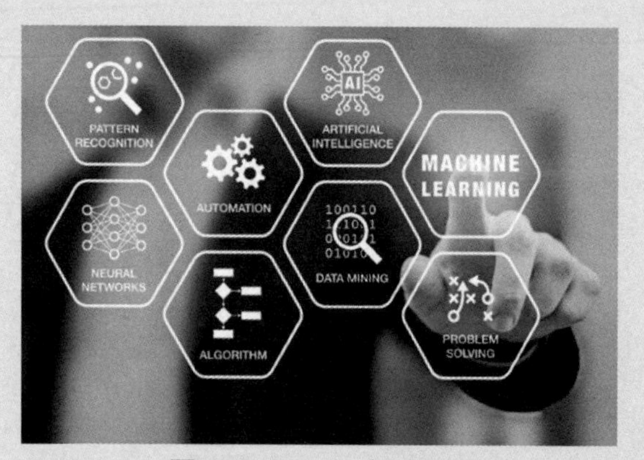

图 4.1　Apixio 官网界面

在数字技术普及之前，大多数医疗机构的病历记录都是由医生手写的，病历记录上的数据属于非结构化数据。那时如果想要查询病历记录，只能人工翻阅，非常耗费时间。进入大数据时代后，人们逐渐意识到利用数据制定决策的重要性，对于医疗机构也是如此。其实医疗机构从来不缺数据，但由于其拥有的数据都是非结构化的，导致数据分析工作困难重重。虽然电子病例（Electronic Health Record，EHR）逐渐投入使用，但是它的目的不是为了便于数据的分析，而是便于数据的存储。

美国公民医疗记录中包含各科室医生手写的诊断结果和政府的补贴信息。Apixio 公司将从各个渠道获得的病历记录通过光学字符识别技术

（Optical Character Recognition，OCR）进行提取，然后整合与分类，最后将这些数据转换为文件形式存储。Apixio 公司利用机器学习算法和自然语言处理技术对这些数据进行分析，相当于把过去的医疗记录整合为一个装满经验的知识库，医生出诊时遇到的疾病都可以参考知识库中的相关经验，有利于制定更准确的诊疗方案。Apixio 在数据分析上使用的技术在其官网有明确的标示，如图 4.2 所示。

图 4.2　Apixio 使用的数据分析技术

在传统以实验为基础的医疗诊断上，诊断结果多少具有些许瑕疵或巧合的成分。相比之下，利用医疗大数据制定诊断决策，相当于以大量临床实践经验为依据，能够保证诊疗决策在各方面都有较高的准确度。

在技术层面上，Apixio 的大数据分析工作也是建立在亚马逊 AWS 之上。为了保护病人的隐私和财产安全，除了在数据分析时使用了传统的机器学习算法外，Apixio 使用的所有分析工具都是自己研发的，完全不依赖第三方的商业软件。同时，Apixio 还构建了知识图谱（Knowledge Graph），用于分辨数以千万计的病历与保险记录，以提高诊疗的准确率，节省诊疗时间。

将医疗机构和保险公司的数据结合，这种跨机构的数据共享方式很有挑战性。Apixio 对于大数据的提取与分析，是以 OCR 技术为基础的，将数据转换为算法可识别的格式，这是一种全新的做法。所以上一讲提到的网飞公司使用的技术并不适用于 Apixio。Apixio 服务的对象多是医疗机构，且使用的工具大部分是保密的。

期望的概念

在统计学中，“期望”是数据分析结果的一个重要衡量标准。所谓期望等同于预期，而预期相当于预测（Prediction）。统计学中有多种求期望值的方法，其中最主要的就是第 2 讲中提到的平均值算法。期望通常可以分为两类，分别是数学期望和条件期望。数学期望采用加权平均值的方法求得，而条件期望采用回归分析的方法求得。

简单的统计原理

在数据的统计与分析过程中，常常将集中趋势作为重要的参考指标，而分析集中趋势常用的数字特征就是期望和方差。假设我们要分析某餐厅在一段时间内的日营利数据（用 Y 表示，单位：千元），先把原始数据放在 x 轴排序，如图 4.3（a）所示，求出平均值并计算期望值，然后根据 x 轴的数据和期望值的距离将数据分成两类，分别是被期望值预测得较准的数据和被期望值预测得较不准的数据。

下面引入一个变量 e，其值等于原始日营利数据减去其数学期望值，称为预测误差，计算公式如下：

$$e=Y-E[Y]$$

在图 4.3（b）中，把 e 值放在 x 轴排序，这样图 4.3（a）中期望值的位置就会是 0，也就是被期望值正确预测的数据。

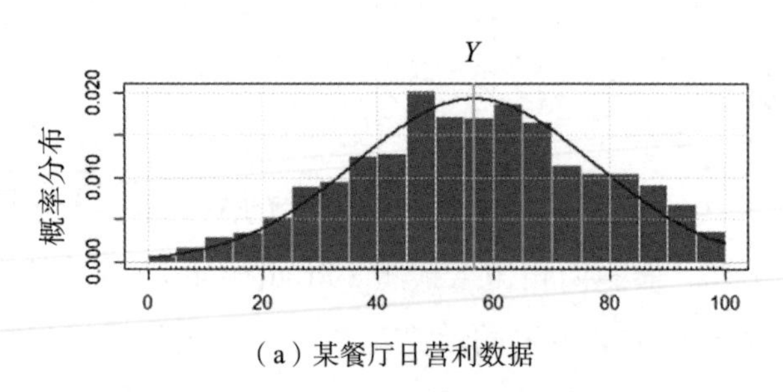

（a）某餐厅日营利数据

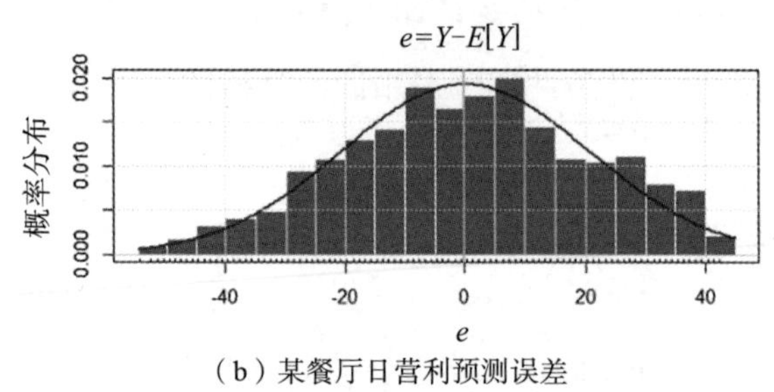

（b）某餐厅日营利预测误差

图 4.3　某餐厅日营利数据及预测误差

样本平均值往往是很粗糙的。虽然理论上当前样本平均值是无偏性的（Unbiasedness）的；但是因为这个数字特征是常数（Constant）形式，所以由之产生的误差相对较大，也就是样本数据偏离平均值的离散程度高，简单地说就是方差偏大。

要解决这个问题，就要引入条件期望值的概念，也就是 Y 的期望值不再只由平均值来决定，还会受到条件 X 的影响。条件期望值可表示为“$E[Y|X]$”，Y 的计算公式为：

$$Y=E[Y|X]+e$$

引入条件期望值后的预测误差如图 4.4 所示。

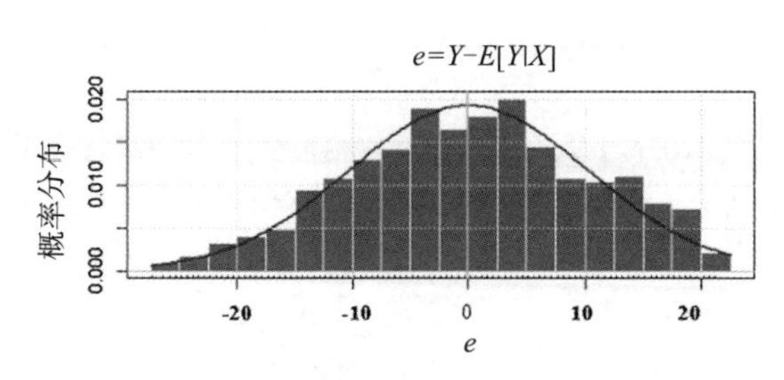

图 4.4　某餐厅日营利预测误差（引入条件期望值后）

从图 4.4 中可以看出，引入条件期望值后误差小了很多，方差也随之变小。下面我们用置信区间的概念来描述这个现象，基本做法是将预测结果分为较可信的区间和较不可信的区间。如果我们将 e=0 作为 x 轴中点，向两端延展一个合理的区间，则这样的区间就是 e=0 的置信区间。包含在这一置信区间内的数据，都是被期望值预测得准确度较高的数据，而这个区间以外的数据就是被期望值预测得准确度较低的数据。

究竟 $E[Y|X]$ 是怎样的一种存在？我们将其转化为一个线性方程式，即"$E[Y|X] = a+bX$"，则 Y 可以表示为如下形式：

$$Y=a+bX+e$$

根据上述线性方程式可画出如图 4.5 所示的图像。图中的圆圈表示原始数据，斜线表示条件期望值，也就是 $a+bX$，而圆圈和斜线之间的距离表示预测误差。在图 4.5 中还添加了一条表示 Y 平均值的虚线，其值约为 6.96。这样我们就可以比较样本期望值和条件期望值对原始数据的预测能力。事实上，这种预测能力相当于斜线的涵盖范围，通过条件期望值能够找到一个靠近更多原始数据的斜线。

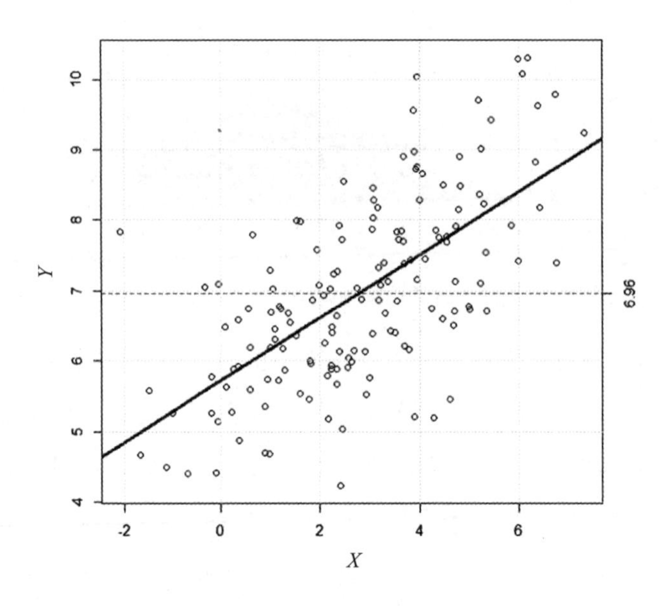

图 4.5　线性方程式图像

线性回归分析的第一项工作就是“估计”，即用数理方法估计斜线的截距和斜率（统称为参数或系数）。由图 4.5 可知，线性回归预测相当于“划延长线”的过程，所谓学习过程就是当新数据出现时及时更新斜线的斜率，使预测结果更加准确。

线性回归分析最通用的方法是最小二乘法（Least Squares，LS）。在本讲中，除了介绍最小二乘法，我们还会介绍如何通过机器学习算法来完成这项工作和第 1 讲中提到的随机梯度下降算法。

随机梯度下降算法

随机梯度下降算法类似于高斯－赛德尔迭代算法。假设现有一个线性方程式如下：

$$Y=a+bX+e$$

其中，a 和 b 是要估计的参数，在机器学习算法中将其视为权重（Weights），写成 $W=[W_a, W_b]$ 的形式，即：

$$Y=W_a+W_bX+e$$

为了较准确地估计参数 a 和 b，需要执行以下迭代过程：

$$W_a(k+1)=W_a(k)-\text{alpha}\cdot\text{error}$$
$$W_b(k+1)=W_b(k)-\text{alpha}\cdot\text{error}\cdot X$$

其中，alpha 表示机器学习率，预设值为 0.01；error 表示预测误差，即预测值 – 原始值。

下面我们将表 4.1 所示的 5 笔数据作为原始数据，通过一个示例讲解随机梯度下降算法。

表 4.1　原始数据

X	Y
1.115	1.036
2.043	3.029
4.074	3.151
3.015	2.131
5.197	5.062

上述数据的散点图如图 4.6 所示，它们之间存在正相关的关系。表 4.2 所示为在随机梯度下降算法计算过程中得到的相关数据，图 4.7 所示为每次迭代后的预测误差。从图 4.7 中可以看出，每次迭代产生的预测误差一直在逐渐减小。表 4.3 所示为参数 a 和 b 的最终估计结果。其中，总误差为 2.189，标准误差为 0.662。图 4.8 所示为随机梯度下降算法最后生成的正相关图像。表 4.2 最右边两栏的最后一行就是“随机梯度下降算法”估计的参数 a 和 b 的值，也就是 0.228 和 0.801。

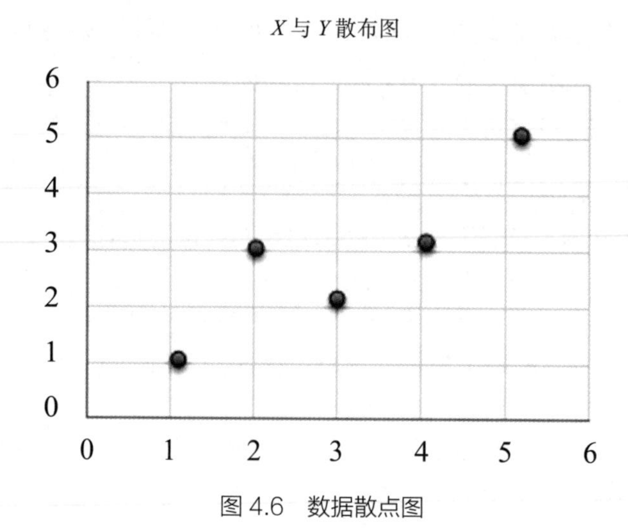

图 4.6　数据散点图

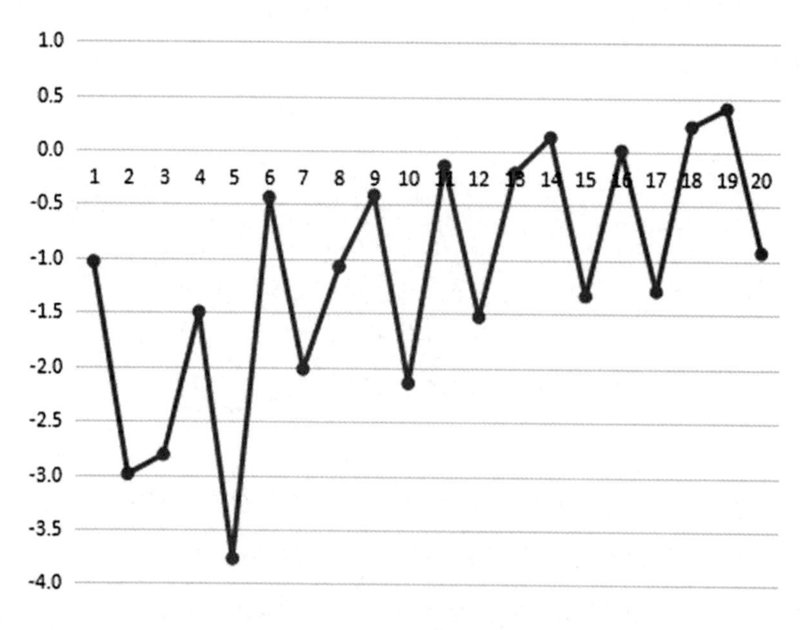

图 4.7　每次迭代后的预测误差

表 4.2　随机梯度下降算法计算过程中得到的数据

k	X	Y	$W_{a,k}$	$W_{b,k}$	预测值	Alpha	预测误差	预测误差^2	$W_{a,k+1}$	$W_{b,k+1}$
1	1.115	1.036	0	0	0	0.01	−1.036	1.073	0.010	0.012
2	2.043	3.029	0.010	0.012	0.034	0.01	−2.995	8.970	0.040	0.073
3	4.074	3.151	0.040	0.073	0.337	0.01	−2.814	7.919	0.068	0.187
4	3.015	2.131	0.068	0.187	0.633	0.01	−1.498	2.244	0.083	0.233
5	5.197	5.062	0.083	0.233	1.292	0.01	−3.770	14.215	0.121	0.428
6	1.115	1.036	0.121	0.428	0.599	0.01	−0.437	0.191	0.126	0.433
7	2.043	3.029	0.126	0.433	1.011	0.01	−2.018	4.073	0.146	0.475
8	4.074	3.151	0.146	0.475	2.079	0.01	−1.071	1.148	0.156	0.518
9	3.015	2.131	0.156	0.518	1.719	0.01	−0.412	0.170	0.161	0.531
10	5.197	5.062	0.161	0.531	2.919	0.01	−2.144	4.595	0.182	0.642
11	1.115	1.036	0.182	0.642	0.898	0.01	−0.138	0.019	0.183	0.644
12	2.043	3.029	0.183	0.644	1.498	0.01	−1.531	2.343	0.199	0.675
13	4.074	3.151	0.199	0.675	2.948	0.01	−0.202	0.041	0.201	0.683
14	3.015	2.131	0.201	0.683	2.261	0.01	0.129	0.017	0.199	0.679
15	5.197	5.062	0.199	0.679	3.730	0.01	−1.333	1.776	0.213	0.749
16	1.115	1.036	0.213	0.749	1.047	0.01	0.011	0.000	0.213	0.748
17	2.043	3.029	0.213	0.748	1.741	0.01	−1.288	1.658	0.225	0.775
18	4.074	3.151	0.225	0.775	3.382	0.01	0.231	0.053	0.223	0.765
19	3.015	2.131	0.223	0.765	2.531	0.01	0.399	0.159	0.219	0.753
20	5.197	5.062	0.219	0.753	4.134	0.01	−0.928	0.862	0.228	0.801

表 4.3　随机梯度下降算法估计结果

X	预测值	Y	预测误差	预测误差 ^{2}
1.115	1.122	1.036	0.0861	0.0074
2.043	1.866	3.029	−1.1633	1.3532
4.074	3.494	3.151	0.3431	0.1177
3.015	2.645	2.131	0.5137	0.2639
5.197	4.394	5.062	−0.6682	0.4465
			加总 =	2.189
			RMSE=	0.662

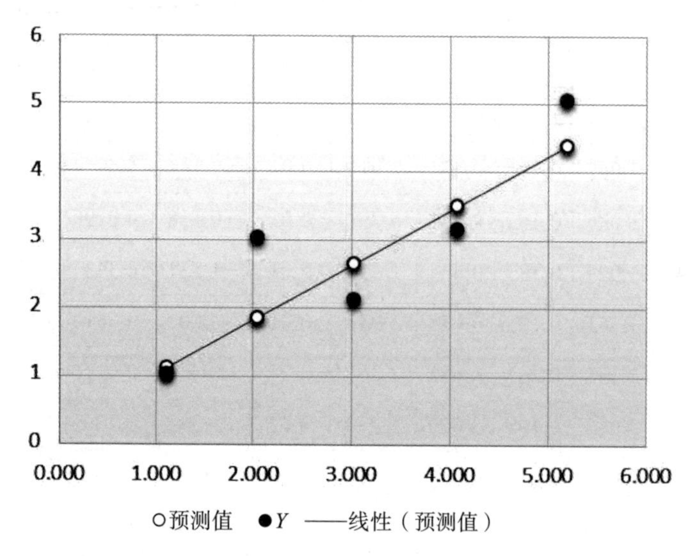

图 4.8　随机梯度下降算法估计结果图像

最小二乘法

对于线性关系的估计，最好的算法就是最小二乘法。这个算法求解参数的目标为：求出使残差平方和最小的所有参数。对于上例的线

性回归模型 $Y=a+bX+e$，可表示为：

$$\min_{a,b}\sum_{i=1}e_i^2$$

二次规划后的结果可表示为：

$$b=\frac{\sum(Y-\overline{Y})(X-\overline{X})}{\sum(X-\overline{X})^2}$$

比较最小二乘法和随机梯度下降算法可知，随机梯度下降算法经过 20 次迭代运算后的标准误差偏高，而最小二乘法最大的优势就是可以求出一个使离差最小的封闭解，且计算过程简单明了。

一般的线性回归模型都可以表示为如下的矩阵形式：

$$y=X\beta+e$$

式中，y 为由 n 个数据组成的样本的被解释变量（又称 n– 维向量）；X 为解释变量，假设有 k 个，故 X 为 $n\times k$ 形式的独立变量矩阵；β 为 k– 维系数向量（又称参数向量）；e 为离差，也就是被解释变量 y 与其预测值的差值，即没被 $X\beta$ 正确解释的部分。

设 b 表示使上式成立的最优 β 表达式，则满足下式的解即为回归系数：

$$\min_{\beta}(y-X\beta)'(y-X\beta)$$

上述表达式的值即为离差平方和，可用如下的微分方程求出：

$$b=(X'X)^{-1}X'y$$

对应的协方差矩阵（Covariance Matrix）为：

$$\text{cov}(b) = s^2 (X'X)^{-1}$$

式中，$s^2 = \dfrac{\hat{e}'\hat{e}}{n-k}$，且 $\hat{e} = y - Xb$。如果是复回归，则第 j 个系数的方差为：

$$\text{var}(b_j) = \frac{1}{1-R_j^2} \frac{s^2}{\sum_j (x_{jj} - \bar{x}_j)^2}$$

所以协方差矩阵 cov(b) 为 $k \times k$ 形式的矩阵：

$$\text{cov}(b) = \begin{bmatrix} \sigma_{11} & \sigma_{21} & \cdots & \sigma_{k1} \\ \sigma_{12} & \sigma_{22} & \cdots & \sigma_{k2} \\ \cdots & \cdots & \ddots & \vdots \\ \sigma_{1k} & \sigma_{11} & \cdots & \sigma_{kk} \end{bmatrix}$$

式中，主对角线（Diagonal）上的 k 个值就是系数的方差，开方后就得到标准差，可以用来检测个别参数的性质；其他数值代表各参数的协方差，可用来检测参数间的关系，并能进行相关性等结合检测（Joint Tests）。

R Commander 项目实战

下面通过一个示例来讲解最小二乘法。

某餐厅发现每张账单的小费金额差距很大，因此想知道影响顾客付小费的因素有哪些。本例使用的数据文件是 tips.csv，其中包含 200 笔顾客小费金额信息，部分数据如图 4.9 所示。

1	tip	total_bill	sex	smoker	day	time	size
2	1.01	16.99	Female	No	Sun	Dinner	2
3	1.66	10.34	Male	No	Sun	Dinner	3
4	3.5	21.01	Male	No	Sun	Dinner	3
5	3.31	23.68	Male	No	Sun	Dinner	2
6	3.61	24.59	Female	No	Sun	Dinner	4
7	4.71	25.29	Male	No	Sun	Dinner	4
8	2	8.77	Male	No	Sun	Dinner	2
9	3.12	26.88	Male	No	Sun	Dinner	4
10	1.96	15.04	Male	No	Sun	Dinner	2
11	3.23	14.78	Male	No	Sun	Dinner	2
12	1.71	10.27	Male	No	Sun	Dinner	2
13	5	35.26	Female	No	Sun	Dinner	4
14	1.57	15.42	Male	No	Sun	Dinner	2
15	3	18.43	Male	No	Sun	Dinner	4
16	3.02	14.83	Female	No	Sun	Dinner	2
17	3.92	21.58	Male	No	Sun	Dinner	2
18	1.67	10.33	Female	No	Sun	Dinner	3
19	3.71	16.29	Male	No	Sun	Dinner	3

图 4.9　tips.csv 数据文件（局部）

相关字段说明如下：

tip 表示小费金额（单位：美元）。

total_bill 表示账单金额（单位：美元）。

sex 表示顾客性别。

smoker 表示顾客是否吸烟。

day 表示顾客用餐日。

time 表示顾客用餐时段。

size 表示用餐人数。

由于本例分析目标是影响小费金额的因素，所以要将小费金额作为被解释变量。首先根据原始数据求出小费金额的相关信息，如表 4.4 所示。

表 4.4　小费金额的相关信息

平均值	标准差	四分位差	小费金额最小值	25% 以下的小费金额	50% 以下的小费金额	75% 以下的小费金额	小费金额最大值	顾客总数
2.998	1.384	1.563	1	2	2.9	3.56	10	244

从表 4.4 中可以发现，这 200 笔账单来自 244 位顾客，小费金额的标准差是 1.384，小费金额的平均值约为 3，但上述数据不具有代表性，并且以中位数作为中轴，其值左、右数据分布并不是对称的。根据小费金额的基本信息可绘制如图 4.10 所示的 4 张图。

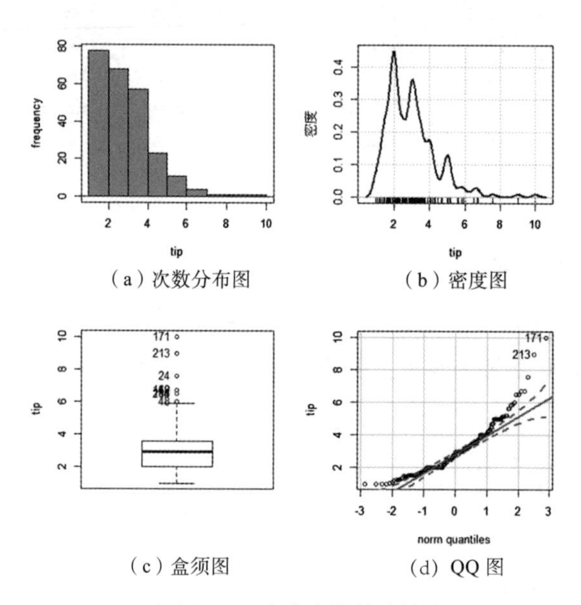

（a）次数分布图　（b）密度图

（c）盒须图　（d）QQ 图

图 4.10　小费金额基本信息

接下来分别对这四张图进行分析：从次数分布图可以看出，小费金额发放最密集的区间是 2 ～ 4 美元；从密度图可以看出，峰度最高的三处分别是 2 美元、3 美元和 7 美元，也就是说仅靠平均值不足以说明小费金额的分布特点；从盒须图可以看出，如果以中位数为基准，则小费金额正偏度和离散度都很大；从 QQ 图可以看出，小费金额并不是呈常态分布的，并且离常态分布的标准甚远，也就是说平均值没有太大的预测价值。如果 QQ 图呈常态分布，则散点会与根据理论值画出的直线重叠，如果散点的形状呈“S 形”或“香蕉形”，则数据不属于常态分布。

综上所述，平均值以及期望值不是一种好的预测依据。用它们预测，误差会很大。所以我们利用线性模型来估计小费金额的条件期望值，设 total_bill 和 size 为解释变量，则小费金额的计算公式如下：

$$\text{tip}=a+\beta_1\cdot(\text{toal\_bill})+\beta_2\cdot(\text{size})+\text{residuals}$$

上述公式可以体现账单金额、用餐人数与小费金额之间的关系。首先进入 R 语言图形界面（R Commander），然后选择主菜单中的“统计量”选项，再选择“模型配适”→“线性模型”，如图 4.11 所示。这里不建议选择“线性回归”选项，因为这个选项不允许对输入变量做额外处理，操作缺乏弹性。

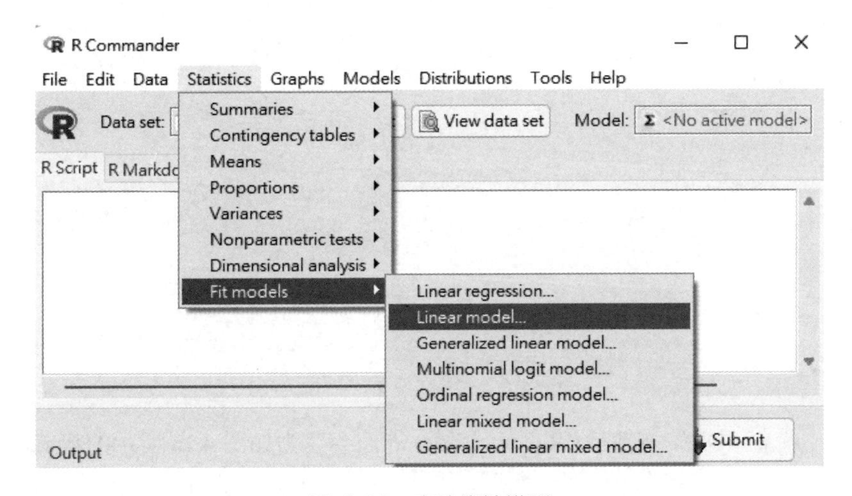

图 4.11　启动线性模型

图 4.12 所示为线性模型主界面，中间的两个矩形对话是对应公式中的解释变量和被解释变量。对话框中还有很多选项，此处不再赘述，如果把它们都弄清楚，则对增强读者的数据分析能力有很大帮助。对于这个对话框，有以下三点说明：

1. “LinearModel.1”是对象名称，该对象的作用是暂时存放估计结果。在调用线性模型的过程中，会根据生成的值自动编号。
2. 加载变量时，R Commander 会自动辨认其格式。当前数据类型只有两种，分别是数值类型和文字类型。在文字类型的数据后部会标注“factor”。
3. 界面下方是以线性模型为基础的转换方式，如多项式转换、正交多项式转换等。

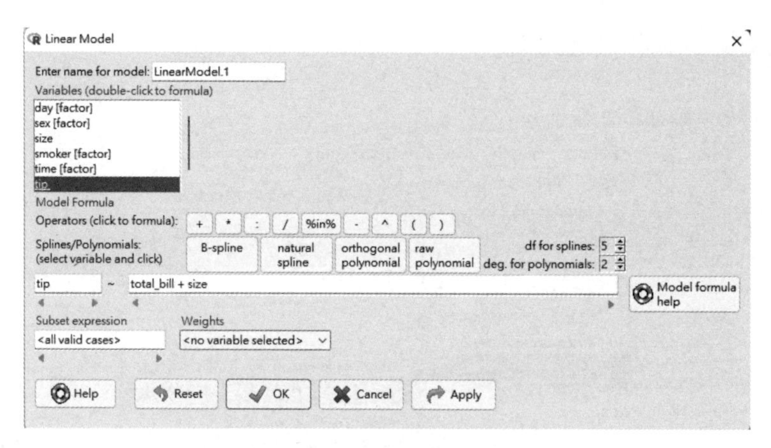

图 4.12　线性模型主界面

点击“OK”按钮后，R Commander 界面会变为如图 4.13 所示的状态。

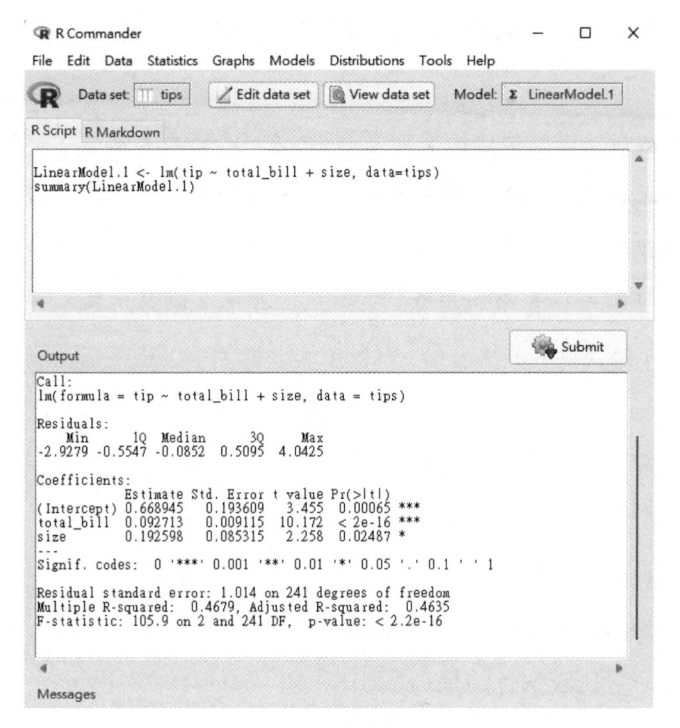

图 4.13　线性模型估计结果

图 4.13 上半部分是调整了线性模型主界面的选项后，R Commander 产生的脚本，具体如下：

```
LinearModel.1 <- lm(tip ~ total_bill + size, data=tips)
```

使用 R 语言进行线性模型分析用到的是 lm() 函数。将上述代码复制，另存为批处理文件（Script File）的形式，便可独立执行。R Commander 的好处在于它会将全部操作代码完整地列出来，如后续需要重复某个操作，将对应的代码复制并单独存储，便可直接调用。上述代码左边的“LinearModel.1”就是存储估计结果的对象，也是图 4.12 最上面的矩形对话框中输入的模型名称，图 4.13 右上角的“模型”对话框中也记录了这个名称。图 4.13 下半部所示为线性模型估计结果，解读如下：

> 从线性模型估计结果可以看出，在 5%的显著水平下，账单金额、用餐人数都与小费金额呈正比。账单金额越高，用餐人数越多，小费金额就越高。当单个账单金额多于账单平均值 1 美元时，单个账单小费高于小费平均值 0.093 美元。当单个账单用餐人数多于所有账单平均用餐人数 1 人时，单个账单小费多于小费平均值 0.193 美元。从 P-value 值可以看出，账单金额的 P-value 值远远小于 5%，故显著性最强。另外，此线性模型的拟合优度约为 0.47，说明这 200 笔小费账单被解释变量解释的程度为 47%，另有 53% 的部分未被解释。

R Commander 的子样本回归操作也很简单，读者可自行操作下面两个练习，再比较估计结果。

> **［练习］**
>
> 图 4.12 左下角有一个“子样本选取之条件”对话框，请输入“sex="Female"”，然后点击“OK”按钮，查看结果。

注：在“子样本选取之条件”对话框中可以输入各种格式的数据，并不是只能输入字符串。其中，“=”右边是设定的条件，若要输入字符串形式的条件，需使用“""”将字符串进行标注；如果输入数值形式的条件则不需要标注。

> **［练习］**
>
> 在“子样本选取之条件”对话框中输入“total_bill > 3”，点击“OK”按钮，看看结果如何。

图 4.13 所示的预测结果是在同质变异的前提下得到的，也就是根据数据差残计算出的方差都是一样的。意指对于 244 个残差值，无论选取几个，如选取 50 个、80 个或 150 个，所计算出的方差都一样。接下来，我们来了解一下残差诊断。

残差诊断

在 R Commander 主菜单中选择“模型”选项，然后选择“绘图”选项，可以看到下拉菜单中有 6 个选项。选择“基本诊断图”选项后，R Commander 会为所选择的对象绘制残差图。如果前述操作过程中产生了很多对象，如 LinearModel.1、LinearModel.2……则必须选择第一个选项，即“选择使用的模型……”或在图 4.14 箭头位置直接输入对象名称，来选择要后续进行处理的对象。选择完毕后，R Commander 便会绘制残差图，绘制结果如图 4.15 所示。

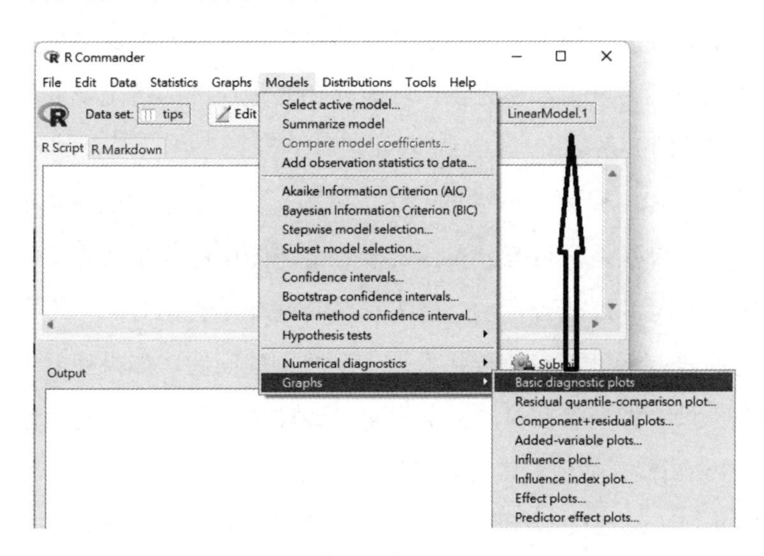

图 4.14　绘制残差图

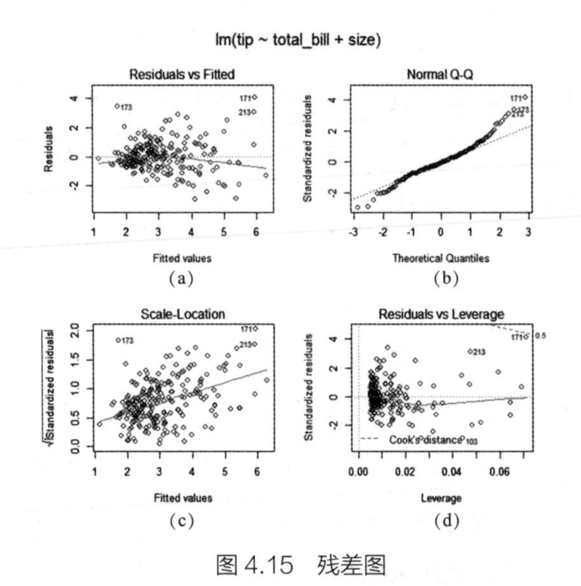

(a) (b)

(c) (d)

图 4.15　残差图

经过上述操作共产生了 4 张残差图，接下来我们逐一进行解读。

图 4.15（a）所示为拟合值与残差的残差图，作用是检测残差与拟合值之间的关系。如果是一个好的线性模型，那么图中的实线和水平虚线会十分接近。如果图中的实线有明显的斜率或弯曲的情况，则表示该线性模型的设定不够完善，可能存在变量遗漏的情况或变量之间存在非线性的关系。

图 4.15（b）所示为残差的 QQ 正态图，作用是检测残差是否呈正态分布。如果残差呈正态分布，则散点会与图中的斜虚线重叠。如果散点的形状呈 S 形或香蕉形，就表示没有残差呈正态分布。不过，线性模型的残差不呈正态分布并不是一个严重的问题。如果残差不呈正态分布，只要将显著性检测标准提高一些即可，如本例将显著性水平改为 1%。当然，如何调整还要根据具体状况而定。

图 4.15（c）所示为残差方差图，作用是判断残差方差是否为常数（同质变异）。如果残差方差是常数，则图中的实线将是水平的，如果实线不是水平的，则说明残差方差不是常数。本例中的实线斜率为正，

不是水平的，表示残差方差不是常数。

图 4.15（d）所示为残差杠杆图，作用是检测样本数据中是否存在离群点。图中右上角的弧形虚线称为库克轮廓，越接近它的散点，库克距离越小，对线性模型的离群值影响（Outlier Influence）越大。从本例的残差杠杆图可以看出，第 171 位顾客的行为最独特，说明他对模型估计结果的影响最大。同时，他也有着最大的杠杆值。库克距离的计算公式如下：

$$D_i^2 = \frac{\left(\hat{y} - \hat{y}_i\right)'\left(\hat{y} - \hat{y}_i\right)}{k\hat{\sigma}^2}$$

通过库克距离的计算公式可以找出样本中的离群点，图中带序号的散点即为找出的离群点。如果原始数据的列名称是字符串形式，如人名或地名，则会显示文字。

下面了解一下杠杆值的概念。杠杆值也称 hat 值（h_i），其计算公式如下：

$$h_i = x_i (X'X)^{-1} x_i$$

式中，i 代表离群点的编号。这里将杠杆值的临界值定为 $2k/N$，k 为解释变量 X 的个数（本例为 2），N 为样本数据个数（本例为 244）。若样本数据的杠杆值大于 $2k/N$（0.0164）的 2 倍（0.032）或 3 倍（0.048），则需要配合其他标准做进一步检测。

影响图

影响图中包含三个值，分别为杠杆值、标准化残差和库克距离，如图 4.16 所示。

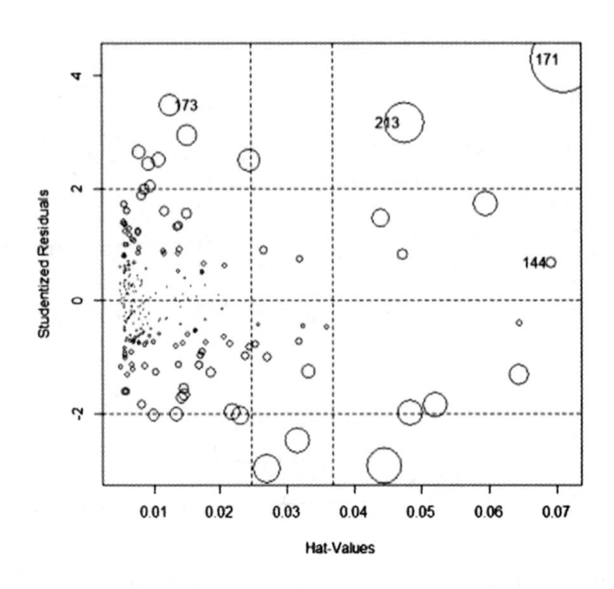

图 4.16　影响图

图中，x 轴标签为杠杆值，y 轴标签为标准化残差，标准化残差的计算公式如下：

$$\text{Studentized Residual}_{\text{i}} = \frac{\text{resid}_i}{s_i\sqrt{1-h_i}}$$

式中，分子是第 i 个观察值的残差，分母是将第 i 个观察值移除后的标准化残差估计值。约有 95% 的标准化残差数值在 –2 ～ 2 之间，若某个观察值的标准化残差绝对值大于 2，就需要注意，其有可能是离群点。

另外，需要将每个观察值的库克距离表示为泡泡的形式，并将其画在坐标系中，如果某个观察值在影响图中的三个值都违反了常规，那它很可能就是离群点。

效应图

效应图相对不容易理解，我们通过具体示例来讲解。首先进入 R Commander 主界面，然后将“用来预测的变数”全部选中，再选择图 4.17 中圈出来的选项。

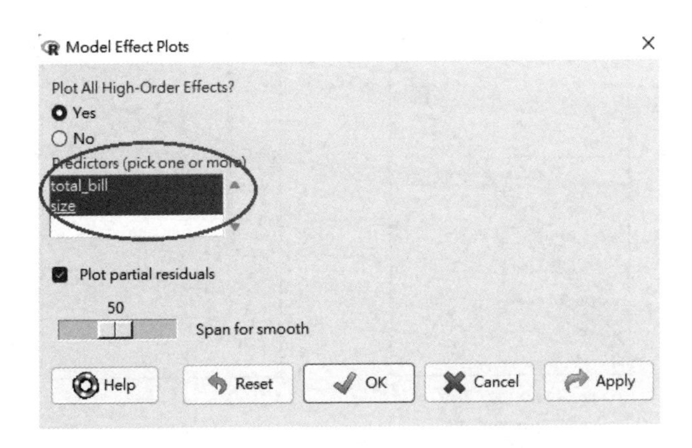

图 4.17　R Commander 效应图设定界面

点击“OK”按钮后即可绘制两个效应图，如图 4.18（a）和图 1.18（b）所示。所谓效应图就是要在包含被解释变量和个别解释变量的散点图中增加表示另一个解释变量的直线。图 4.18 中两个图的 y 轴标签是一样的，都是小费金额。在图 4.18（a）中包含表示 0.1925 用餐人数的直线，在图 4.18（b）中包含表示 0.093 小费总金额的直线。从图 4.18 中可以看出，两张图中后加入的直线一条较陡峭，另一条较平缓，另外还有一条表示散点核拟分布的虚线。

从散点图中可以看出，小费总金额可以更好地预测小费金额，因为即使是根据用餐人数画出的直线，在图 4.18（a）中仍表现出了很强的解释性。另外，从图中可以看出用餐人数对消费金额的解释性的显著性水平正在逐渐消失。

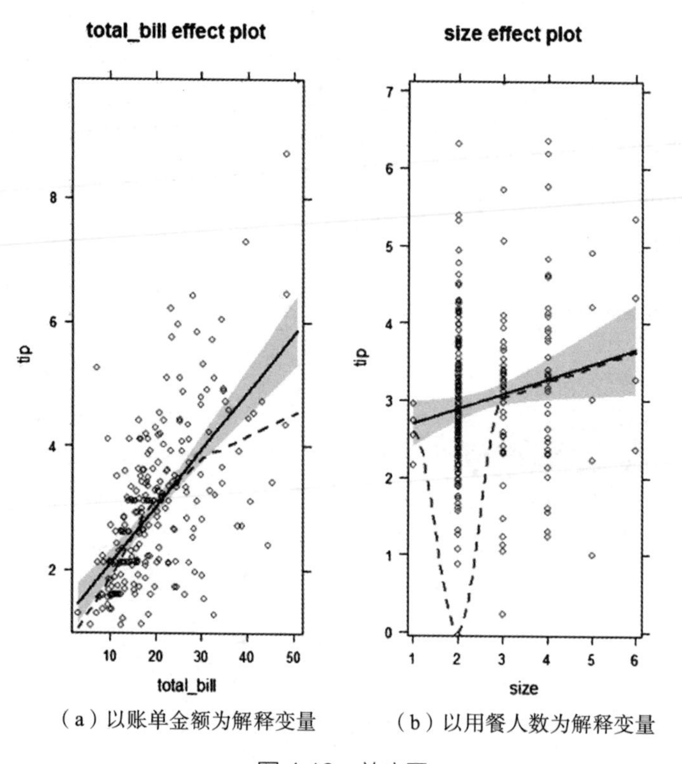

（a）以账单金额为解释变量　　（b）以用餐人数为解释变量

图 4.18　效应图

偏残差图

图 4.19（a）和图 4.19（b）所示为上例的偏残差图。我们首先通过一个公式来了解偏残差图的绘制原理：

$$tip=a+\beta_1.(total\_bill)+\beta_2.(size)+residuals$$

对于 total_bill 来说，它的成分就是 β_1.(total_bill)，图中 y 轴标签为 β_1（total_bill）+ residuals，x 轴标签为 total_bill。通过偏残差图可以看出残差对条件期望值内的特定解释变量的影响程度，也就是特定解释变量在适配线的地位或重要性。

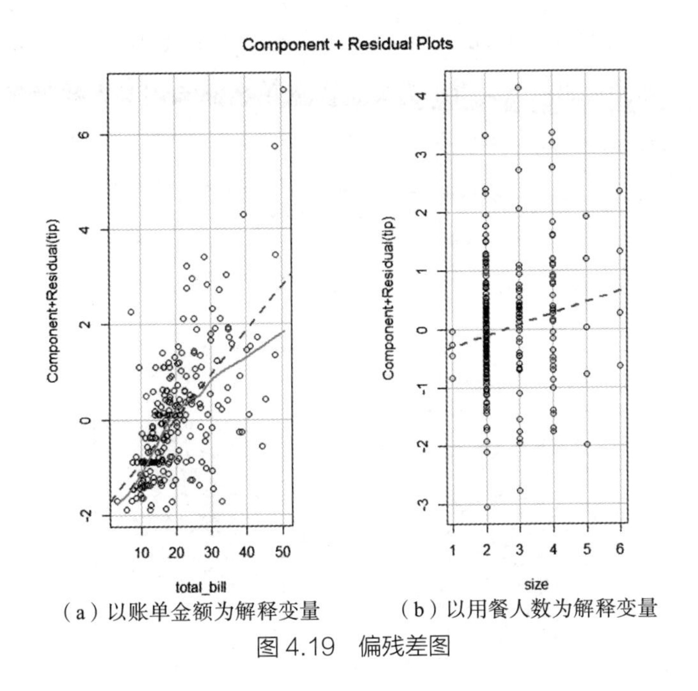

（a）以账单金额为解释变量　　（b）以用餐人数为解释变量

图 4.19　偏残差图

变量添加图

变量添加图的作用是检测每个解释变量的重要性。首先针对一个解释变量生成其两笔残差的散点图。本例将账单金额作为解释变量，用餐人数即为其他变量，则 x 轴和 y 轴残差可以表示为以下形式。

y 轴残差：tip=$a_1+\beta_1$.（total_bill）+resid.Y

x 轴残差：total_bill =$a_2+\beta_2$.（size）+resid.X

其中，y 轴残差是小费金额没被账单金额解释的部分，也就是说，这笔残差虽然与账单金额无关，但是与用餐人数有关（参考上式）；x 轴则是账单金额没被用餐人数解释的部分，也就是说，这笔残差与用餐人数无关。所以 y 轴残差和 x 轴残差的回归系数应该是无关的。图 4.20（a）和图 4.20（b）所示为分别以账单金额和用餐人数为解释变量的变量添加图。

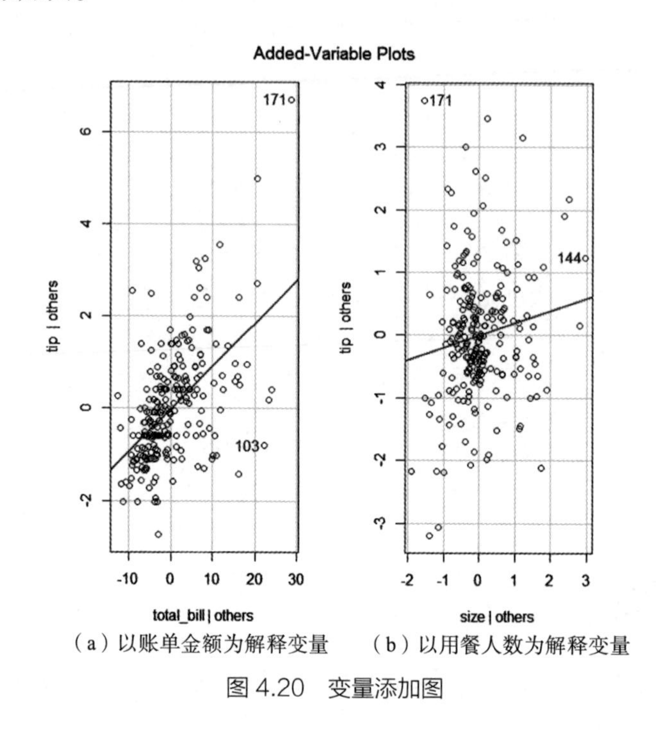

（a）以账单金额为解释变量　（b）以用餐人数为解释变量

图 4.20　变量添加图

修正残差异质变异的稳健协方差

当遇到残差出现不明形式的异质变异情况时，由于不知道异质变异的形式，因此不知道如何修正异质变异，所以我们希望用一般化的操作让标准差稳健，稳健协方差的概念由此而生。为了计算稳健协方差，首先要在 R Commander 主界面中选择“模型”→“模型估计结果摘要”，如图 4.21 所示。选择完毕后，即可进入图 4.22 所示的线性模型估计结果摘要界面。

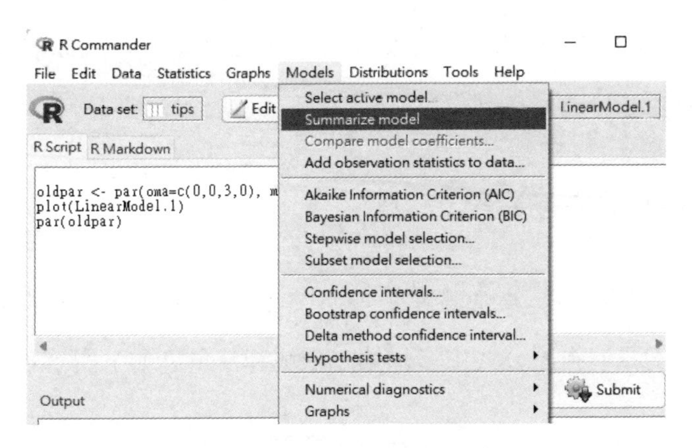

图 4.21　模型估计结果摘要

接着在图 4.22 中选择圆圈中的选项，选择完毕后就会启动专门计算稳健协方差的 sandwitch() 函数。sandwitch() 函数提供了 6 种方法，分别是 HC0、HC1、HC2、HC3、HC4 和 HAC。其中，HC 的作用是在数据存在异质变异的情况下仍得到一致的方差–协方差估计式；HAC 作用是在数据同时存在异质变异和自我相关的情况下，使方差的估计值更加保守。

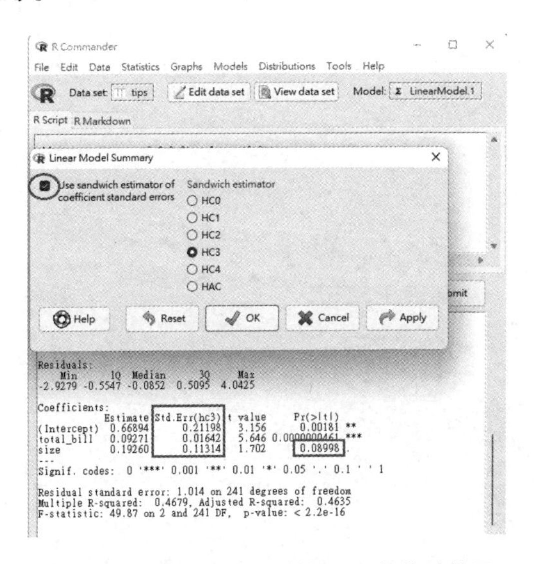

图 4.22　经过稳健协方差修正后的估计结果

从图 4.22 中可以看出，稳健协方差只会修正方差或标准差，不会影响参数估计值。

解释变量间的交互关系

在回归分析中，常常需要知道两个或两个以上解释变量间的交互关系。本例我们在原公式中增加第三项解释变量，如下所示：

$$tip=a+\beta_1\cdot(total\_bill)+\beta_2\cdot(size)+\beta_3\cdot(total\_bill\cdot size)+residuals$$

如果 β_3 值为正，则表示账单金额对小费金额的影响程度随着用餐人数的增加而增加。也可以理解为用餐人数对小费金额的影响程度随着账单金额的增加而增加。图 4.23 中将这项变量用“I ()”括起来，这里只是希望读者养成好习惯，因为不加也可以正常运行，它在加法操作上与“+”有着很大的不同。我们知道在 R 语言中，解释变量间的“+”并不代表数学上“相加”，如果需要使用“相加”运算，就需要将变量用“I ()”括起来。

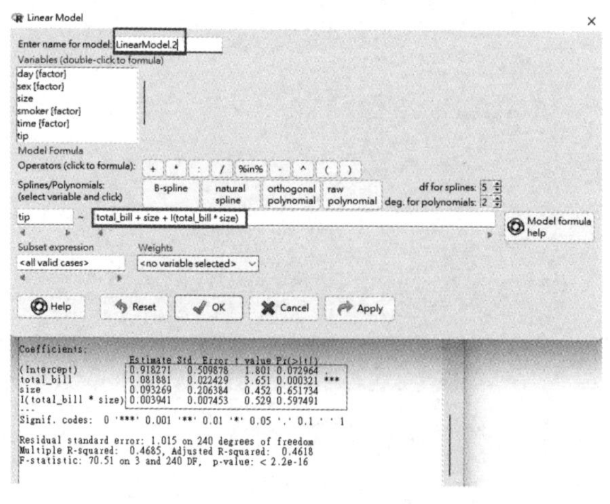

图 4.23　输入交互解释变量

图 4.24 所示为另一种模型输入法，适合较为复杂的模型。我们可以明显地发现，只要添加一个解释变量，用餐人数的显著性水平就会消失。

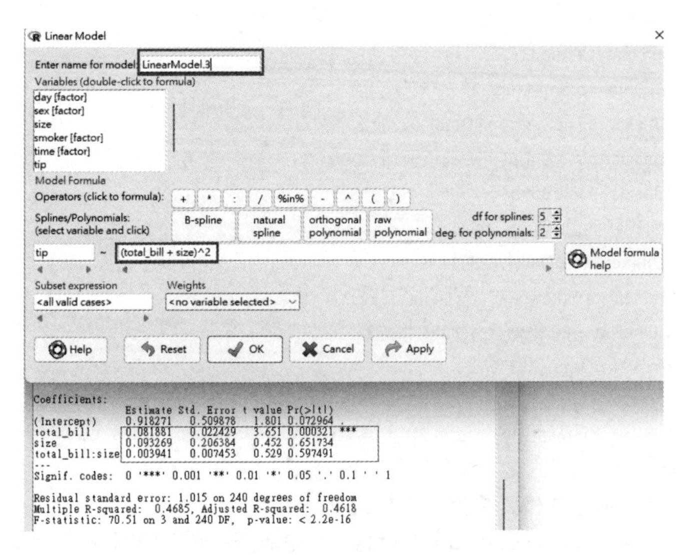

图 4.24　另一种模型输入法

R 语言程序实战

本例使用的数据文件（IS_CA.csv）中包含全球 140 个国家和地区 1980—2010 年的经常账，这笔数据属于横截面数据，相关字段定义如下：

INVEST 表示投资率（总投资 / 国民生产总值）
SAVING 表示储蓄率（总储蓄 / 国民生产总值）
CA 表示经常账余额（经常账 / 国民生产总值）
Group 表示经济发展水平

现在欲分析不同国家和地区的经济发展水平，代码如下：

```
1.temp=read.csv("IS_CA.csv",header=TRUE)
2.head(temp)
3.summary(temp)
4.myData=na.omit(temp)
5.fBasics::basicStats(myData[,1:3])
6.fBasics::basicStats(myData[,1:3])["Sum",]
7.fBasics::basicStats(myData[,1:3])[9,]
8.timeSeries::colStats(myData[,1:3],mean)
9.colMeans(myData[,1:3])
10.timeDate::skewness(myData[,1:3])
11.timeDate::kurtosis(myData[,1:3])
12.cov(myData[,1:3])
13.var(myData[,1:3])
14.cor(myData[,1:3])
```

代码说明

1. 加载数据文件，并存储于 temp 对象中。
2. 查看前 6 笔数据（如果要查看后 6 笔数据，则需使用 tail() 函数）。
3. 查看数据的统计摘要。
4. 移除缺值（na.omit() 函数的作用是将缺值移除）。
5. 查看前 3 笔连续数据的统计摘要。
6. 计算前 3 笔连续数据的总和。
7. 同上。
8. 计算前 3 笔连续数据各变量的平均值。
9. 使用 R 语言内置的 colMeans() 函数计算各变量平均值（与上一步操作相比较）。
10. 计算前 3 笔连续数据各变量偏度。
11. 计算前 3 笔连续数据各变量峰度。
12. 计算前 3 个字段连续数据的协方差矩阵。
13. 计算前 3 个字段连续数据的 VAR 模型。
14. 计算前 3 个字段连续数据的相关系数矩阵。

“summary(temp)”语句获取的数据摘要并不是很详细的各变量数字特征，但是可以从中得出数据的状况、分布和缺值等信息。例如，Countries 变量和 Group 变量的数据类型都是字符串，经过分析可以看出处于不同经济发展水平的国家和地区各有多少个。例如，有 34 个国家和地区的经济发展水平较为发达。

下面使用 R 语言进行线性回归估计，代码如下：

```
15.FH_1vlm=lm(INVEST~SAVING,data=myData)
16.summary(FH_1vlm)
17.FH_1vlm$coef
18.summary(FH_1vlm)$coef
19.confint(FH_1vlm,level=0.9)
```

代码说明

15. 调用线性回归函数 lm()，使用对象 FH_1vlm 存储估计结果。
16. 在屏幕上打印估计结果的摘要。
17. 获取简单估计系数。
18. 获取完整估计系数。
19. 检测估计系数的置信区间。

程序执行结果如下：

```
> FH_1vlm$coef
(Intercept)     SAVING
17.3286436    0.3233299

> summary(FH_1vlm)$coef
              Estimate     Std.Error     t value      Pr(>|t|)
(Intercept)   17.3286436   1.19014654    14.560092    1.293509e-28
SAVING        0.3233299    0.05439557    5.944049     2.627034e-08
> confint(FH_1vlm, level=0.9)
              5 %          95 %
(Intercept)   15.3562912   19.3009961
SAVING        0.2331837    0.4134761
```

接下来使用 R 语言绘制残差图，代码如下：

```
20.par(mfrow=c(2,2))
21.plot(FH_1vlm)
22.par(mfrow=c(1,1)
23.FH_pred=predict(FH_1vlm,interval="confidence")
24.with(plot(INVEST ~ SAVING),data=myData)
25.abline(FH_1vlm)
26.with(lines(FH_pred[,2] ~ SAVING,lwd=0.1,lty=4, col=2),data=myData)
27.with(lines(FH_pred[,3] ~ SAVING,lwd=0.1,lty=4, col=2),data=myData)
28.legend("topleft",c("regression line","low","upper"), lty=c(1,4,4),lwd=
   0.1,bty="n")
```

代码说明

20—28. 略。

画出的残差图如图 4.25 所示。

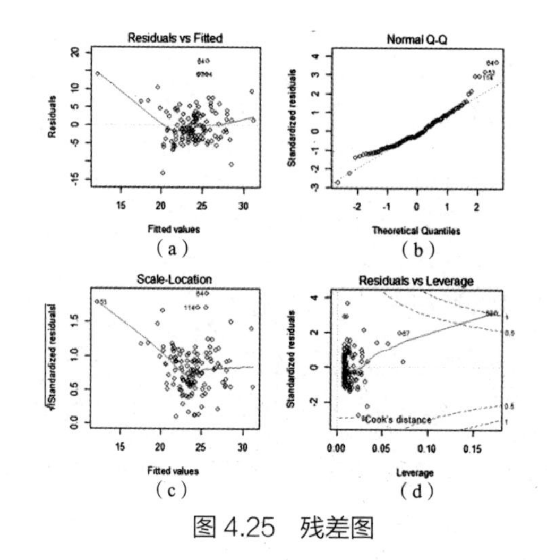

图 4.25　残差图

［练习］

对图 4.25（a）至图 4.25（d）进行解释。

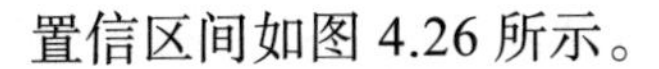
置信区间如图 4.26 所示。

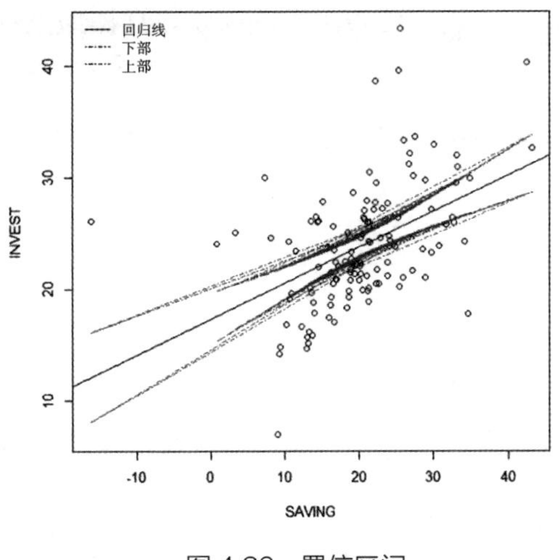

图 4.26　置信区间

相关分析过程已在前述内容中做了详细讲解，此处不再赘述。通过这个案例，希望读者可以掌握如何进行统计分析。

［练习］

对图 4.26 进行解释。

［练习］

参考前述内容，使用 R Commander 自行分析其他项目（可适当变换）。

分析大数据时需要注意的问题

决策思考与意义挖掘

为决策做相关的统计分析，归根结底是想知道模型的预测能力如何。如果你是一个决策者，看到图 4.26 所示的结果，接下来将如何获取决策信息？其实，有很多值得思考的问题，具体如下：

1. 落在置信区间以内，几乎完全被正确预测的国家和地区有哪些？如何在图中体现？
2. 落在置信区间以外，预测几乎完全不准的国家和地区有哪些？如何在图中体现？
3. 当储蓄率为 20% 左右的时候预测的准确率最高，可以在 x 轴的相应位置画一条线，看看哪些国家和地区落在置信区间以内，哪些国家和地区落在置信区间以外。

在技术方面，我们先获取残差，然后对其进行排序，就可以知道答案。当然，我们在获取残差后，将国家和地区名称作为列名称，再赋予其一个空列，最后才能进行排序，进而将结果转换为数据形式，相关代码如下：

```
RESID=as.matrix(resid(FH_1vlm))
rownames(RESID)=myData[,4]
colnames(RESID)="rsd"
as.data.frame(sort(RESID[,1]))
```

下面列举部分预测较准（残差接近 0 且绝对值不大于 1）的国家和地区：

```
New Zealand        -0.83876683
Austria            -0.77949846
```

Croatia	−0.75258847
Philippines	−0.72715986
Costa Rica	−0.41118152
Slovenia	−0.29676310
Egypt	−0.12689675
Mexico	−0.08980548
Vietnam	−0.07058976
Lithuania	−0.05396575
Spain	0.07312271
Japan	0.21181853
Cyprus	0.78680990
Belize	0.79788111
India	0.94105861
Hungary	0.95567625

同理，我们也可以把预测得最不准的数据拿来分析。要想知道究竟是什么原因导致了储蓄和投资脱节，只需要知道三类预测结果，即预测校准好的、被低估的和被高估的，再用其他性质将其分类即可。被妥善分类的数据对于做出正确的决策有很大的帮助。在后面几讲中，我们会继续讨论关于数据分类的问题。

谨慎对待估计结果

“Statistical Significance”常被译为“统计显著性”。具有统计显著性则意味着统计有意义。由此可知，“Statistical Insignificance”表示统计不具有显著性或统计无意义。

当统计有意义时，我们就可以自由解读其意义。但是，导致统计具有显著的原因有很多，比如数据具有潜在的异质性，但是如果在估计时将它们视为同质，就会很容易估计出显著的结果。而经过适当的分类或者稳健性处理，显著性就会下降。这仅仅是由于在统计过程中忽略了数据本身的性质，在实际操作中，不可知的因素也会影响显著性，甚至会导致假性显著现象的出现。

当统计不具有显著性时，我们也不宜将其认为是无关的或可忽略的，甚至将其视为没有影响力的。例如，将一个 5.5 不显著的系数视为 0，就相当危险。本书后续将进一步讨论这个问题。

基于区块链的决策思考

大数据商业模式是由数据科技革命决定的，数据科技革命的发展具有两方面原因，一方面是数据库和算法的突飞猛进，另一方面是区块链概念的提出，那么基于区块链的决策思考是什么概念？

近年来，部分机构的区块链服务相继上线，我们也经常能听到区块链会带来巨变的说辞。究竟区块链在日常生活中扮演了什么角色？以提款机为例，笔者将其后台的简易设计原理转换为一张表，如表 4.5 所示。其中，应用层可以直接与用户交互；执行层的作用是实现应用层的功能。因此，区块链提供的智能合约或去中心化等技术针对的是表中右下角一栏的要求。

表 4.5　区块链在提款机运行过程中的角色

层面	功能方面	非功能方面
应用层	存款 取款 转账 余额查询	美观的用户界面 良好的用户体验 转账快速 系统包含许多成员，如各式金融机构
执行层		24 小时开放 诈骗预防 数据的一致性和正确性 隐私保护

常听到很多人聊过区块链，但是关于应用层的细节，笔者觉得很难以理解。创新者们天马行空的创意让决策者们倍感压力。作为决策者必须知道在数据科技环境下，自己的决策焦点在哪里。

2018 年 4 月 20 日，迅雷公司发布了全球首个拥有百万级并发处理（Concurrent Processing）能力的区块链应用，即迅雷链。迅雷链号称突破了智能合约的限制，形成了与实体经济相结合的应用场景。基于拜占庭容错共识机制，迅雷链实现了超低延迟的实时写入和查询，单链出块速度可达秒级，还能保证强一致性，快速可靠地完成上链的请求。然而，区块链的实际应用多是画蛇添足。《华为区块链白皮书》中详细描述了关于人们使用区块链时存在的两大误区。

误区 1：区块链等同于比特币。实际上，虚拟货币仅是区块链的一种应用，而企业或政府多在探讨如何解决交易中存在的安全问题，进而提高商业价值，并试图在更多的场景下释放智慧合约和分布式账本的科技潜力。

误区 2：区块链是万能的，可取代传统数据库和互联网。一些业界人士认为，区块链的分布式数据库将取代传统的集中式数据库。

但是，分布式账本并不会替代集中式数据库，也不会作为独立的数据库出现。区块链无法离开互联网和数据库相关技术，脱离了这些，技术区块链也就没有了技术体系支持。

笔者再补充一个区块链应用中的常见误区。

误区 3：区块链的运作机制属于密码学范畴，不属于机器学习或统计学范畴，因此它不是用来做大数据分析的，在金融科技方面也和资产定价无关。区块链这个信息治理架构还要尽量降低成本。

第5讲

二元选择模型与 Logistic 模型

美国女子自行车运动员获得伦敦奥运会银牌的秘密

如果在运动场上引入数据分析技术，就可以对运动员的身体状况与外界环境进行分析，从而提升运动员的训练效果。迈克尔·刘易斯在《魔球：如何赢得不公平竞争的艺术》一书中详细说明了数据是如何征服美国职业棒球大联盟的。引入数据分析技术的职业竞赛不一定会为其加分，但是如果不引入数据分析技术是万万不能的。

当年，为了训练美国女子自行车运动员，斯凯·克里斯托弗设立了一个名为“OAthlete”的女单项目，当时美国体坛正被兰斯·阿姆斯特朗的禁药丑闻笼罩，而斯凯·克里斯托弗设立的女单项目以“用数据，不用药”（DATA NOT DRUGS）理念获得了支持，如图 5.1 所示。

图 5.1 “用数据，不用药”理念

这个项目设立的目的在于，分析反映自行车和赛道的配置信息及运动员的身体情况，希望通过对这些数据的分析来改善每次训练的效果。项目中用到了传感器，检测并记录影响运动员训练效率的因素，包括饮食、睡眠、社交圈和训练强度等。斯凯·克里斯托弗指出，适当调整各种因素的占比可以提高运动员的效率，如饮食和睡眠。从分析结果中可以看出，若某位运动员前一晚在低温的环境下睡眠，那么其次日会表现得更好，因此，教练就在运动员的床垫下铺一张凉席，在体温控制适当的情况下，运动员会更加适应赛场。除了可以保证运动员的睡眠质量，还可以提升运动员的精神状态，让他们的身体更自然地产生所需的激素。如果某位运动员缺乏维生素 D，那么就在其饮食中加入富含维生素 D 的食材。这样做不但能提升运动员的体能，还能避免运动员在训练中受伤。

女单项目的大数据分为两种类型，即内部数据和外部数据，这些数据还可分为结构化的和非结构化的。内部数据就是关于运动员身体状况的数据，通过贴附于运动员身体的移动设备来获取，包括运动员的体温、血糖及脉搏等，而且运动员的表现也会被镜头记录下来。外部数据则包括温度、湿度、光照强度、云层厚度、噪声和路况等。运动员的睡眠状态则使用脑电图来测量。女单项目的大数据架构基于 Datameer 公司提供的平台，如图 5.2 所示。

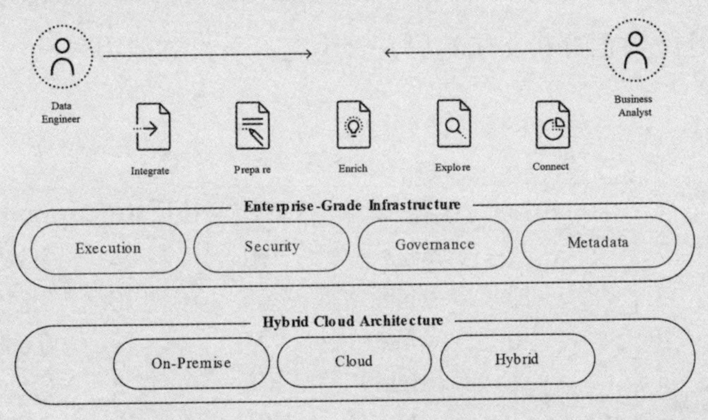

图 5.2　女单项目的大数据架构平台

Datameer 公司的数据分析理念与本书十分契合，都是在商业分析和商业智慧的脉络上构造大数据，再从这些数据的流通渠道中挖掘对商业决策有价值的信息，而不仅仅是搜集大量底层数据。

笔者认为女单项目的成功之处在于，其运作人员都是各领域专家，拥有大量的实践经验。首先，项目负责人斯凯·克里斯托弗本身就是一名杰出的运动员，他曾是自行车场地赛的世界纪录保持者；其次，Datameer 公司的首席执行官斯特凡·格罗斯车普是德国顶级游泳运动员。这样的团队具有丰富的参赛经验与专业知识，并能将它们与数据分析技术巧妙结合起来。

二元选择模型

若样本中的被解释变量是用类似（0,1）形式的二元选择模型进行评估的，则称为选择问题（Choice Problem）。这是决策科学领域常遇到的问题之一，（0, 1）分别代表决策者相互对立的行为。数据分析人员的研究目标是找出导致特定行为发生的原因。根据二元选择模型的特性，可以将期望值解读为概率。对于行为分析，常用的模型还有类似（0,1,2,3,4）形式的多元选择模型，如满意度调查；计数数据模型，如某餐厅在一段时间内的用餐人数。

图 5.3 所示为 2 000 位美国选民投票的行为数据。数据分析人员可以根据这笔数据分析影响选民是否决定参与投票的因素。

	A	B	C	D	E
1	vote	race	age	educate	income
2	1	white	60	14	3.3458
3	0	white	51	10	1.8561
4	0	white	24	12	0.6304
5	1	white	38	8	3.4183
6	1	white	25	12	2.7852
7	1	white	67	12	2.3866
8	0	white	40	12	4.2857
9	1	white	56	10	9.3205
10	1	white	32	12	3.8797
11	1	white	75	16	2.7031
12	1	white	46	15	11.2307
13	1	white	52	12	8.6696
14	0	white	22	12	1.7443
15	0	white	60	12	0.2253

图 5.3　美国选民投票的行为数据

相关字段说明如下：

vote 表示选民是否参与投票。值为 1 表示参与了投票；值为 0 表示没有参与投票。

race 表示选民种族。white 表示选民为白人。

age 表示选民年龄。

educate 表示选民受教育年数。

income 表示选民年收入（单位：万美元）。

线性概率模型中的被解释变量的值是连续的，类型可以是整数、小数等。本讲研究的二元选择模型中的被解释变量与线性概率模型中的被解释变量有很大的差别。线性概率模型的图像是一条直线，并且特定拟合值出现的概率值会超过（0,1）边界，如图 5.4 所示。这意味着概率值可能出现大于 1 或小于 1 的情况，这点无论是在理论上还是在现实情况中都是不可能的，显然线性概率模型存在一定的不足。

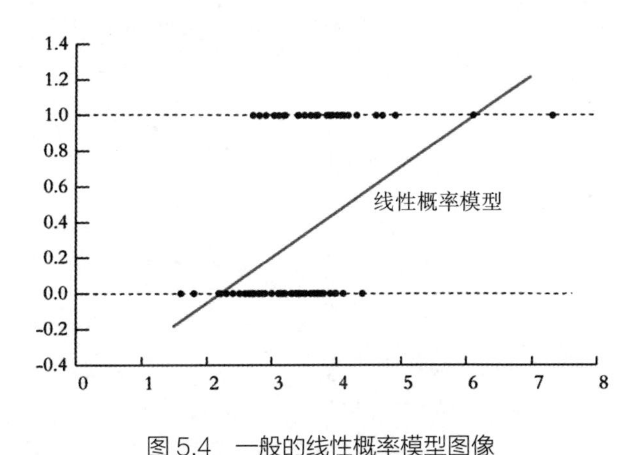

图 5.4　一般的线性概率模型图像

而使用累积概率密度函数代替线性概率模型可以避免上述问题，如图 5.5 所示。

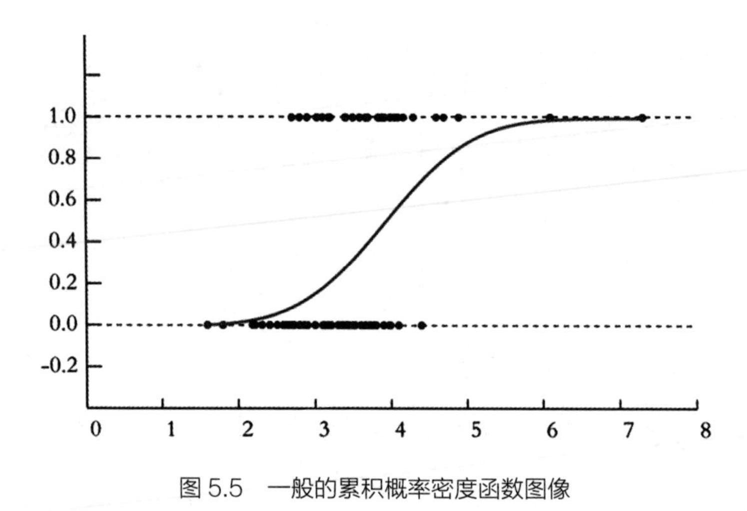

图 5.5　一般的累积概率密度函数图像

统计学家还提出了 Logistic 模型来解决上述问题，Logistic 模型定义如下：

$$f = \frac{1}{1 + \mathbf{e}^{-\text{value}}}$$

图 5.6 所示为 Value 值为（–6,+6）之间的 Logistic 模型图像。其 y 轴值介于（0，1）之间，图像整体呈 S 形，因此它相当于一个概率密度函数。

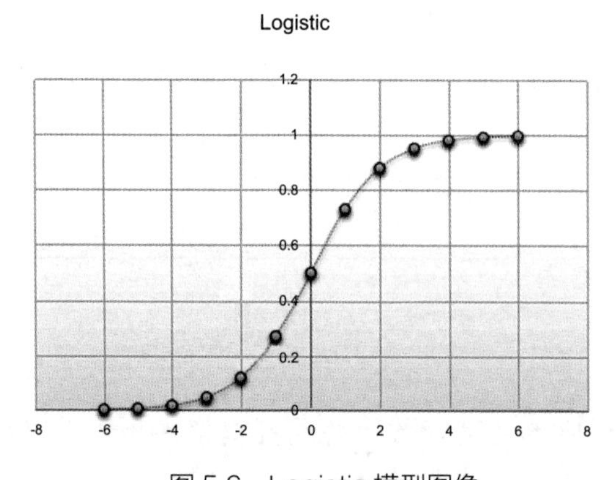

图 5.6　Logistic 模型图像

只有一个解释变量的 Logistic 模型可表示为：

$$Y = \frac{\mathbf{e}^{a+bX}}{1 + \mathbf{e}^{a+bX}}$$

对于图 5.3 中的数据，如果根据年龄来预测选民是否参与投票，则对应条件可表示为：

$$P(\text{Vote=1|Age})$$

上式描述的是“在特定年龄下，某位选民参与投票”的概率，对应的条件概率可表示为：

$$P(X)=P(\text{Vote=1|Age})$$

上述条件概率等价于：

$$P(X) = \frac{\mathbf{e}^{a+bX}}{1 + \mathbf{e}^{a+bX}}$$

也可写为：

$$1 - P(X) = 1 - \frac{\mathbf{e}^{a+bX}}{1 + \mathbf{e}^{a+bX}}$$

$$\Rightarrow \frac{P(X)}{1 - P(X)} = \frac{\dfrac{\mathbf{e}^{a+bX}}{1 + \mathbf{e}^{a+bX}}}{1 - \dfrac{\mathbf{e}^{a+bX}}{1 + \mathbf{e}^{a+bX}}} = \frac{\dfrac{\mathbf{e}^{a+bX}}{1 + \mathbf{e}^{a+bX}}}{\dfrac{1 + \mathbf{e}^{a+bX} - \mathbf{e}^{a+bX}}{1 + \mathbf{e}^{a+bX}}} = \mathbf{e}^{a+bX}$$

$$\Rightarrow \ln\left[\left(\frac{p(X)}{1 - p(X)}\right)\right] = \ln(\mathbf{e}^{a+bX})$$

故 $\ln\left[\left(\frac{P(X)}{1 - P(X)}\right)\right] = a + bX$

其中，$\frac{P(X)}{1-P(X)}$称为优势比（Odds, Ratio），即：

$$\text{In(Odds)}=a+bX$$

上式可用极大似然估计或梯度下降算法求解。只要解出 a 和 b 的值，就能得到一件事情的发生概率。例如，回到选民投票的例子，若 $a=-3$，$b=0.03$，则一个 40 岁选民参与投票的概率为：

$$P(\text{Age}=40)=\frac{\mathbf{e}^{-3+0.03\times40}}{1+\mathbf{e}^{-3+0.03\times40}}\approx14\%$$

在二元选择模型中，当事件发生概率大于 0.5 时，则认为事件发生了；反之则认为事件没有发生。例如，上述示例可表示如下：

如果 P（Age）>0.5，则 Y=1

如果 P（Age）≤ 0.5，则 Y=0

因此，Logistic 模型相当于一个分类预测模型。除了二元选择模型，还有许多模型可以帮助预测。例如，顾客对于某餐厅的满意程度为（不满意，普通，满意，很满意）中的一种，使用的就是多元选择模型，对应的数字形式可表示为（0,1,2,3），这时就需要使用 Ordered Probit 模型。如果被解释变量是计数类型的，如某时某地的旅游人数，此时需要引入一个联系函数（Linking Function），将其与概率密度函数相连接，具体要连接哪个概率密度函数要视被解释变量的情形而定。换句话说，联系函数就是将“随机变量的条件期望值”和“概率密度函数”相连接的函数。通常情况下，计数类型的变量服从泊松分布，对应的联系函数就要与泊松函数连接。

由于概率密度函数是非线性的，所以属于非线性概率模型。然而，联系函数是广义线性模型中的一个重要成分。综合来说，广义线性模型有三个组成要素，分别是残差结构、线性关系和联系函数。首先，在线性模型中，往往用正态分布处理残差结构。但是，本讲案例中的数据不服从正态分布，被解释变量可能出现较高的偏度和峰度、上下界限制在一定的区间内，以及期望值不为负的情况。所以，残差结构用随机变量的“家族（Family）”来表示，如二项分布、泊松分布和伽马分布等。其次，解释变量和被解释变量之间呈线性关系。最后，联系函数就是将线性关系产生的被解释变量期望值与真正得到的被解释变量值连接起来的函数，相当于一个转换的过程。被解释变量的预测期望值可能为负，但是真正的被解释变量值必须在 0 到 1 之间，因此需要借助联系函数，使二者更加接近。

接下来，我们使用 R Commander 进行案例实战，以加深读者对广义线性模型的理解。

R Commander 项目实战

Logistic 模型

本例使用的数据仍为 2 000 位美国选民投票行为数据。现在要研究的是选民是否参与投票与其年龄、年收入、受教育水平之间的关系。可将这一关系表示为以下线性模型：

$$\text{vote}=a+b_1 \cdot \text{Age} +b_2 \cdot \text{Income}+b_2 \cdot \text{Education}$$

我们先来绘制选民是否参与投票与其年收入的线性模型图像，如图 5.7 所示。从图中可以看出，二者呈明显的线性关系，但目前的线性模型存在很大的问题。

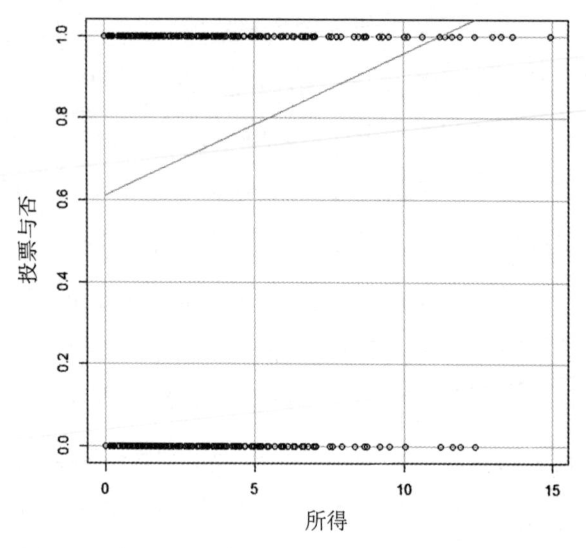

图 5.7　选民是否参与投票与其年收入的线性模型图像

估计

由于上述线性模型无法满足预测需求，所以要建立 Logistic 模型。在 R Commer 中依次选择“统计量”→“模型配适”→“广义线性模型”（GLM），如图 5.8 所示。

Logistic 模型选择完毕将进入如图 5.9 所示的界面。图中左下角的分配（Family）选项对应被解释变量的形式，由于本例被解释变量“是否参与投票”是二元的，所以选择“binomial”选项。右边的连接函数选项对应要连接的概率密度函数，本例选择“logit”选项。由于方框中的 3 个参数的 p- 值都很显著，所以符号的正负只能用来解释概率，但不能用来解释其概率的增减。以年收入为例，我们可以这样解释：某选民年收入越高，他参与投票的概率就越高，而不能解释为：选民年收入每增加 1 万元，则其参与投票的概率就会增加 0.183。

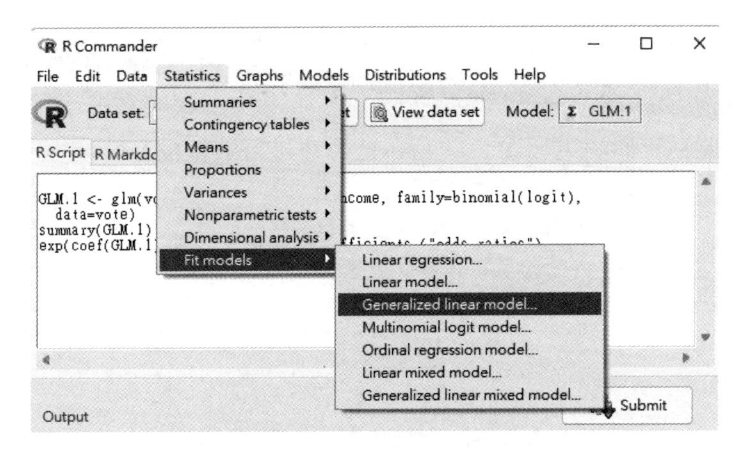

图 5.8　选择 logistic 模型

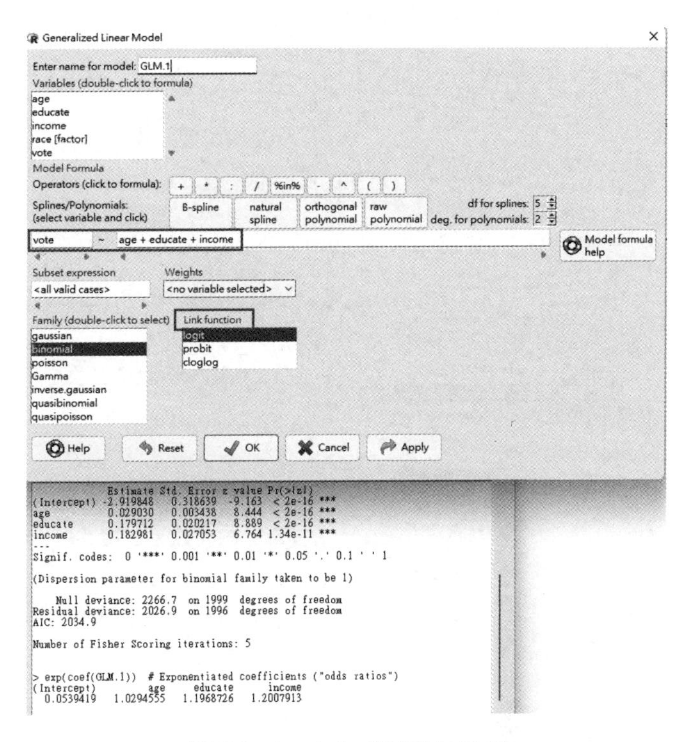

图 5.9　Logistic 模型估计结果

接下来，我们要查看由 Logistic 模型产生的概率期望值。R Commander 没有内置指令，在如图 5.10 所示的界面中，只要输入

“fitted(GLM.1)”就可以设定 GLM.1 对象。但是这样产生的概率期望值不是数据框架 data.frame，所以不能显示在类似“vote”所在的位置。因此，我们利用如图 5.11 所示的方法进行数据框架转换。

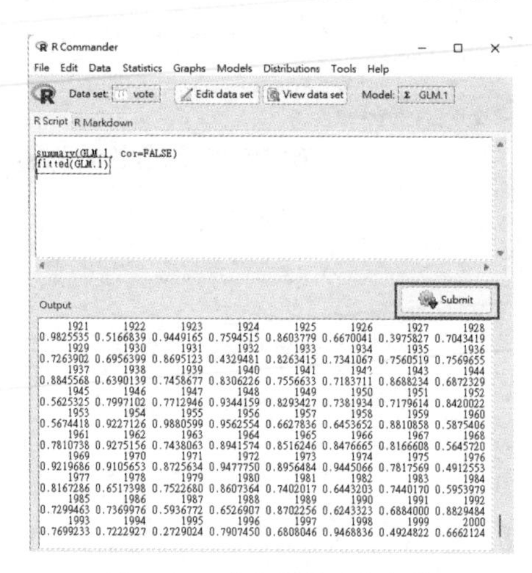

图 5.10　产生的概率期望值

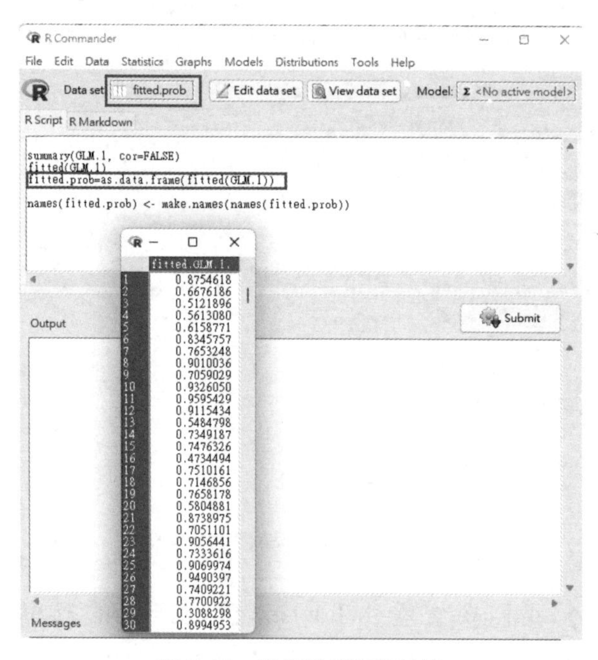

图 5.11　进行数据框架转换

在图 5.11 中，输入分框中的 as.data.frame() 语句，可以将图 5.10 中产生的概率期望值转换为数据框架，并在数据集中显示。

与 fitted(GLM.1) 作用相同的语句是 predict(GLM.1，type="response")，它们得出的结果是相同的。

适配度检测

通常情况下，用 R^2 表示线性模型适配度，广义线性模型的适配度用 McFadden R2 表示，定义如下：

McFadden R2 =1–(residual.deviance/null.deviance)

对于本例来说，在 R Commander 中输入“1–(GLM.1$deviance/GLM.1$null.deviance)”即可计算适配度，或者根据图 5.9 下方的两个值计算得到，即 1–(2026.9/2266.7)=0.106。

另外，预测结果会回传一个信息准则（Akaike information criterion，AIC），这个指标的值越小越好。

优势比

前文提到过，在二元选择模型中，期望值是指 Y=1 时的概率值，也就是事件发生的概率 p，而事件没发生的概率为 1–p，两者相除就是所谓的优势比：

$$\text{oddsratio} = \frac{p}{1-p}$$

根据图 5.9 中的数据计算概率期望值，进而可以计算出优势比。

［练习］

在本例数据中，人种（Race）字段的值为白种人或非白种人。请使用线性模型对该字段进行分析，看看选民人种与选民是否参与投票相不相关。

过度离散和方差的修正

在广义线性模型中，理论上残差的最佳表现是服从卡方分布。但实际操作中可能出现较大的残差方差，称为过度离散（Over-Dispersion，OD）。如果模型中的解释变量都是正确的，但是出现了这种状况，可能的原因是数值没有正确转换或函数形式不正确。处理这个问题时，首先要计算过度离散值，方法是用残差平方和除以自由度，也就是模型的方差。再用这个数值去修改原来的估计结果。从图 5.10 中可以看出，估计对象的名称为 GLM.1，分子用 R^2 表示为 sum(residuals(GLM.1)^2)，分母为 GLM.1$df.res，故过度离散值可表示为：

OD = sum(residuals(GLM.1)^2)/GLM.1$df.res

其实这个数值在输出结果中已经存在，就是图 5.12 中最下方的 2026.9，而自由度则是 1996。

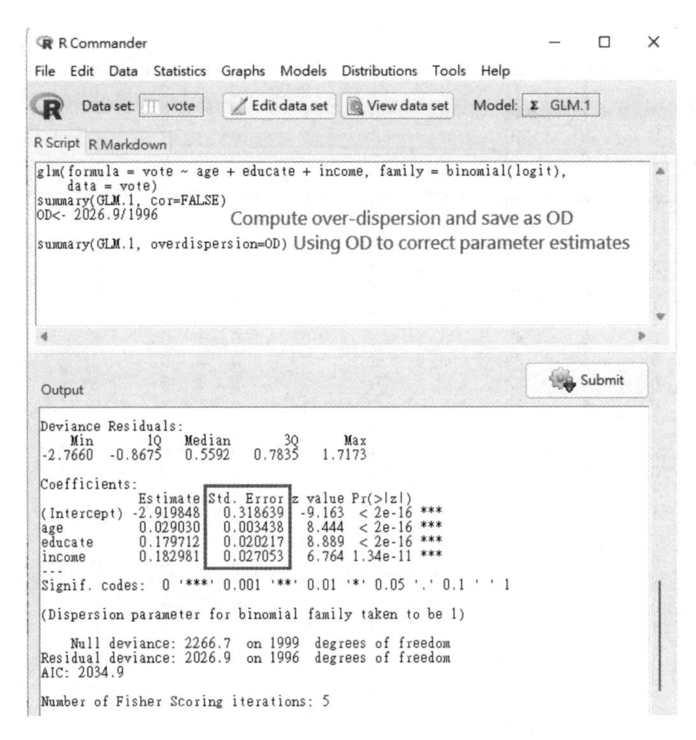

图 5.12　基于过度离散值的参数修改

过度离散值计算完毕后，输入以下代码：

```
summary(GLM.1,overdispersion=OD)
```

参考图 5.12 中的说明，比较图 5.9 和 5.12 中的结果可知，后者标准差比较保守，这就是线性模型中的稳健协方差（Robust Covariance）。

R 语言程序实战

下面我们通过一组美国公民吸烟情况的数据来讲解使用 R 语言进行实操的过程。这组数据如图 5.13 所示。

	A	B	C	D	E	F	G	H	I	J
1	smoker	smkban	age	hsdrop	hsgrad	colsome	colgrad	black	hispanic	female
2	1	1	41	0	1	0	0	0	0	1
3	1	1	44	0	0	1	0	0	0	1
4	0	0	19	0	0	1	0	0	0	1
5	1	0	29	0	1	0	0	0	0	1
6	0	1	28	0	0	1	0	0	0	1
7	0	0	40	0	0	1	0	0	0	0
8	1	1	47	0	0	1	0	0	0	1
9	1	0	36	0	0	1	0	0	0	0
10	0	1	49	0	0	1	0	0	0	1
11	0	0	44	0	0	1	0	0	0	0
12	0	0	33	0	0	1	0	0	0	1
13	0	0	49	0	1	0	0	0	0	1
14	0	1	28	0	0	1	0	0	0	0
15	0	1	32	0	0	1	0	0	0	0
16	0	1	29	0	0	1	0	0	0	1
17	0	0	47	0	1	0	0	0	0	0
18	0	1	36	0	0	1	0	0	0	1
19	0	1	48	0	0	1	0	0	0	1
20	1	1	28	0	0	1	0	0	0	1
21	1	1	24	0	0	1	0	0	0	0
22	1	1	39	0	1	0	0	0	0	0
23	0	0	32	0	1	0	0	0	0	1
24	1	0	60	0	1	0	0	0	0	1
25	0	1	37	0	0	0	0	0	0	1
26	1	1	31	0	0	1	0	0	0	0
27	1	0	33	1	0	0	0	0	0	1
28	0	0	49	0	0	0	1	1	0	0
29	0	1	28	0	1	0	0	0	0	1
30	1	0	24	0	1	0	0	0	0	0
31	0	0	27	0	0	0	1	0	0	0
32	0	1	31	0	0	0	0	0	0	0

图 5.13　美国公民吸烟情况数据

相关字段说明如下：

smoker 表示是否吸烟，值为 0 表示不吸烟，值为 1 表示吸烟。

smkban 表示工作场所是否允许吸烟，值为 0 表示不允许吸烟，值为 1 表示允许吸烟。

age 表示年龄。

hsdrop 表示是否在高中期间被劝退，值为 0 表示没有被劝退，值为 1 表示被劝退。

hsgrad 表示高中是否顺利毕业，值为 0 表示没有顺利毕业，值为 1 表示顺利毕业。

colsome 表示是否上过大学，值为 0 表示没有上过大学，值为 1 表示上过大学。

colgrad 表示大学是否顺利毕业，值为 0 表示没有顺利毕业，值为 1 表示顺利毕业。

black 表示是否为黑人，值为 0 表示不是黑人，值为 1 表示是黑人。

hispanic 表示是否为西班牙裔，值为 0 表示不是西班牙裔，值为 1 表示是西班牙裔。

female 表示是否为女性，值为 0 表示不是女性，值为 1 表示是女性。

首先读取数据文件（文件名为 smoking.csv）并存储于 myData 对象中，接着获取这笔数据的摘要，代码如下：

```
> myData=read.csv("smoking.csv")
> summary(myData)
```

调用 glm() 函数对数据进行极大似然估计，代码如下：

```
> fit=glm(smoker ～ ., data=myData, family=binomial)
```

其中，“smoker ～ .”表示将除 smoker 字段以外所有字段对应的变量都作为解释变量。

调用 summary() 函数输出结果，结果如下：

```
>summary(fit)
Call:
```

```
glm(formula = smoker ~ ., family = binomial, data = myData)

Deviance Residuals:
    Min        1Q     Median       3Q       Max
-1.2202   -0.8144   -0.5972   -0.3849    2.3944

Coefficients:
             EstimateStd.    Error      z value    Pr(>|z|)
(Intercept)  -1.696765    0.138696    -12.234    < 2e-16 ***
smkban       -0.250735    0.049164    -5.100     3.40e-07 ***
age          -0.007452    0.001987    -3.751     0.000176 ***
hsdrop        1.931075    0.131261    14.712     < 2e-16 ***
hsgrad        1.523305    0.114308    13.326     < 2e-16 ***
colsome       1.180080    0.116518    10.128     < 2e-16 ***
colgrad       0.424753    0.125801    3.376      0.000734 ***
black        -0.149472    0.089994    -1.661     0.096732 .
hispanic     -0.584845    0.083085    -7.039     1.93e-12 ***
female       -0.188720    0.049105    -3.843     0.000121 ***
---
Signif. codes:
0 '***' 0.001 '**' 0.01 '*' 0.05 '.' 0.1 ' ' 1

(Dispersion parameter for binomial family taken to be 1)

Null deviance: 11074  on 9999  degrees of freedom
Residual deviance: 10502  on 9990  degrees of freedom
AIC: 10522

Number of Fisher Scoring iterations: 4
```

从估计结果中可以看出，除了black字段外，其余字段对应的变量在统计上都十分显著。

[练习]

请参考前述操作，在R Commander中计算本例的McFadden R^2和修正过度离散值后的稳健结果。

接下来我们进行概率预测，代码如下：

```
> probs=predict(fit, type="response")
> probs[1:8]
    1       2       3       4       5       6       7       8
0.285   0.217   0.300   0.359   0.238   0.307   0.213   0.313
```

这样做还不够，必须将预测概率转成原始数据中的No和Yes的形式，这样才能知道我们的模型预测能力如何。调用contrasts()函数可以显示smoker字段值（No和Yes）是如何被glm()函数转换为0和1的，代码如下：

```
> contrasts(myData$smoker)
    Yes
No    0
Yes   1
```

两者之间的转换不是一步到位的，若原数据中有10 000个人，则会先产生 10 000 个“No”，代码如下：

```
>glm.pred=rep("No",10000)
```

然后把满足条件“probs>0.5”的值改写为“Yes”，代码如下：

```
>glm.pred[probs>0.5]="Yes"
```

最后调用 table() 函数输出结果，并计算预测正确的比例，代码如下：

```
>Result=table(glm.pred,myData$smoker)
>(7562+40)/10000
>sum(diag(Result))/10000
>mean(glm.pred==myData$smoker)
```

上述代码最后三行是等效的，(7 562+40)/10 000 是人工输入的，这样做的目的是确认下面两个计算方法是否正确。结果显示，预测正确的比例为 70%，至于这个结果是否适合作为决策来参考，可以依照前述内容做进一步的分析。

分析大数据时需要注意的问题

Logistic 模型的预测结果与线性模型的预测结果不同。Logistic 模型必须拟定一个基准，如“>0.5”。基准定得越严格，优势比越低，并且优势比和基准会相互抵消。因此在实际预测时，要采取一些合适的做法来检验预测的可靠性，最典型的就是平滑法，做法如下。

步骤 1： 设定多个基准，如 0.3、0.4、0.5 或 0.6。

步骤 2： 分别计算对应的优势比。

通过上述步骤可以知道 Logistic 模型产生的预测结果是否平滑。例如，将 0.5 和 0.4 这两个基准进行比较，优势比变化剧烈，代表 Logistic 模型的可靠性不高，反之亦然。

另一种方法是通过调用 summary() 函数检验模型的预测能力，代码如下：

```
>summary(probs)
   Min.    1st Qu.   Median    Mean    3rd Qu.    Max.
0.03573   0.14788   0.25234   0.2423   0.31482   0.52502
```

从上述结果可以看出，Logistic 模型最大预测能力只有 52.5%，所以该模型可靠性不高，需要改进。

［练习］

逐次减少解释变量，观察该模型的预测能力是否有所改善。

［练习］

将个别解释变量进行平方处理，观察预测能力是否有所改善。

Logistic 模型的应用范围很广。例如，电子商务网站在分析顾客行为时，会记录如下数据：

被解释变量 ={ 离开 (0)；下单 (1)}

解释变量 ={ 性别；商品；单价；停留时间……}

根据上述数据，可以用 Logistic 模型预测影响顾客下单概率的因素，这对商家制定营销决策有很大的帮助。未来，线上商家对于这类预测的需求一定会增多，甚至与社交平台的联合能否成功息息相关。

类似上例的数据不一定是直接产生的，也可能是经过数据编码得到的。例如，金融市场可以根据某段时期的表现将被解释变量编码为 { 熊市 (0)；牛市 (1)}；可以根据进出口业务数量和 GDP 的变化将被解释变量编码为 { 衰退 (0)；繁荣 (1)}，进而预测经济发展水平。

根据具体的选择行为，可以把 Logistic 模型中的被解释变量定义为二元或多元形式。

大数据的经济预测

美国纽约联邦储备银行在美国联邦开放市场委员会（Federal Open Market Committee，FOMC）曾刊登过《大数据的经济预测》一文。作者指出，高维度数据不但无法提高经济预测的准确性，反而会增加预测模型的不确定性。这一观点固然有可信之处，但是作者没有结合数据科学技术，只是参考了统计回归理论，这种情况下提出的观点往往是片面的。

简单地说，作者只是扩充了预测模型，并没有在大数据 4V 特性的维度上分析问题。如果要评估大数据计量经济分析，首要任务是大规模探索性分析（Large Scale Explanatory Data Analysis），其次是确定数据结构，最后是预测形态与评估。计量的大数据预测建立在数据结构的形态上，更加注重对数据的处理与分析，而不单注重商业需求与方案制定。

多数预测行为倾向的是对可能性的预测，但是作为大数据决策者，必须考虑预测的呈现形态。例如，有人预测某产业下一季会增长 5% 的产值，我们就必须明确：为什么增长率是 5% ？所谓的 5% 是平均值吗？这一结果可以分类说明吗？如果想知道 20 个产业的产值和在 30 个地区的销量增长率分别是多少，就必须获取更多形态的预测估计结果。

第6讲

主成分分析

美国政府的大数据防恐系统

电影《幸存者》中有这样一个片段：一位在伦敦任职的美国海关安检专员（由米拉·乔沃维奇饰演），察觉到一位由伦敦申请入境美国的案主和一场即将发生的恐怖事件有关。此后，这位海关安检员不仅被恐怖分子栽赃，还遭到了同僚的背叛与诬陷。从此她开始了一段为自己洗刷罪名的大逃亡，同时还在设法阻止这场针对全美国的恐怖袭击。曾经出演电影《007》的皮尔斯·布鲁斯南在此剧中扮演大反派，一路追杀这位海关安检员。

自 2001 年“9 · 11 事件”后，在海外核发入境许可并进行入境把关已成为关乎美国国土安全的重要事项。为此，美国国土安全部（Department of Homeland Security，DHS）与美国亚利桑那大学共同开发了一套大数据系统——自动实时测谎虚拟智能体（Automated Virtual Agent for Truth Assessments in Realtime, AVATAR），它是一个能实时自动测谎的机器人。

图 6.1　电影《幸存者》剧照

美国海关安检员工作时信奉的是孟子的“听其言也，观其眸子，人焉廋哉”理论，即根据眼神判断一个人是否可疑。虽然这句话非常有道理，但在工作强度很高时，安检员难免会出现疲劳的状态，警觉性也会下降，因此在工作中出现疏忽的可能性很大。AVATAR 的出现极大帮助了海关安检员。AVATAR 依靠 3 个传感器来工作，分别是红外传感器、影像传感器和声音传感器。AVATAR 通过这些传感器扫描并记录受检人员的肢体语言、面部表情以及各种细微的动作，找出可疑人员后，由助手机器人用英语问对方问题，通过对方的声音以及回答问题时的生理指标的变化找出高度可疑之人，这些人再由海关安检人员做进一步的调查。

数据库中存储的是过往案例的影像资料和对话内容。AVATAR 的使用规模正在逐年增长，是一个标准的成长型数据库系统。除了美国海关会使用 AVATAR，部分欧洲机场的赴美出境口岸也使用了这套系统，如罗马尼亚首府布加勒斯特的奥托佩尼机场。

传统的测谎仪需要人工来解读数据，而 AVATAR 采用的是机器学习模式，省去了人工解读数据的烦琐步骤。AVATAR 通过对大量非结构化数据的训练来提高预测的准确性。美国每年有上千万人出入境，随着生产生活的需要，这套系统的应用将越来越普遍。

主成分分析的概念

主成分分析（Principal Component Analysis，PCA）是一种统计方法。通过正交变换，将一组可能线性相关的变量转换为一组线性不相关的变量，转换后的这组变量被称为主成分（Principal Component）。

图 6.2 所示为 1986 年美国 50 个州和华盛顿特区每 10 万人中各类案件的犯罪人数。如果我们不研究特定犯罪率（被解释变量）受哪些犯罪率（解释变量）的影响，那么之前讲过的回归分析模型就用不上了（虽然换个角度来看，主成分也可以回归）。由于没有明确的被解释变量，在机器学习领域中将这种分析称为无监督学习（Un-supervised Learning），而统计学则将其归为解释性数据分析（Explanatory Data Analysis）的一部分。

使用回归模型对数据进行分析时，根据置信区间将预测结果分为两类，分别是“精准的”类和“不准确的”类。对于本例，使用主成分分析时，需要把第一行互不相关的字段对应的变量转换为主成分，继而进行分析。

	Murder	Rape	Robbery	Assault	Burglary	Theft	Vehicle
AK	8.6	72.7	88	401	1162	3910	604
AL	10.1	28.4	112	408	1159	2304	267
AR	8.1	28.9	80	278	1030	2305	195
AZ	9.3	43.0	169	437	1908	4337	419
CA	11.3	44.9	343	521	1696	3384	762
CO	7.0	42.3	145	329	1792	4231	486
CT	4.6	23.8	192	205	1198	2758	447
DC	31.0	52.4	754	668	1728	4131	975
DE	4.9	56.9	124	241	1042	3090	272
FL	11.7	52.7	367	605	2221	4373	598
GA	11.2	43.9	214	319	1453	2984	430
HI	4.8	31.0	106	103	1339	3759	328
IA	1.8	12.5	42	179	956	2801	158

图 6.2　美国 50 个州和华盛顿特区的犯罪情况

接下来我们深入了解一下主成分分析的概念。假设现在我们要将美国各州和华盛顿特区的犯罪率做一个排名，如果上述文件中只有美国各州和华盛顿特区的谋杀犯罪人数，那么就很容易排名，只需要将谋杀字段对应的人数进行排序即可，同时还能找出谋杀率高和谋杀率低的地区。但如果上述文件中有两种犯罪类型的人数，如谋杀和盗窃，那么就无法直接进行排序，因为无法判断究竟应参考哪种犯罪人数进行排名。如果数据文件中有三种犯罪类型的人数，排序就更加困难了。

如果在谋杀和盗窃之间建立一个"a · Murder+ b · Theft=P"形式的线性关系，就可以把两类数据变成一类数据，进而进行排序了。系数 a 和 b 决定了谋杀和盗窃各需要为主成分贡献多少成分，新组成的主成分用 P 表示。在数学上，二维空间中有两个正交向量：[0,1] 和 [1,0]，如果上例中有两个变量，那么就有两组向量：$[a_1,b_1]$、$[a_2,b_2]$，且根据这两组向量得到的主成分之间彼此线性独立。因此，如果有 10 个变量，就有 10 个主成分。主成分应尽可能保留原始变量的信息，并且尽量用最少的主成分表示多个变量之间的关系。如果样本中的变量很多，使用主成分分析可以简化对大量数据分析的难度。如果一笔数据中含有 100 个变量，并且用 10 个主成分可以解释 85% 的数据，那么就等同于将这笔数据的维度降低（Dimension Reduction）了，这样我们就可以根据这 10 个主成分对样本进行分析。

将大量变量简化为几个主成分的过程属于多变量统计学范畴。多变量统计法（Multivariate Statistics）是一个专门处理高维度数据（High-Dimension）的方法，多变量统计法通常被归类于降维方法。常用的降维方法还有因子分析法（Factor Analysis）。不能直接从样本中获取，但可以把从样本数据中分析出的潜在变量称为因子。多变量统计法对数据维度的要求不一定非常高，但它能对数据中的潜在变量（Potential Variables）进行测量。例如，要调查某餐厅的消费者满意度，可以通过调查问卷的方式进行，问卷中每个问题（维度）的出发点不同，通过收集每个消费者（观察值）的回答结果，可以产生一个“消费者满意度”的测量指数。也就是说，不能直接观察到的变量或无法搜集的数据被称为因子或主成分。

主成分分析法的基础是正交变换，基本做法是将一组随机变量转换为由它们构成的随机向量，将原随机变量的协方差转换为对角矩阵的形式，将原随机变量构成的坐标系转换为正交坐标系，使之指向的样本散布在 p 个正交方向上，然后对多维变量系统进行降维处理，使之转换为低维变量系统，再构造适当的价值函数，将低维变量系统进一步转换为一维变量系统。

设 x_1，x_2，...，x_q 是一组随机变量，主成分 P 是由这组随机变量经过线性变换构成的，q 个变量最多可以产生 q 组线性关系，也就是最多有 q 个主成分，具体如下：

$$
\begin{aligned}
P_1 &= a_{11}x_1 + a_{12}x_2 + \cdots + a_{1q}x_q \\
P_2 &= a_{21}x_1 + a_{22}x_2 + \cdots + a_{2q}x_q \\
&\vdots \\
P_q &= a_{q1}x_1 + a_{q2}x_2 + \cdots + a_{qq}x_q
\end{aligned}
$$

$$
\begin{aligned}
&a_1^{\mathrm{T}} = (a_{11}, a_{12}, \cdots, a_{1q}) \\
&a_2^{\mathrm{T}} = (a_{21}, a_{22}, \cdots, a_{2q}) \\
&a_1^{\mathrm{T}}a_1 = 1 \qquad a_2^{\mathrm{T}}a_1 = 0 \\
&\mathrm{var}(x_q) = s_q^2 \qquad \mathrm{cov}(x_i, x_j) = s_{ij}
\end{aligned}
$$

原随机变量的协方差矩阵如下：

$$
\boldsymbol{S} = \begin{bmatrix} s_1^2 & s_{12} & \cdots & s_{1q} \\ s_{21} & s_2^2 & \cdots & \vdots \\ \vdots & \vdots & \cdots & \vdots \\ s_{q1} & \cdots & \vdots & s_q^2 \end{bmatrix}
$$

求上述协方差矩阵的特征值如下：

$$\lambda = \{\lambda_1, \cdots \lambda_q\}$$

$$\sum_{i=1}^{q} \lambda_i = s_1^2 + s_2^2 + \cdots + s_q^2 = t_r(S)$$

下面计算累积贡献值，公式如下：

$$R_j = \frac{\lambda_j}{t_r(S)}$$

根据累计贡献值的大小，可以判断需要多少个主成分。

R Commander 项目实战

本例将 1988 年汉城奥运会女子七项全能数据（文件名为 heptathlon.RData）作为分析目标，文件中包含多名运动员的比赛成绩。在主成分分析过程中，除了会产生一个用于判断运动员优势项目的主成分，还会根据主成分得出一个“得分”来辅助判断。因为部分项目得分（score）越高越好，如跳高、跳远，而部分项目得分越低越好，如赛跑。此处有一个问题：是否能够根据得分判断运动员的比赛状况？

heptathlon

	hurdles	highjump	shot	run200m	longjump	javelin	run800m	score
Joyner-Kersee (USA)	12.69	1.86	15.80	22.56	7.27	45.66	128.51	7291
John (GDR)	12.85	1.80	16.23	23.65	6.71	42.56	126.12	6897
Behmer (GDR)	13.20	1.83	14.20	23.10	6.68	44.54	124.20	6858
Sablovskaite (URS)	13.61	1.80	15.23	23.92	6.25	42.78	132.24	6540
Choubenkova (URS)	13.51	1.74	14.76	23.93	6.32	47.46	127.90	6540
Schulz (GDR)	13.75	1.83	13.50	24.65	6.33	42.82	125.79	6411
Fleming (AUS)	13.38	1.80	12.88	23.59	6.37	40.28	132.54	6351
Greiner (USA)	13.55	1.80	14.13	24.48	6.47	38.00	133.65	6297
Lajbnerova (CZE)	13.63	1.83	14.28	24.86	6.11	42.20	136.05	6252
Bouraga (URS)	13.25	1.77	12.62	23.59	6.28	39.06	134.74	6252
Wijnsma (HOL)	13.75	1.86	13.01	25.03	6.34	37.86	131.49	6205
Dimitrova (BUL)	13.24	1.80	12.88	23.59	6.37	40.28	132.54	6171
Scheider (SWI)	13.85	1.86	11.58	24.87	6.05	47.50	134.93	6137
Braun (FRG)	13.71	1.83	13.16	24.78	6.12	44.58	142.82	6109
Ruotsalainen (FIN)	13.79	1.80	12.32	24.61	6.08	45.44	137.06	6101
Yuping (CHN)	13.93	1.86	14.21	25.00	6.40	38.60	146.67	6087
Hagger (GB)	13.47	1.80	12.75	25.47	6.34	35.76	138.48	5975
Brown (USA)	14.07	1.83	12.69	24.83	6.13	44.34	146.43	5972
Mulliner (GB)	14.39	1.71	12.68	24.92	6.10	37.76	138.02	5746
Hautenauve (BEL)	14.04	1.77	11.81	25.61	5.99	35.68	133.90	5734
Kytola (FIN)	14.31	1.77	11.66	25.69	5.75	39.48	133.35	5686
Geremias (BRA)	14.23	1.71	12.95	25.50	5.50	39.64	144.02	5508
Hui-Ing (TAI)	14.85	1.68	10.00	25.23	5.47	39.14	137.30	5290
Jeong-Mi (KOR)	14.53	1.71	10.83	26.61	5.50	39.26	139.17	5289
Launa (PNG)	16.42	1.50	11.78	26.16	4.88	46.38	163.43	4566

图 6.3　1988 年汉城奥运会女子七项全能数据

步骤 1：计算新变量，让项目数字反映的名次彼此一致，过程如下。

Data → Manage variables in active data set → Compute new variable

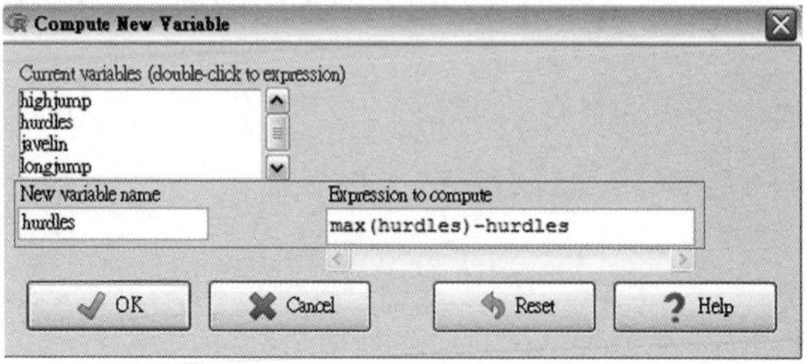

图 6.4　计算新变量

在图 6.4 所示的对话框中设定的新变量名称，可以和原变量名称一致，也可以另取一个名称，但是名称中不要出现中文字符。本例使用的是“hurdles”，“max(hurdles)–hurdles”表示用数据中的极大值减去每个数据，这样就可以将障碍赛得分的“越小越好”改为“越大越好”。而“run200m”和“run800m”都是赛跑项目，可以重命名为“run200m1”和“ run800m1”。

步骤 2：列出相关矩阵，过程如下。

Statistics → Summaries → Correlation matrix

注意，在选择变量时，不要选择得分。

在图 6.5 所示的相关矩阵中可以看出，标枪（javelin）和 800 米中距离跑（run800m1）的值为负，而且绝对值很小（0.02）。为了进一步了解选手是否由于某些因素（如摔伤）导致结果出现离群现象，需要绘制散点矩阵图（Scatter Plot Matrix）。

	highjump	hurdles1	javelin	longjump	run200m1	run800m1	shot
highjump	1.0000	0.8114	0.0022	0.7824	0.4877	0.5912	0.4408
hurdles1	0.8114	1.0000	0.0078	0.9121	0.7737	0.7793	0.6513
javelin	0.0022	0.0078	1.0000	0.0671	0.3330	-0.0200	0.2690
longjump	0.7824	0.9121	0.0671	1.0000	0.8172	0.6995	0.7431
run200m1	0.4877	0.7737	0.3330	0.8172	1.0000	0.6168	0.6827
run800m1	0.5912	0.7793	-0.0200	0.6995	0.6168	1.0000	0.4196
shot	0.4408	0.6513	0.2690	0.7431	0.6827	0.4196	1.0000

图 6.5　列出的相关矩阵

步骤 3：绘制散点矩阵图，过程如下。

Graphs → Scatter plot matrix

从图 6.6 中可以看出每位运动员的比赛状况，图中个别运动员的分数属于离群点，对照原始数据，可以发现其是第 25 位运动员的数据。

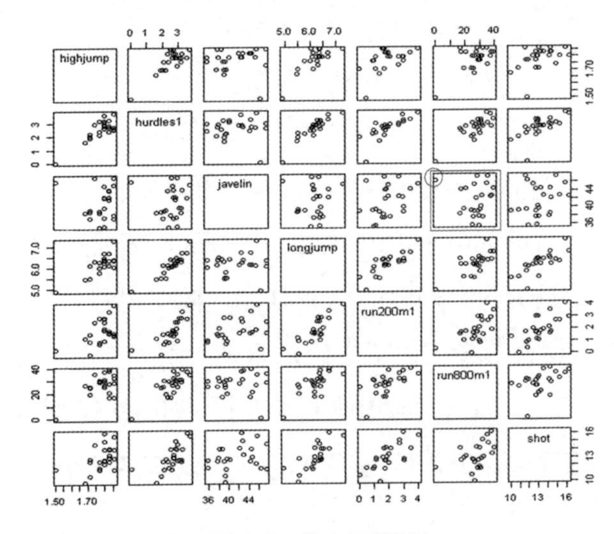

图 6.6　散点矩阵图

步骤 4：将离群点指向的运动员的数据移除，再次查看相关矩阵与散点矩阵图，过程如下。

Data → Active data set → Remove row(s) from active data set

移除第 25 位运动员的数据后，要将该数据集（data.frame）重新命名为 heptathlon24，以便区分，如图 6.7 所示。

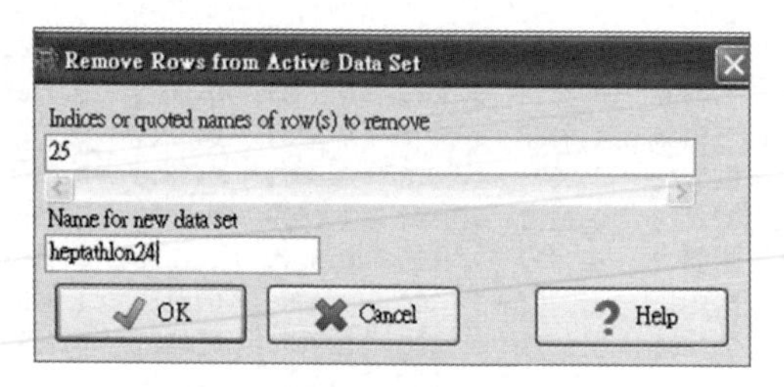

图 6.7　移除离群运动员的数据

移除离群选手的数据后，重新计算相关系数矩阵时，之前的异常情况将不再出现，如图 6.8 所示。

	highjump	hurdles1	javelin	longjump	run200m1	run800m1	shot
highjump	1.0000	0.5817	0.3481	0.6627	0.3909	0.1523	0.4647
hurdles1	0.5817	1.0000	0.3325	0.8893	0.8300	0.5588	0.7667
javelin	0.3481	0.3325	1.0000	0.2871	0.4708	0.2559	0.3430
longjump	0.6627	0.8893	0.2871	1.0000	0.8106	0.5234	0.7840
run200m1	0.3909	0.8300	0.4708	0.8106	1.0000	0.5732	0.6694
run800m1	0.1523	0.5588	0.2559	0.5234	0.5732	1.0000	0.4083
shot	0.4647	0.7667	0.3430	0.7840	0.6694	0.4083	1.0000

图 6.8　移除离群运动员的数据后的相关矩阵

步骤 5：从新的数据集中获取主成分，过程如下。

Statistics → Dimensional analysis → Principal components analysis

获取主成分的操作步骤如图 6.9 所示。除了得分，其余变量都要选取。另外，还要选择步骤 1 中经过重新计算的数据。最后切换至“Options”选项卡，将其中的选项全部选中，如图 6.10 所示。

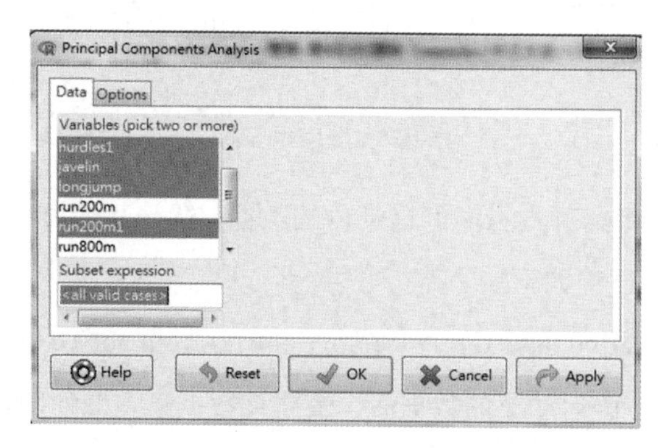

图 6.9　选择计算主成分的数据变量

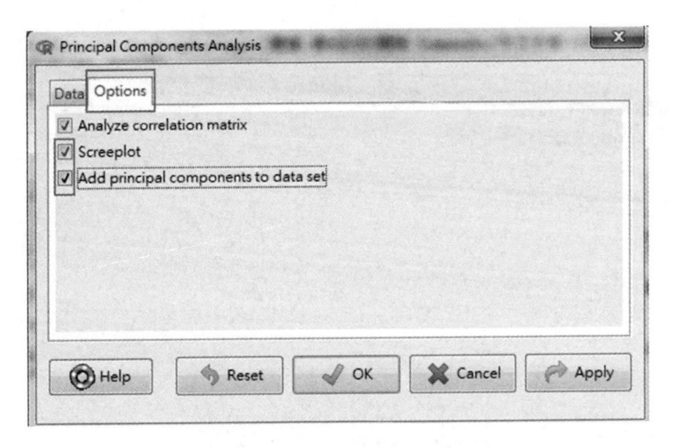

图 6.10　将“Options”选项卡中的选项全部选中

接下来要判断使用的主成分数量，如图 6.11 所示。如果样本中包含 7 个变量，则最多只能选择 7 个主成分，而本例选择的主成分是 7 个。

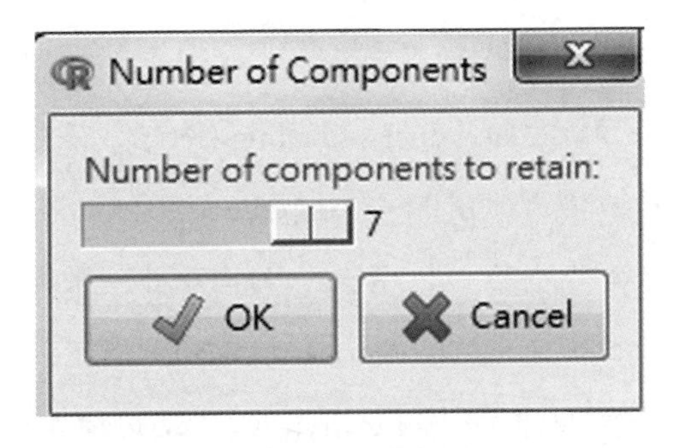

图 6.11　判断要使用的主成分数量

点击“OK”按钮后，R Commander 会生成相应的脚本代码和主成分分析结果，如图 6.12 所示。图 6.12 中第一行代码中的 princomp() 函数是主成分分析函数，对主成分进行分析后，将结果保存在 .PC 对象中。关于图 6.12 中的代码，有以下 3 点说明。

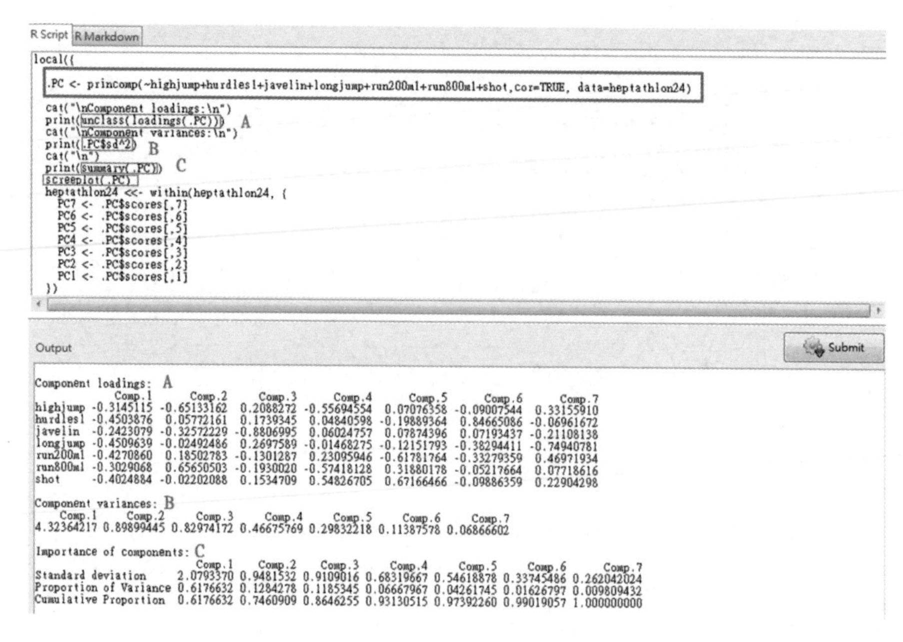

图 6.12　主成分分析结果

1. 代码第一个方框中的“unclass(loadings(.PC))”语句输出结果为主成分矩阵，对应输出部分中“Component Loading”下的内容。
2. 代码第二个方框中的“.PC$sd^2”语句输出结果为每个主成分的方差，对应输出部分中“Component variances”下的内容。
3. 代码第三个方框中的“summary(.PC)”语句输出结果为每个主成分的重要性，对应输出部分中“Importance of Components”下的内容。输出结果的倒数第二行表示每个主成分的方差贡献率。例如，第一个主成分的方差贡献率为 0.6177，第二个主成分的方差贡献率为 0.1284。输出结果的倒数第一行表示多个主成分的累积方差贡献率。例如，前两个主成分的累积方差贡献率为 0.6177+0.1284=0.7461。
4. 代码第三个方框中的“screeplot(.PC)”语句的作用是绘制碎石图

（Screeplot）也称陡坡图，作用是直观地呈现每个主成分的方差贡献率，如图 6.13 所示。

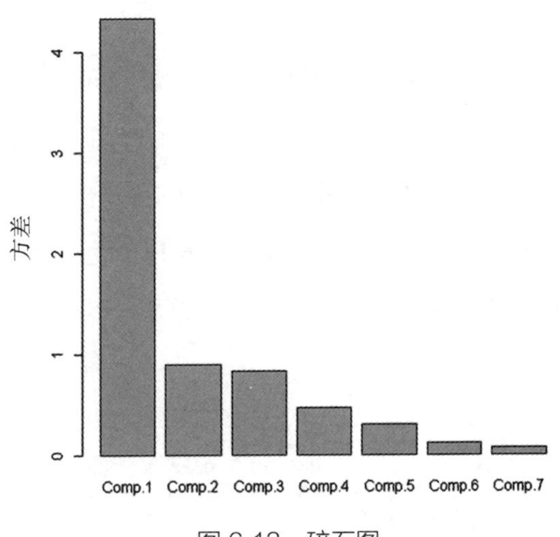

图 6.13　碎石图

从图 6.12 可以看出，前 3 个主成分可以解释 87% 的方差，前 4 个主成分可以解释 93% 的方差。对于本例，使用 3 个或 3 个主成分就可以使分析结果较为准确。本例体现了数据降维的原理，将原有的 7 个变量用 3 个或 4 个呈线性相关的主成分表示。

R Commander 在主成分分析中提供了一个便捷操作，如果想重复执行图 6.12 中的代码，那么可以在第一行与最后一行添加如下代码（本例已添加）：

```
local({
    ...
})
```

省略号代表的内容就是执行主成分分析的代码。但是上述代码执行完毕后，输出结果不会保存在内存中。如果想再次查看分析结果，只输入“summary(.PC)”是无效的，必须重新进入 R Commander 并再次执行分析程序。

还有一种支持重复执行分析代码的方法，可以避免上述问题：删除“local({”和“})”，将执行分析部分的代码全部选中，点击“Submit”按钮，即可再次执行分析程序，并且分析结果可以保存在内存中。另外，这种方法支持反复使用。图 6.14 所示为使用这种方法对另一笔数据进行主成分分析的结果，可以看出，仍然可以得到类似图 6.12 所示的结果。

```
> unclass(loadings(.PC))  # component loadings
         Comp.1   Comp.2  Comp.3   Comp.4   Comp.5   Comp.6   Comp.7
highjump -0.3145  0.65133  0.2088 -0.55695  0.07076 -0.09008  0.33156
hurdles1 -0.4504 -0.05772  0.1739  0.04841 -0.19889  0.84665 -0.06962
javelin  -0.2423  0.32572 -0.8807  0.06025  0.07874  0.07193 -0.21108
longjump -0.4510  0.02492  0.2698 -0.01468 -0.12152 -0.38294 -0.74941
run200m1 -0.4271 -0.18503 -0.1301  0.23096 -0.61782 -0.33279  0.46972
run800m1 -0.3029 -0.65651 -0.1930 -0.57418  0.31880 -0.05218  0.07719
shot     -0.4025  0.02202  0.1535  0.54827  0.67166 -0.09886  0.22904

> .PC$sd^2  # component variances
 Comp.1  Comp.2  Comp.3  Comp.4  Comp.5  Comp.6  Comp.7
4.32364 0.89899 0.82974 0.46676 0.29832 0.11388 0.06867

> summary(.PC) # proportions of variance
Importance of components:
                       Comp.1 Comp.2 Comp.3  Comp.4  Comp.5  Comp.6   Comp.7
Standard deviation     2.0793 0.9482 0.9109 0.68320 0.54619 0.33745 0.262042
Proportion of Variance 0.6177 0.1284 0.1185 0.06668 0.04262 0.01627 0.009809
Cumulative Proportion  0.6177 0.7461 0.8646 0.93131 0.97392 0.99019 1.000000
```

图 6.14　使用新方法执行主程序分析输出的结果

我们将选取的主成分与原始数据保存在同一个文件中，如图 6.15 所示。其中的各个主成分可以代表每位运动员的比赛状况。第一个主成分与得分方差的相关系数为 –0.99，表示第一个主成分综合信息的能力最强。对于本例，按照第一个主成分排名得到的第一名也是按照积分排名得到的第一名，也就是 Joyner–Kersee。

heptathlon24

	un200m1	run800m1	PC1	PC2	PC3	PC4	PC5	PC6	PC7
Joyner-Kersee (USA)	4.05	34.92	-4.85985	0.14287	0.00617	0.299727	-0.36962	-0.27632	-0.48611
John (GDR)	2.96	37.31	-3.21565	-0.96899	0.24917	0.560983	0.76985	0.38582	-0.05284
Behmer (GDR)	3.51	39.23	-2.98912	-0.71030	-0.63568	-0.566676	-0.19444	-0.26335	0.11293
Sablovskaite (URS)	2.69	31.19	-1.31584	-0.18286	-0.25602	0.650878	0.61660	-0.22040	0.54217
Choubenkova (URS)	2.68	35.53	-1.53579	-0.98246	-1.81889	0.800898	0.60238	0.08187	-0.30729
Schulz (GDR)	1.96	37.64	-0.97908	-0.35877	-0.42197	-1.137497	0.73021	-0.25984	0.03921
Fleming (AUS)	3.02	30.89	-0.97395	-0.51058	0.27084	-0.143218	-0.88444	0.03771	0.23501
Greiner (USA)	2.13	29.78	-0.64686	-0.38401	1.16486	0.145624	0.21255	-0.14542	-0.06512
Lajbnerova (CZE)	1.75	27.38	-0.38978	0.72745	0.06987	0.089088	0.69184	0.25553	0.36320
Bouraga (URS)	3.02	28.69	-0.53356	-0.79360	0.49142	0.289848	-1.21339	0.40739	0.20136
Wijnsma (HOL)	1.58	31.94	-0.22238	0.23872	1.17905	-1.287231	0.38304	-0.20704	0.17835
Dimitrova (BUL)	3.02	30.89	-1.09913	-0.52662	0.31918	-0.129765	-0.93971	0.27302	0.21566
Scheider (SWI)	1.74	28.50	0.00308	1.47801	-1.61678	-1.281395	-0.20968	0.17976	-0.04000
Braun (FRG)	1.83	20.61	0.11153	1.67114	-0.47968	0.370379	-0.15029	0.26696	-0.01363
Ruotsalainen (FIN)	2.00	26.37	0.21336	0.70347	-1.17692	-0.115343	-0.32218	0.18746	-0.14431
Yuping (CHN)	1.61	16.76	0.23751	2.00215	1.57438	0.611194	0.17827	-0.51255	0.05107
Hagger (GB)	1.14	24.95	0.67370	0.08965	1.83515	-0.186297	-0.05214	0.56243	-0.47386
Brown (USA)	1.78	17.00	0.77313	2.08686	-0.46122	0.487184	-0.38975	-0.27179	-0.11338
Mulliner (GB)	1.69	25.41	1.92139	-0.93499	0.36704	0.816817	-0.07092	-0.74835	-0.31954
Hautenauve (BEL)	1.00	29.53	1.86749	-0.74192	1.07119	-0.727102	0.14395	0.07083	-0.07711
Kytola (FIN)	0.92	30.08	2.16376	-0.40780	-0.19425	-0.805403	0.42714	-0.03436	0.12404
Geremias (BRA)	1.11	19.41	2.83030	-0.03538	-0.17394	1.415363	0.29155	0.38903	0.35318
Hui-Ing (TAI)	1.38	26.13	3.98507	-1.22760	-0.96397	-0.002481	-0.68524	-0.53891	0.09640
Jeong-Mi (KOR)	0.00	24.26	3.98066	-0.37445	-0.39900	-0.155576	0.43439	0.38052	-0.41939

图 6.15　加入主成分后的数据

最后，我们利用 R Commander 的 Script Window（脚本窗口）来绘制双标图，如图 6.16 所示。

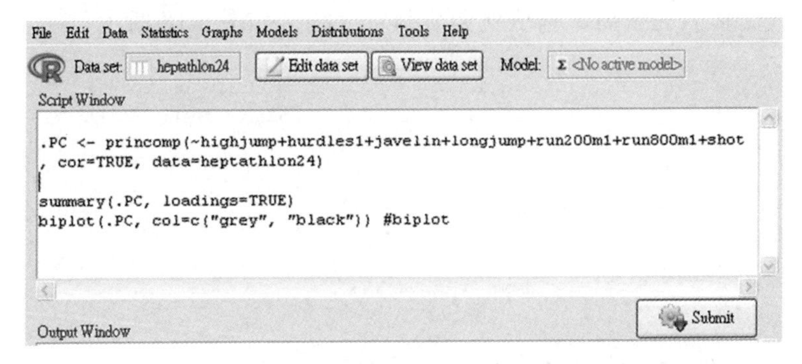

图 6.16　通过 Script Window 绘制双标图

图 6.16 中代码的作用是绘制双标图。为了输出 7 个主成分对应的原始变量的各项系数，需要输入以下代码：

```
summary(.PC,loadings=TRUE)
```

结果如图 6.17 所示。

```
> summary(.PC, loadings=TRUE)
Importance of components:
                       Comp.1 Comp.2 Comp.3 Comp.4 Comp.5 Comp.6 Comp.7
Standard deviation       2.08   0.95   0.91  0.683  0.546  0.337 0.2620
Proportion of Variance   0.62   0.13   0.12  0.067  0.043  0.016 0.0098
Cumulative Proportion    0.62   0.75   0.86  0.931  0.974  0.990 1.0000

Loadings:
         Comp.1 Comp.2 Comp.3 Comp.4 Comp.5 Comp.6 Comp.7
highjump -0.315  0.651  0.209 -0.557                0.332
hurdles1 -0.450         0.174        -0.199  0.847
javelin  -0.242  0.326 -0.881                      -0.211
longjump -0.451         0.270        -0.122 -0.383 -0.749
run200m1 -0.427 -0.185 -0.130  0.231 -0.618 -0.333  0.470
run800m1 -0.303 -0.657 -0.193 -0.574  0.319
shot     -0.402         0.153  0.548  0.672         0.229
```

图 6.17　7 个主成分对应的原始变量的各项系数

由于 R Commander 不具备一键绘制双标图的功能，所以需要在 Script Window 中输入以下代码：

```
biplot(.PC,col=c("grey","black"))
```

代码输入完毕后，系统就会绘制双标图，如图 6.18 所示。

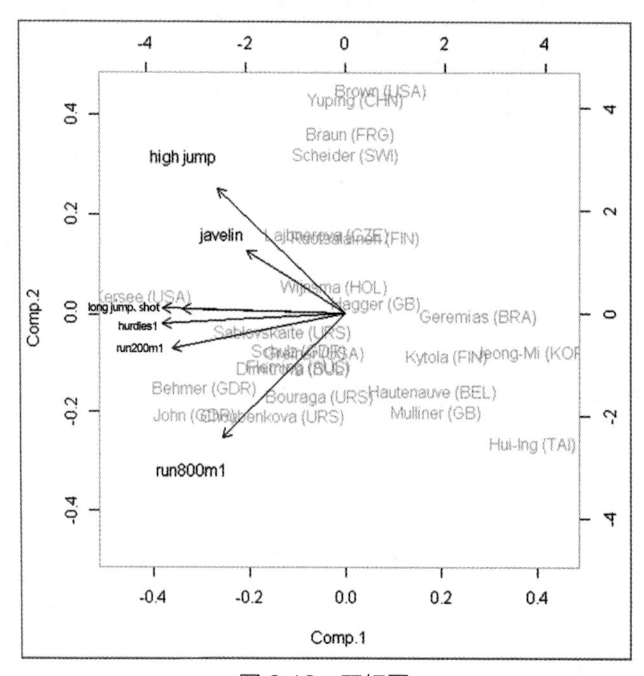

图 6.18　双标图

对于图 6.18 所示的双标图，有以下两点说明：

1. 两个向量的夹角表示对应变量的相关程度。夹角越小，相关程度越高。
2. 向量的长度表示对应变量的方差。

双标图的 x 轴体现了运动员的得分情况，y 轴体现了每位运动员最擅长的项目。例如，800m 是 John、Choubenkova 和 Behmer 最擅长的项目。从图中可以看出，排名第一的运动员，也就是 Joyner–Kersee，其分数主要来自 4 项运动，分别是 long jump、shot、hurdle 和 200m。其中，hurdle 和 long jump 的相关度最高，Javelin 和 high jump 的相关度次之，800m 和其他 6 项运动的相关度很低，和 Javelin 与 high jump 几乎无关。

双标图相当于一种可视化技术，可以将 $n \times p$ 形式的矩阵以图像的形式呈现，同时能体现矩阵的方差、协方差与样本单位之间的距离。设得分方差矩阵为 E，则其与两个主成分方差贡献率矩阵的乘积可表示为：

$$E_1 = \begin{bmatrix} p_1 & p_2 \end{bmatrix} \begin{bmatrix} \sqrt{\lambda_1} & 0 \\ 0 & \sqrt{\lambda_2} \end{bmatrix} \begin{bmatrix} \boldsymbol{q}_1^{\mathrm{T}} \\ \boldsymbol{q}_2^{\mathrm{T}} \end{bmatrix}$$

其中，λ_i 表示特征值；q_i 表示特征向量；p_i 表示主成分贡献率。

为了让读者更加深刻地理解主成分分析法，接下来我们再来看一个关于城市环境的案例。本例使用的数据文件名称为 USairpollution.RData，其中包含 41 个城市各项环境指标，如图 6.19 所示。

	SO2	temp	manu	popul	wind	precip	predays
Albany	46	48	44	116	8.8	33.4	135
Albuquerque	11	57	46	244	8.9	7.8	58
Atlanta	24	62	368	497	9.1	48.3	115
Baltimore	47	55	625	905	9.6	41.3	111
Buffalo	11	47	391	463	12.4	36.1	166
Charleston	31	55	35	71	6.5	40.8	148
Chicago	110	51	3344	3369	10.4	34.4	122
Cincinnati	23	54	462	453	7.1	39.0	132
Cleveland	65	50	1007	751	10.9	35.0	155
Columbus	26	52	266	540	8.6	37.0	134
Dallas	9	66	641	844	10.9	35.9	78
Denver	17	52	454	515	9.0	12.9	86
Des Moines	17	49	104	201	11.2	30.9	103
Detroit	35	50	1064	1513	10.1	31.0	129
Hartford	56	49	412	158	9.0	43.4	127
Houston	10	69	721	1233	10.8	48.2	103
Indianapolis	28	52	361	746	9.7	38.7	121
Jacksonville	14	68	136	529	8.8	54.5	116
Kansas City	14	54	381	507	10.0	37.0	99
Little Rock	13	61	91	132	8.2	48.5	100
Louisville	30	56	291	593	8.3	43.1	123
Memphis	10	62	337	624	9.2	49.1	105
Miami	10	76	207	335	9.0	59.8	128
Milwaukee	16	46	569	717	11.8	29.1	123
Minneapolis	29	44	699	744	10.6	25.9	137
Nashville	18	59	275	448	7.9	46.0	119
New Orleans	9	68	204	361	8.4	56.8	113
Norfolk	31	59	96	308	10.6	44.7	116
Omaha	14	52	181	347	10.9	30.2	98
Philadelphia	69	55	1692	1950	9.6	39.9	115
Phoenix	10	70	213	582	6.0	7.0	36
Pittsburgh	61	50	347	520	9.4	36.2	147
Providence	94	50	343	179	10.6	42.8	125
Richmond	26	58	197	299	7.6	42.6	115
Salt Lake City	28	51	137	176	8.7	15.2	89

图 6.19　41 个城市各项环境指标

相关字段说明如下。

SO_2 表示二氧化硫排放量，单位为微克 / 立方米。

temp 表示年平均温度，单位为华氏度。

manu 表示有 20 及 20 名工人以上的制造企业数量，单位为个。

popul 表示人口数量，单位为千。

wind 表示年平均风速，单位为英里 / 小时。

precip 表示年平均降雨量，单位为英寸。

predays 表示年平均降雨天数，单位为天。

这笔数据的相关系数如图 6.20 所示。

	manu	negtemp	popul	precip	predays	wind
manu	1.0000	0.1900	0.9553	-0.0324	0.1318	0.2379
negtemp	0.1900	1.0000	0.0627	-0.3863	0.4302	0.3497
popul	0.9553	0.0627	1.0000	-0.0261	0.0421	0.2126
precip	-0.0324	-0.3863	-0.0261	1.0000	0.4961	-0.0130
predays	0.1318	0.4302	0.0421	0.4961	1.0000	0.1641
wind	0.2379	0.3497	0.2126	-0.0130	0.1641	1.0000

图 6.20　41 个城市各项环境指标的相关系数

这笔数据的主成分分析结果如图 6.21 所示。

```
> summary(.PC, loadings=TRUE)  # component loadings
Importance of components:
                          Comp.1    Comp.2    Comp.3    Comp.4     Comp.5      Comp.6
Standard deviation     1.4819456 1.2247218 1.1809526 0.8719099 0.33848287 0.185599752
Proportion of Variance 0.3660271 0.2499906 0.2324415 0.1267045 0.01909511 0.005741211
Cumulative Proportion  0.3660271 0.6160177 0.8484592 0.9751637 0.99425879 1.000000000

Loadings:
        Comp.1 Comp.2 Comp.3 Comp.4 Comp.5 Comp.6
manu    -0.612 -0.168 -0.273 -0.137  0.102  0.703
negtemp -0.330  0.128  0.672 -0.306  0.558 -0.136
popul   -0.578 -0.222 -0.350               -0.695
precip          0.623 -0.505  0.171  0.568
predays -0.238  0.708        -0.311 -0.580
wind    -0.354  0.131  0.297  0.869 -0.113
```

图 6.21　41 个城市各项环境指标的主成分分析结果

［练习］

使用前面讲过的主成分分析方法得到如图 6.21 所示的结果。

图 6.21 中包含本案例全部主成分及其系数，下面我们对前三个主成分进行分析：根据第一个主成分可以判断城市生态环境是否好，主成分各项系数越大，表示生态环境就越不好；根据第二个主成分可

以判断城市湿度，因为年平均降雨量和年平均降雨天数的系数最大；根据第三个主成分可以判断城市气候类型：因为年平均温度系数为0.672，年平均降雨量系数为 -0.505，这两个系数可将城市分为湿热与干冷这两型气候。所以，对主成分进行分析时，需要拥有一定的专业背景。

接下来需要计算主成分得分，结果如图 6.22 所示。根据前述分析，第一个主成分得分越高表示对应城市的生态环境越差，从图中可以看出，生态环境最差的城市是 Phoenix，其第一个主成分得分高达 2.44。

Kansas City	0.131303464	-0.25205976	0.27549603
Little Rock	1.611599761	0.34248684	-0.83970812
Louisville	0.423739264	0.54055336	-0.37446946
Memphis	0.577848813	0.32506654	-1.11488311
Miami	1.533160553	1.40469861	-2.60660585
Milwaukee	-1.391024518	0.15761872	1.69127813
Minneapolis	-1.500032786	0.24675569	1.75081328
Nashville	0.910052287	0.54346445	-0.85923113
New Orleans	1.453857066	0.90075225	-1.99187430
Norfolk	0.589141903	0.75219052	-0.06092797
Omaha	0.133637672	-0.38478358	1.23581021
Philadelphia	-2.797074676	-0.65847826	-1.41511547
Phoenix	2.440096802	-4.19114925	-0.94155229
Pittsburgh	-0.322264830	1.02663680	0.74808213
Providence	-0.069936477	1.03390711	0.88774002
Richmond	1.171998946	0.33494902	-0.50862036
Salt Lake City	0.912393969	-1.54734758	1.56510204
San Francisco	0.502073845	-2.25528717	0.22663991
Seattle	-0.481679438	1.59742576	0.60871204
St. Louis	-0.286187330	-0.38438239	-0.15567183

图 6.22　各城市的主成分得分

主成分分析的重要性

在分析主成分得分的时候，需要具体情况具体分析。例如，奥运会成绩的分析重点在于对前两个主成分的解读，也就是得分和运动员的强项；城市各项环境指标的分析重点在于对前三个主成分的解读，也就是城市生态环境、城市环境和城市气候类型。

［练习］

复习前述两个案例的主成分分析过程，尝试解读奥运会成绩的两个主成分。

［练习］

将城市各项环境指标的 6 个主成分进行回归模型拟合，将二氧化硫排放量作为被解释变量，并检验分析结果。

主成分分析在应用领域的重要性是毋庸置疑的，在许多案例分析中都扮演了相当重要的角色，主要体现在三个方面，分别是形成构面、建立加总尺度、提供效度。

1. 形成构面：构面是概念性定义。当以理论为基础，用定义来代表研究的内容时，所使用量表的项目经由主成分分析的转轴后，相同概念的项目通常会在某个因素下。我们将此因素命名，就可以形成想要的构面。
2. 建立加总尺度：能够形成构面表示单一成分是由多个项目组成的。因此，我们可以建立加总尺度，用单一的值来代表单一的成分或构面。
3. 提供效度：确保量表符合所指定的概念性定义，以符合信度要求，呈现单一维度。效度包含聚合效度（Convergent Validity）和区分效度（Discriminant Validity），聚合效度是指构面内的相关程度，越高越好；区分效度是指构面之间的相关程度，越低越好。

R 语言程序实战

下面我们以美国 50 个州和华盛顿特区的犯罪率数据作为分析对象，分析其主成分，代码如下：

```
1.print(load("crime.RData"))
2.head(crime)
3.apply(crime,2,mean)
4.apply(crime,2,var)
```

代码说明

1. 加载数据文件。print() 函数的作用是加载数据文件的同时加载变量名称。
2. 获取前 6 笔数据。
3. 计算每个变量的平均值。
4. 计算每个变量的方差。

上述代码中最重要的最后两行，对应的执行结果如下：

```
>apply(crime,2,mean)
Murder      Rape      Robbery     Assault     Burglary      Theft
 7.25       34.22      154.10      283.35      1207.08      2941.96
Vehicle
393.84

>apply(crime,2,var)
     Murder         Rape      Robbery      Assault        Burglary
     23.202        212.31    18993.37     22004.31      177912.83
       Theft      Vehicle
582812.84     50007.38
```

从平均值计算结果可以看出，发生性侵的次数几乎是发生谋杀的次数的 5 倍，而发生盗窃的次数几乎是发生性侵的次数的 9 倍，这表示美国不同的州或地区，不同犯罪类型的总发生次数彼此相差很大。从方差计算结果可以看出，发生性侵的次数方差几乎是发生谋杀的次数方差的 9 倍，而发生盗窃的次数方差几乎是发生性侵的次数方差的 2 750 倍，这表示不同的州或地区之间每 10 万人中的犯罪人数相差很大。因此，进行主成分分析时，必须将方差进行标准化处理，使其满足正态分布，即平均值为 0、标准差为 1，否则主成分分析结果会受方差最大（发生盗窃的次数）的变量影响。下面进行主成分分析，代码如下：

```
5.pr.out=prcomp(crime,scale=TRUE)
6.names(pr.out)
7.pr.out$center
8.pr.out$scale
9.pr.out$rotation
10.head(pr.out$x)
```

代码说明

5. 调用 prcomp() 函数进行主成分分析，并用 pr.out 对象存储结果。scale=TRUE 表示分析对象为标准化数据。
6. 为 pr.out 对象输出结果赋予变量名。
7. 输出标准化平均值。
8. 输出标准化标准差。
9. 输出标准化矩阵系数。
10. 查看主成分分析的前 6 笔数据。

其中，$rotation 对象输出的是主成分系数矩阵，第一个主成分如下：

PC1=0.38 · Murder+0.38 · Rape+0.39 · Robbery+0.41 · Assault+0.39 · Burglary+0.32 · Theft+ 0.37 · Vehicle

>pr.out$rotation 输出结果如下：

	PC1	PC2	PC3	PC4	PC5	PC6	PC7
Murder	0.38	−0.35	0.54	−0.03	0.27	−0.37	0.48
Rape	0.38	0.28	0.02	0.83	0.25	0.07	−0.15
Robbery	0.39	−0.42	−0.13	−0.27	0.39	0.07	−0.65
Assault	0.41	−0.12	0.34	−0.03	−0.56	0.62	0.01
Burglary	0.39	0.37	0.01	−0.16	−0.47	−0.62	−0.28
Theft	0.32	0.63	−0.08	−0.45	0.39	0.28	0.26
Vehicle	0.37	−0.28	−0.76	0.07	−0.16	−0.04	0.42

> head(pr.out$x) 输出结果如下：

	PC1	PC2	PC3	PC4	PC5	PC6	PC7
AK	1.95	1.23	−0.28	1.81	0.49	0.92	0.81
AL	−0.22	−0.7	1.13	0.06	−0.71	0.11	0.13
AR	−1.05	−0.36	0.88	0.22	−0.21	−0.09	0.02
AZ	2.14	1.57	0.37	−0.66	−0.36	0.01	0.1
CA	3.03	−0.54	−0.46	−0.17	−0.54	0.22	−0.07

最终的输出结果就是 50 个州或地区的分数，字段 PC1 下的数据就是第一个主成分给 50 个州或地区打的分数。得分最高的州就是综合犯罪率最高的州。

下面我们根据主成分分析结果绘制双标图，代码如下：

```
11.biplot(pr.out, scale=0,col=c("grey","blue"))
12.pr.out$rotation=-pr.out$rotation
13.pr.out$x=-pr.out$x
14.biplot(pr.out,scale=0,col=c("grey","blue"))
```

代码说明

11. 绘制主成分分析结果的双标图，如图 6.23 所示。
12. 将系数矩阵取反。
13. 将主成分取反。
14. 绘制反向双标图，如图 6.24 所示。scale=0 表示双标图的箭头长度对应主成分系数。

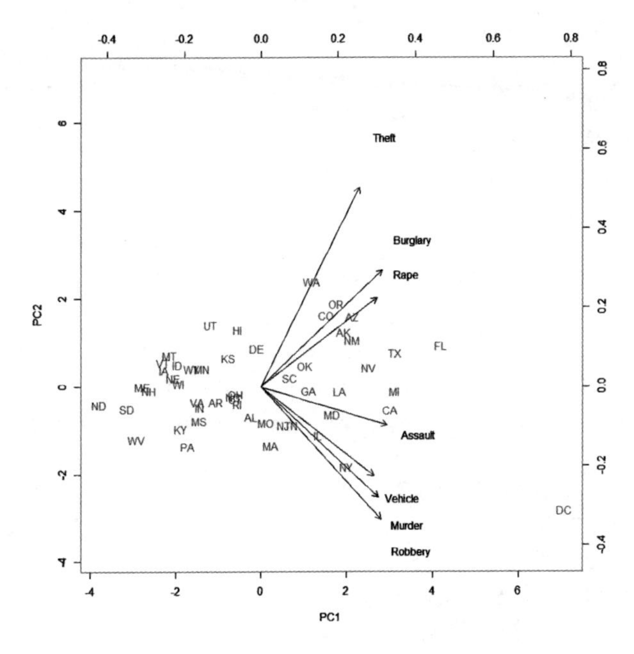

图 6.23　主成分分析结果的双标图

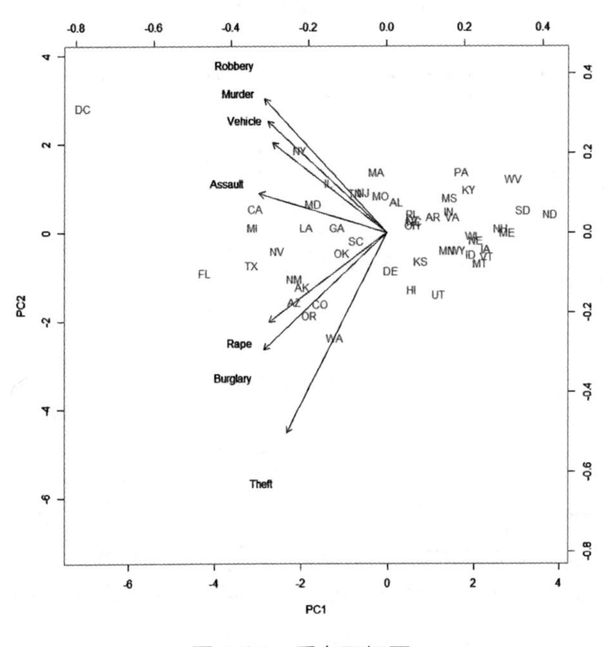

图 6.24　反向双标图

最后，计算主成分累积贡献率，代码如下：

```
15.pr.out$sdev
16.pr.var=pr.out$sdev^2
17.pr.var
18.pve=pr.var/sum(pr.var)
19.pve
20.plot(pve,xlab="Principal Component", ylab="",main="Proportion of Variance
   Explained", ylim=c(0,1),type='b',col="blue")
21.plot(cumsum(pve), xlab="Principal Component", ylab="",main="Cumulative Proportion
   of Variance Explained", ylim=c(0,1),type='b',col="blue")
22.screeplot(pr.out,main="Scree plot", xlab="Principal Component",col="lightblue")
```

代码说明

15. 输出原始数据的标准差。
16. 计算方差。
17. 输出方差。
18. 计算主成分累积贡献率。
19. 输出主成分累积贡献率。
20. 绘制单个主成分贡献率碎石图，如图 6.25 所示。
21. 绘制主成分累计贡献率碎石图，如图 6.26 所示。
22. 用内置函数绘制碎石图，如图 6.27 所示。

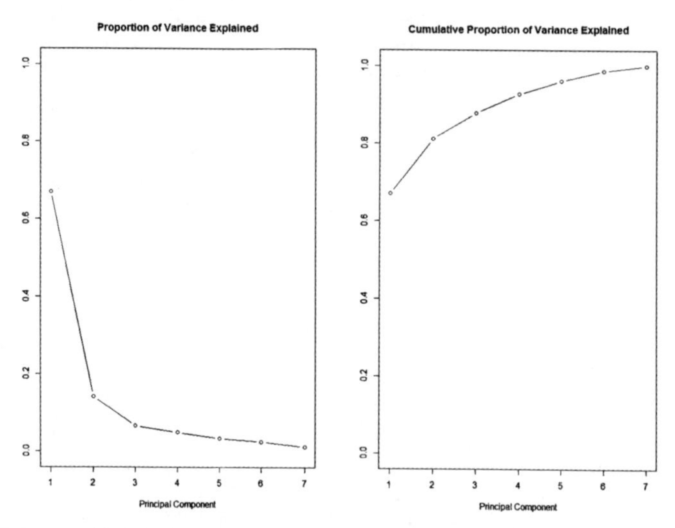

图 6.25　单个主成分贡献率碎石图　6.26　主成分累计贡献率碎石图

从图 6.26 可以看出，前两个主成分可以解释 80% 以上的方差。

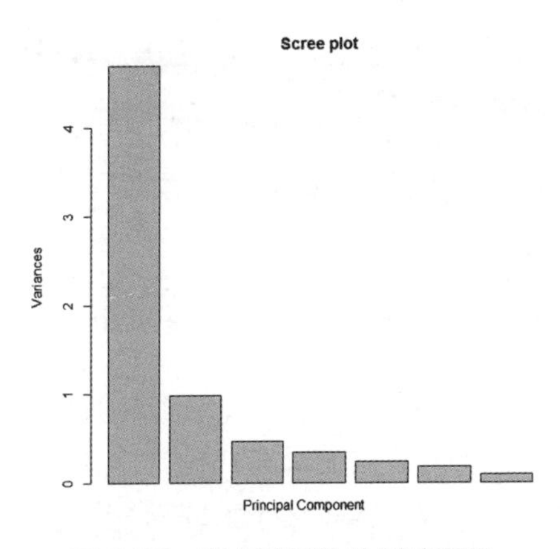

图 6.27　用内置函数绘制碎石图

用内置函数绘制的碎石图与主成分累积贡献率碎石图的差别在于 y 轴标签，前者为原始数据的方差，后者为主成分累计贡献率。

分析大数据时需要注意的问题

对主成分分析的双标图进行解读时，对原始数据有一定的认识是非常必要的。试想，如果按照图 6.18 的标准解读图 6.23 会得到什么样的结论？

在图 6.24 包含的 7 种犯罪类型中，根据它们之间的夹角，可以将犯罪模式分为两类：第一类为箭头方向向上的犯罪类型（如谋杀）和箭头方向向下的犯罪类型（如盗窃）。表面上看，这样的分类方式似乎合理，但是如果将所在地加入分析就很难解读了。犯罪分子的犯罪动机受很多因素影响，任何犯罪都不受地域的限制，我们不能认为某些地区的犯罪分子特别倾向于犯谋杀罪，某些地区的犯罪分子特别倾向于犯偷窃罪。也就是说，当数据的抽样范围很大（如地区、城市或国家），个体特征（如个人、企业）不明显时，对主成分分析结果的分类就比较困难。对于本例来说，如果抽样只针对犯罪分子而不考虑地域差异，就可以进一步分析犯罪类型与犯罪分子自身特点的关系，因为很多时候犯罪分子的犯罪动机与其性格和成长经历密不可分。

主成分分析是一种线性分析技术，它给决策带来的好处如下：

1. 将数据中彼此相关的变量转换为彼此不相关的成分，且该技术的使用不受数据量的限制。
2. 可以把大量数据压缩为少量成分。
3. 使用最小二乘法可以通过少量成分还原原始数据。
4. 可以分辨一组数据中特殊的类。

虽然主成分分析有很多好处，但在某些情况下，主成分分析对数据分析结果有负面影响。第一，主成分分析受离群值的影响很大，其严重程度类似照片被污染一样。因此，稳健主成分分析是一个重要的研究方向。商业决策使用主成分分析结果时，务必要求数据分析结果稳健。第二，线性主成分分析是把数据进行有效降维的障碍，因此数据越大，考虑非线性主成分分析就越必要。

都是预测惹的祸

机器学习或人工智能技术对于大数据的分析，出发点都是预测。2018 年初，著名经济学家阿贾伊·阿格拉瓦尔参与编写了《预测机器：人工智能的简单经济学》（*Prediction Machines: The Simple Economics of Artificial Intelligence*）一书。书中，作者聚焦于预测效率和对准确度的权衡上。无论是从古典理论还是认知行为角度考虑，经济学都是给予决策科学最完整理论的学科。作者在书中指出了人工智能存在的问题和市场存在炒作泡沫现象。简单地说就是“没预测，没决策”。人工智能并没有带来“智能”，只是改善了预测状况，决策依然受制于有限资源的互相抵消（Trade-Off），最具代表性的就是“效率和公平”。信息科技致力于提高效率，而提出的解决方案要公平，因此，必须谨慎把握科技影响决策的程度。例如，人力资源部门考核员工的绩效时，量化指标是最常用的一种工具，然而根据量化指标得到的结果，必须由人工进行审查。因为只有能够提高员工工作效率的决策，才是智慧的决策，也就是要让数据“活”起来，而不是作为一个“死”标准。

回到本书的编写初衷，在很多情况下，做决策的时候是没有数据作为参考的，那么要根据什么进行预测？例如，部分公司在创立之初没有任何数据，领导者制定决策时全靠经验。当没有数据时，如何获取有参考价值的数据，进而制定决策是非常重要的。这种思考模式常常纠结于对立的观点，即“是，也不是”。例如，如果问：“这个人可靠吗？”得到的回答是：“他可靠，也可能不可靠。”其实这并不矛盾，反而体现了一种认知学习的过程。准确地说，就是要区分这个人在哪些情况下可靠，在哪些情况下不可靠。例如，一个资深垒球教练心中对某球员的看法是这样的：平时训练时他是好球员，但是最近他接连出现失误，并且心灰意冷，说明他的抗压能力不够，因此他不是好球员。

著名企业家刘勇明学习的是海洋化学专业，在电子商务领域获得了成功。他成功的秘诀就在于擅长数据思考。他说他很重视客服，擅长通过客服来了解商业动态。他总结了一条经验：当交易量上升时，要暂停广告的投放，因为必须对不断变化的大数据进行分析预测，才能更有针对性地投放广告。

狭义的数据是指存储在数据库中的数据，制定决策时如果没有这类数据作参考，可以参考广义的数据，即事情脉络与逻辑思考。很多时候，关注身边隐藏的数据，也可以探索出有价值的信息。经济学案例或他人的成功经验，都是属于你的重要数据。

第7讲

聚类分析

Etsy 的数据科学

Etsy 是一个在线交易平台，如图 7.1 所示，致力于在世界各地的手工艺品卖家和买家之间建立交易平台。Etsy 于 2005 年在美国纽约的一间公寓内成立，目前该平台每月交易额达到了上百万美元。在 R 语言领域极负盛名的大数据才女希拉里 · 帕克博士就是该平台的数据科学家。

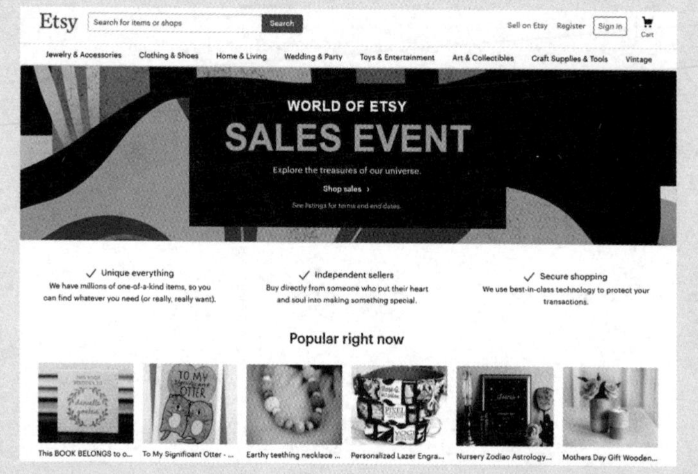

图 7.1　Etsy 平台首页

Etsy 上的卖家多半是手工艺品爱好者，他们喜欢在闲暇时自制一些小物件，包括围巾、毛毯、马克杯等，并将这一事业作为自己的副业。因此，与 Amazon 或 eBay 不同，Etsy 平台上的商品更讲究个性化和独特性，并吸引了很多喜欢购买特色商品的顾客。由于 Etsy 上的商品多达 3 000 万种，因此如何帮助顾客找到想要的商品成了 Etsy 努力的目标。

Etsy 的数据分析工作本质上相当于电子商务网站后台的使用者行为分析，例如顾客点击次数、停留时间、浏览的商品等。数据工程师搜集这些数据后，由数据科学家做分类挖掘工作，进而形成推荐系统。同时，他们从用户的浏览行为中发现，相比之下，没有加入会员的顾客使用书签功能标注自己喜欢的商品的比例较低。因此，他们的首要工作就是让更多的顾客加入会员。

不限于营销部门，数据解析是每个部门都应该做的事，因此，内部运营流程允许数据工程师在线实时测试网页程序代码，做检测实验，Etsy 内部称此工作为“换胎不停车”。2009 年，Etsy 改购了 Adtuitive，以期增强精准营销的能力。Etsy 的数据科学带来了业绩增长，2015 年 IPO（首次公开募股）后，其业绩比 2014 年增长了 40%，截至 2018 年 3 月，期股票价格约为 22 美元。

和网飞相比，Etsy 收集的数据多为结构化数据，以交易数据和网页足迹为主。由于目前 Etsy 上有接近 3 000 万的买家和 2 000 万的卖家，因而 Etsy 每日都会产生大量数据。在技术上，Etsy 将关系型数据库作为存储大数据的工具，还使用了 Hadoop 和 Apache Kafka，至于数据分析工作，则在开源机器学习程序 Conjecture 上完成。因为所存储的数据形态简单，故 Hadoop 早已是最理想的关系型数据库协作平台。

聚类分析的基本概念

聚类分析（Cluster Analysis）是指将一个样本内的数据或变量根据某种规则分为若干个类，进而使每类中的数据或变量具有很高的相似度。图 7.2 所示为一个典型的聚类分析示例。图中两个坐标轴表示的就是第 6 讲介绍的主成分。原始数据可根据这两个主成分大致分为三类。所以，通过聚类过程可以在一定程度上简化数据。

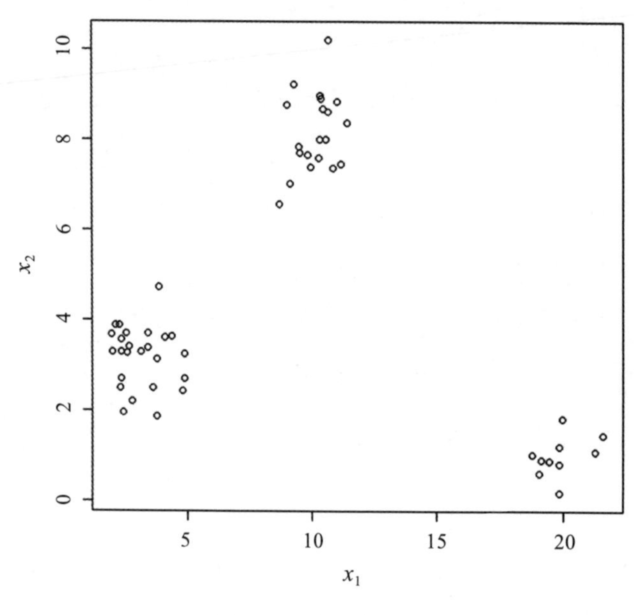

图 7.2　聚类分析示例

需要注意的是，因子分析和聚类分析有着本质不同。因子分析是从一组变量中提取共性因子，而聚类分析针对的则是变量本身。聚类分析的大部分应用都属于探索性研究，最终目的是将研究对象进行分类。聚类分析的结果是使同一类中的事物之间具有高度同质性（Homogeneity），而不同类的事物之间具有高度异质性（Heterogeneity）或没有交集。

基本的聚类算析方法主要有两类，分别是层次法（Hierarchical）

与非层次法（Non-hierarchical），而综合两类聚类算法的方法称为两阶段法，具体说明如下。

1. 层次法：分类依据是变量间某项指标的距离或变量间的相似性，事先不知道将变量分为多少类，通常用树形图表示。
2. 非层次法：主要是 k 均值聚类算法。分类前根据经验或主观判断，明确将一组变量分为多少类。在实际操作时，先指定各类质心，让所有变量根据与质心之间的距离，自动选择加入哪类。一段时间后，从每类中选出新的质心，如此反复执行迭代运算，直到分类结果稳定。

层次法不需要事先指定聚类数量，并且可以用可视化的树状图表示聚类结果。关于两类算法之间的异同，我们会在之后进行详细介绍。

聚类分析的原理

在聚类分析过程中，同一类中的变量相似性高，类与类之间的差别很大，并且待聚类的变量单位须一致，这一点可以通过“z scale”技术实现。当变量数量大于 200 个时，较适合使用 k 均值聚类算法，也可以用主成分分析法筛选出解释力较强的主成分并将其作为各类的质心。

在进行聚类分析之前，摒弃“加入尽可能多的变量”的错误观念。此外，所选择的变量之间不应高度相关。在选定变量之后，接着就要计算变量间的相似性，相似性反映了变量间的亲疏程度。计算出变量的相似性矩阵后，就可以对变量进行聚类了。聚类过程中主要涉及两个问题：一是确定要使用的聚类方法；二是确定最终的聚类数量。在得到聚类分析结果后，还应对结果进行检测和验证。

常见的距离测量算法

很多距离测量算法都从不同的角度衡量了变量间的相似性，常用的距离测量算法可分为距离测量算法和关联测量算法两种。我们先来介绍距离测量算法，关联测量算法相关内容将在后文进行讲解。下面介绍几种常用的距离测量法。

1. 欧式距离（Euclidean Distance）算法，公式如下：

$$\text{dist}(X,Y)=\sqrt{\sum_i (X_i-Y_i)^2}$$

2. 欧式距离平方，公式如下算法，公式如下：

$$\text{dist}(X,Y)=\sum_i (X_i-Y_i)^2$$

3. 绝对值距离：

$$\text{dist}(X,Y)=\sum_i |X_i-Y_i|$$

其中，欧式距离算法是聚类分析过程中最常用的算法距离测量法；欧氏距离平方算法和绝对值距离算法的准确度也很高。这三种算法是社会科学领域中应用最广泛的算法。

常见的聚类算法

变量间的距离计算完毕后，下一步就是进行聚类。聚类算法有很多种，下面介绍 6 种常见的聚类算法。

1. 全连接法（Complete Linkage）。基本思想是使各间的距离等于各类对象之间的最大距离。
2. 单连接法（Single Linkage）。基本思想是使各类间的距离等于各类对象之间的最小距离，公式如下：

$$D_{pq} = \min_{x_i \in G_p, x_j \in G_q} d_{ij}$$

单连接法的缺点是容易形成一个较大的类，即大量变量被划分在同一类中。

3. 平均连接法（Average Linkage）。基本思路是使各类间的距离等于各对象之间的平均距离，公式如下：

$$D_{pq} = \frac{\sum_{i \in p} \sum_{j \in q} d_{ij}}{n}$$

平均连接法的优点是不受对象间极端距离的影响，故该算法的聚类效果较好。

4. 重心法。基本思想是将每个类中所有变量在各个方向上的距离均值所在的点作为重心。每进行一次聚类，都要重新计算新类的重心，公式如下：

$$D_{pq} = D(\bar{x}_p, \bar{x}_q) = \| \bar{x}_p - \bar{x}_q \|^2$$

5. 中位数法。基本思想是各类间的距离等于各类对象之间距离的中位数。
6. 最小方差和法。基本思想是使得同一类中的变量间距离的方差和尽量小，不同类中的变量间距离的方差和尽量大，公式如下：

$$D_{pq} = n_p \cdot \| \bar{x}_p - \bar{\bar{x}} \|^2 + n_q \cdot \| \bar{x}_p - \bar{\bar{x}} \|^2$$

所有层次聚类法的聚类结果都可以用树形图表示。但当需要聚类的变量过多时，树形图的缺点就很明显，如可视化程度不高。这时，取而代之的是 k 均值聚类算法，后文会进行详细讲解。

R Commander 项目实战

使用层次法聚类

示例 1

首先在 R Commander 中加载数据文件 measure.Rdata，如图 7.3 所示。

	chest	waist	hips	gender
1	34	30	32	male
2	37	32	37	male
3	38	30	36	male
4	36	33	39	male
5	38	29	33	male
6	43	32	38	male
7	40	33	42	male
8	38	30	40	male
9	40	30	37	male
10	41	32	39	male
11	36	24	35	female
12	36	25	37	female
13	34	24	37	female
14	33	22	34	female
15	36	26	38	female
16	37	26	37	female
17	34	25	38	female
18	36	26	37	female
19	38	28	40	female
20	35	23	35	female

图 7.3　measure.Rdata 文件中的数据

文件加载完毕后，调用 dist() 函数计算变量间的距离，代码如下：

```
dist(measure[,c("chest","waist","hips")])
```

dist() 函数执行后，结果如图 7.4 所示。

```
      1     2     3     4     5     6     7     8     9    10    11    12    13    14    15    16    17    18    19
2   6.16
3   5.66  2.45
4   7.87  2.45  4.69
5   4.24  5.10  3.16  7.48
6  11.00  6.08  5.74  7.14  7.68
7  12.04  5.92  7.00  5.00 10.05  5.10
8   8.94  3.74  4.00  3.74  7.07  5.74  4.12
9   7.81  3.61  2.24  5.39  4.58  3.74  5.83  3.61
10 10.10  4.47  4.69  5.10  7.35  2.24  3.32  3.74  3.00
11  7.00  8.31  6.40  9.85  5.74 11.05 12.08  8.06  7.48 10.25
12  7.35  7.07  5.48  8.25  6.00  9.95 10.25  6.16  6.40  8.83  2.24
13  7.81  8.54  7.28  9.43  7.55 12.08 11.92  7.81  8.49 10.82  2.83  2.24
14  8.31 11.18  9.64 12.45  8.66 14.70 15.30 11.18 11.05 13.75  3.74  5.20  3.74
15  7.48  6.16  4.90  7.07  6.16  9.22  9.00  4.90  5.74  7.87  3.61  1.41  3.00  6.40
16  7.07  6.00  4.24  7.35  5.10  8.54  9.11  5.10  5.00  7.48  3.00  1.41  3.61  6.40  1.41
17  7.81  7.68  6.71  8.31  7.55 11.40 10.77  6.71  7.87  9.95  3.74  2.24  1.41  5.10  2.24  3.32
18  6.71  6.08  4.58  7.28  5.39  9.27  9.49  5.39  5.66  8.06  2.83  1.00  2.83  5.83  1.00  1.00  2.45
19  9.17  5.10  4.47  5.48  7.07  6.71  5.74  2.00  4.12  5.10  6.71  4.69  6.40  9.85  3.46  3.74  5.39  4.12
20  7.68  9.43  7.68 10.82  7.00 12.41 13.19  9.11  8.83 11.53  1.41  3.00  2.45  2.45  4.36  4.12  3.74  3.74  7.68
```

图 7.4　dist() 函数计算结果

接着在 R Commander 中依次选择“Statistics”→“Dimensional analysis”→“Cluster analysis”→“Hierarchical cluster analysis”，如图 7.5 所示。

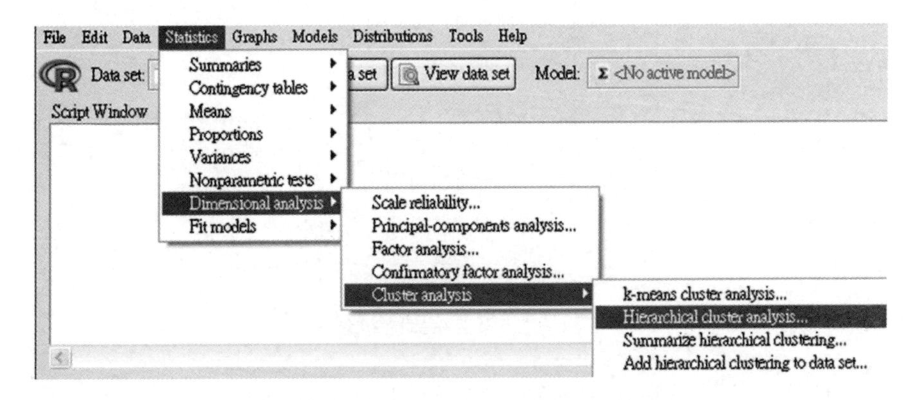

图 7.5　在 R Commander 中进行聚类分析

选择完毕后，将进入如图 7.6 所示的界面。在该界面中选择图 7.6 所示的选项，开始绘制树状图。

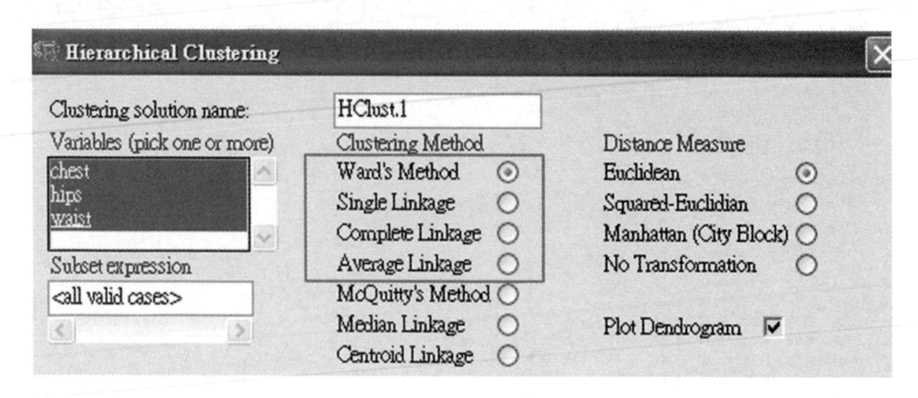

图 7.6　绘制树状图

根据图 7.6 所示的设定，即可绘制出如图 7.7 所示的树状图。本例使用的聚类算法为层次法中的华德法，而使用的距离测量算法则为欧氏距离计算变量间的距离。

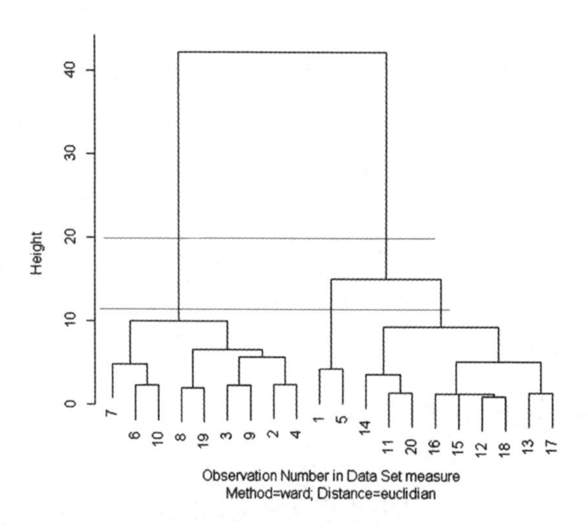

图 7.7　聚类结果树状图

使用层次法绘制的树状图，在分类时常使用画水平线的方法，但这种方法十分主观，并且没有客观依据作为参考。以图 7.7 为例，如果在高度等于 20 处画水平线，结果就分为两类；如果在高度等于 12 处画水平线，结果就分为 3 类。所以，这也是数据科学家们面对的一项挑战。

使用不同的聚类算法可以得到不同的树状图。图 7.8 所示为同一批变量分别使用单连接、全连接和平均连接法绘制的树状图，可以看出彼此间差别很大。在确定最终聚类结果时，必须依据专业知识，还要检验不同结果的合理性。

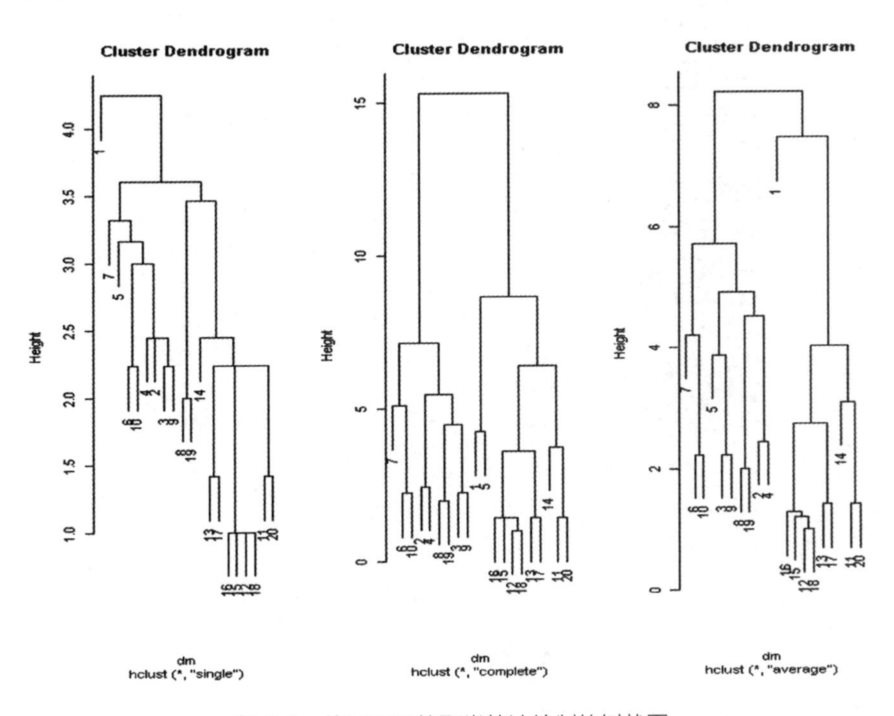

图 7.8　使用不同的聚类算法绘制的树状图

示例 2

下面再通过一个关于飞机喷射机分类的示例来讲解聚类分析算法。本例所用的数据文件名为 jet.RData，其中记录与飞机喷射机相关的信息，如图 7.9 所示。

	FFD	SPR	RGF	PLF	SLF	CAR
FH-1	82	1.468	3.30	0.166	0.10	no
FJ-1	89	1.605	3.64	0.154	0.10	no
F-86A	101	2.168	4.87	0.177	2.90	yes
F9F-2	107	2.054	4.72	0.275	1.10	no
F-94A	115	2.467	4.11	0.298	1.00	yes
F3D-1	122	1.294	3.75	0.150	0.90	no
F-89A	127	2.183	3.97	0.000	2.40	yes
XF10F-1	137	2.426	4.65	0.117	1.80	no
F9F-6	147	2.607	3.84	0.155	2.30	no
F-100A	166	4.567	4.92	0.138	3.20	yes
F4D-1	174	4.588	3.82	0.249	3.50	no
F11F-1	175	3.618	4.32	0.143	2.80	no
F-101A	177	5.855	4.53	0.172	2.50	yes
F3H-2	184	2.898	4.48	0.178	3.00	no
F-102A	187	3.880	5.39	0.101	3.00	yes
F-8A	189	0.455	4.99	0.008	2.64	no
F-104B	194	8.088	4.50	0.251	2.70	yes
F-105B	197	6.502	5.20	0.366	2.90	yes
YF-107A	201	6.081	5.65	0.106	2.90	yes
F-106A	204	7.105	5.40	0.089	3.20	yes
F-4B	255	8.548	4.20	0.222	2.90	no
F-111A	328	6.321	6.45	0.187	2.00	yes

图 7.9　jet.RData 文件中的数据

相关字段描述如下：

FFD 表示首次飞行日期。

SPR 表示功率重量比。

RGF 表示飞行距离因子。

PLF 表示有效载荷占飞机总质量的百分比。

SLF 表示持续载荷系数。

CAR 表示飞机是否能在航母上着陆。值为 no 表示不可以在航空母舰上着陆；值为 yes 表示可以在航空母舰上着陆。

我们只对本例中的 4 个变量进行分析。因为数据值差距过大，所以在分析前先将数据进行标准化处理，如图 7.10 所示。

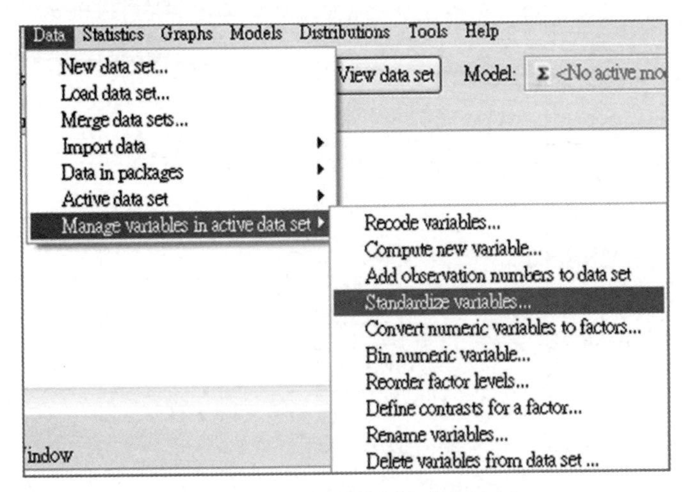

图 7.10　将数据进行标准化处理

根据 4 个变量对飞机喷射机进行聚类的树状图如图 7.11 所示，本图是使用全连接法得到的。

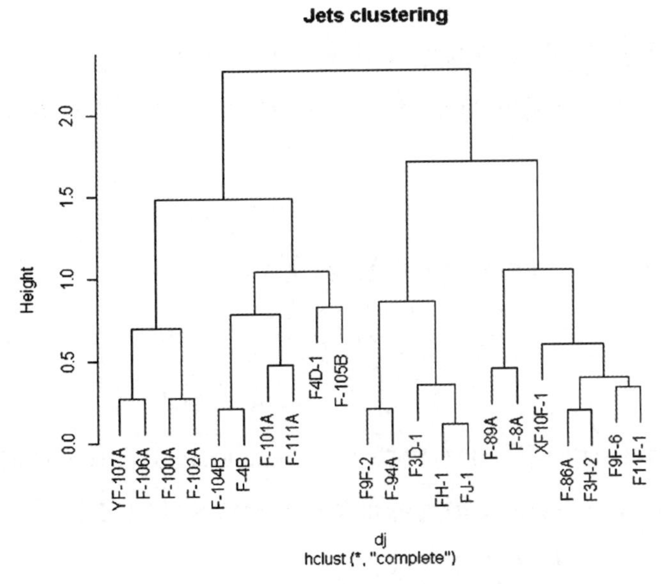

图 7.11　飞机喷射机聚类结果树状图

树状图绘制完毕后，再绘制根据主成分聚类的结果，如图 7.12 所示。

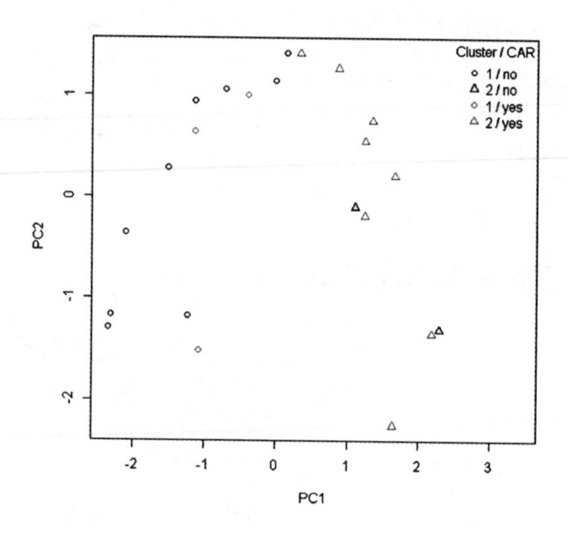

图 7.12　根据主成分聚类的结果

k 均值聚类算法

k 均值聚类算法的基本操作是：将多个变量分散在 k 个类内 $\{G_1,G_2,\cdots. G_k\}$，计算出每个经过聚类后的类中离均差平方和，公式如下：

$$\min.\ \mathrm{WGSS} = \sum_{j=1}^{q}\sum_{l=1}^{k}\sum_{i\in G_l}(x_{ij}-\bar{x}_j^{(l)})^2$$

$$\mathrm{where}\bar{x}_j^{(l)} = \frac{1}{n_i}\sum_{i\in G_l}x_{ij}$$

下面我们使用第 6 讲的数据文件 crime.Rdata，讲解 k 均值聚类算法。文件中包含 1986 年美国各州和华盛顿特区的犯罪率（每 10 万人中的犯罪人数），如图 7.13 所示。

	Murder	Rape	Robbery	Assault	Burglary	Theft	Vehicle
ME	2.0	14.8	28	102	803	2347	164
NH	2.2	21.5	24	92	755	2208	228
VT	2.0	21.8	22	103	949	2697	181
MA	3.6	29.7	193	331	1071	2189	906
RI	3.5	21.4	119	192	1294	2568	705
CT	4.6	23.8	192	205	1198	2758	447
NY	10.7	30.5	514	431	1221	2924	637
NJ	5.2	33.2	269	265	1071	2822	776
PA	5.5	25.1	152	176	735	1654	354
OH	5.5	38.6	142	235	988	2574	376
IN	6.0	25.9	90	186	887	2333	328
IL	8.9	32.4	325	434	1180	2938	628
MI	11.3	67.4	301	424	1509	3378	800
WI	3.1	20.1	73	162	783	2802	254
MN	2.5	31.8	102	148	1004	2785	288
IA	1.8	12.5	42	179	956	2801	158
MO	9.2	29.2	170	370	1136	2500	439
ND	1.0	11.6	7	32	385	2049	120
SD	4.0	17.7	16	87	554	1939	99
NE	3.1	24.6	51	184	748	2677	168
KS	4.4	32.9	80	252	1188	3008	258
DE	4.9	56.9	124	241	1042	3090	272
MD	9.0	43.6	304	476	1296	2978	545
DC	31.0	52.4	754	668	1728	4131	975
VA	7.1	26.5	106	167	813	2522	219
WV	5.9	18.9	41	99	625	1358	169
NC	8.1	26.4	88	354	1225	2423	208
SC	8.6	41.3	99	525	1340	2846	277
GA	11.2	43.9	214	319	1453	2984	430
FL	11.7	52.7	367	605	2221	4373	598

图 7.13　1986 年美国各州和华盛顿特区的犯罪率（部分）

在进行聚类分析前，先绘制散点图，以判断数据的离群情况，如图 7.14 所示。

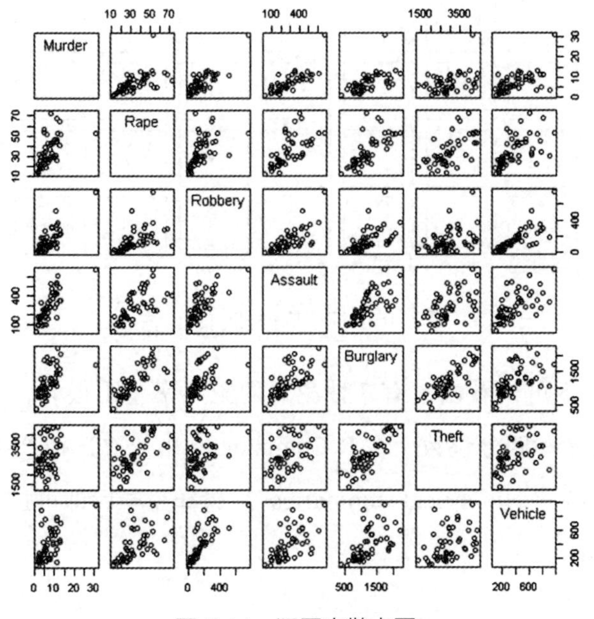

图 7.14　犯罪率散点图

要确定 murder 字段下是否有离群值，可以在 R Commander 中输入以下代码：

```
subset(crime,Murder>15)
```

再次绘制散点图，并用“+”标注出离群值，代码如下：

```
plot(crime, pch=c(".","+")[(rownames(crime)=="DC")+1],cex=1.5)
```

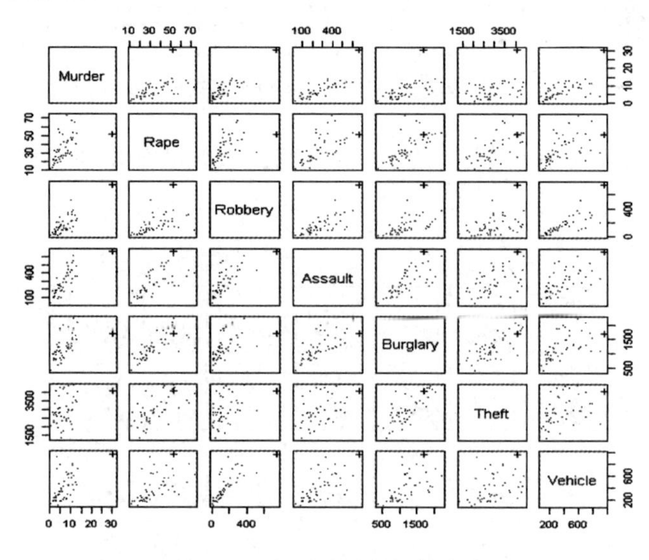

图 7.15　标注离群值的散点图

从图 7.15 可以看出，有 7 种犯罪的犯罪率差距很大，因此我们还要检测标准差和四分位数。在 R Commander 中依次选择“Statistics”→“Summaries”→“Numerical summaries”。选择完毕后即可进入如图 7.16 所示的界面。

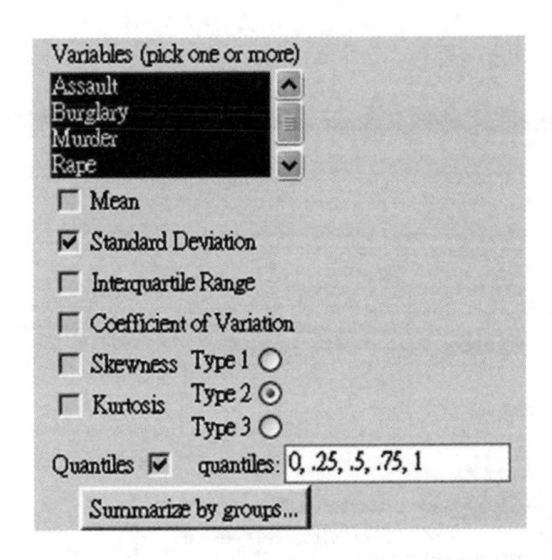

图 7.16　计算标准差和四分位数

计算结果如图 7.17 所示。

	sd	0%	25%	50%	75%	100%	n
Assault	148.338508	32.0	177.00	252.0	385.50	668.0	51
Burglary	421.797148	385.0	901.00	1159.0	1457.00	2221.0	51
Murder	4.816861	1.0	3.80	6.6	9.70	31.0	51
Rape	14.570940	11.6	23.45	30.5	43.75	72.7	51
Robbery	137.816437	7.0	69.00	112.0	207.00	754.0	51
Theft	763.421796	1358.0	2385.00	2822.0	3400.50	4373.0	51
Vehicle	223.623288	99.0	211.50	328.0	544.50	975.0	51

图 7.17　标准差和四分位数计算结果

从图 7.17 中可以看出，数据的标准差很大，表明方差很大，如果方差过大就不适合使用 k 均值聚类方法，所以需要先将数据进行标准化处理，代码如下：

```
rge<-sapply(crime,function(x)diff(range(x)))
crime_s<-sweep(crime,2,rge,FUN="/")
```

数据标准化后的结果如下：

Murder	Rape	Robbery	Assault	Burglary	Theft	Vehicle
0.16	0.24	0.18	0.23	0.23	0.25	0.26

经过标准化后的数据存储于 crime_s 对象中。接着我们使用 *k* 均值聚类算法对经过标准化的数据进行聚类分析，具体操作步骤如图 7.18 和图 7.19 所示。

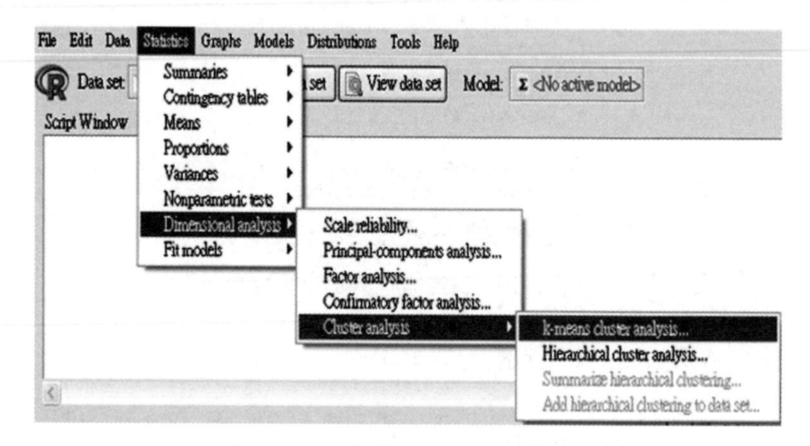

图 7.18 使用 *k* 均值算法进行聚类分析

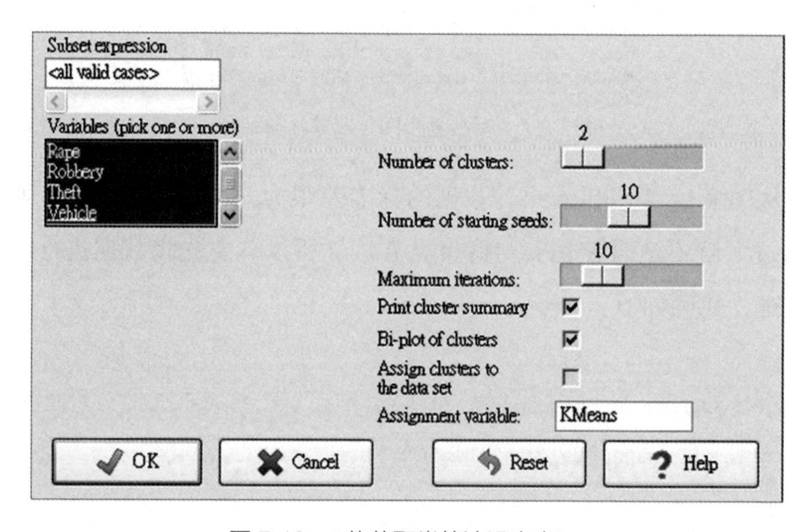

图 7.19 *k* 均值聚类算法设定窗口

点击“OK”按钮后，会生成相应的脚本代码，如图 7.20 所示。如果进行后续分析时仍需使用这些代码，可参照第 6 讲介绍的方法重用代码。需要注意的是，R Commander 执行聚类完成分析并输出结果后，会将对象移除，以便释放内存。

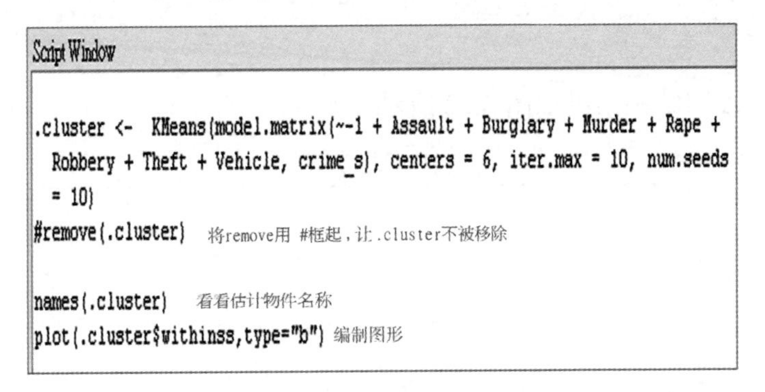

图 7.20　*k* 均值聚类分析脚本代码

图 7.20 中最后一行代码的作用是绘制聚类图，如图 7.21 所示。与主成分分析类似，代表犯罪类型的直线间的夹角越大，表示这两种犯罪类型相关性越低。从图中可以看出，Comp.2 是促成犯罪的主要原因。

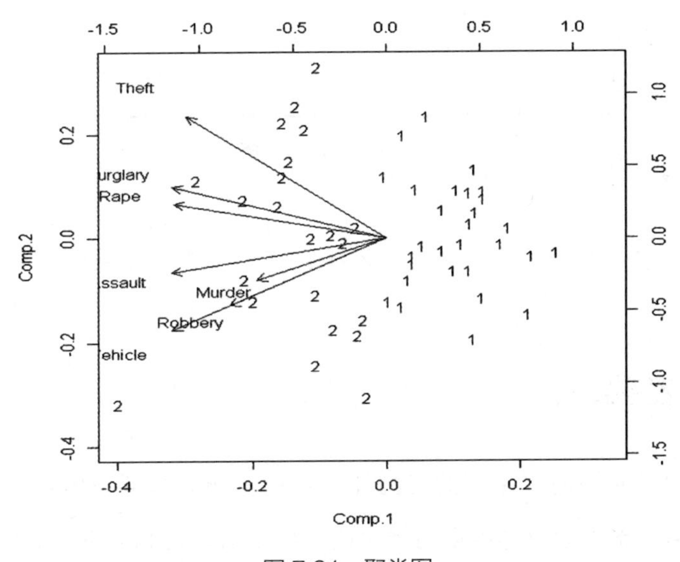

图 7.21　聚类图

下面 RCA 图代码如下：

```
crime_pca<-prcomp(crime_s)
plot(crime_pca$x[,1:2], pch=kmeans(crime_s,centers =2)$cluster)
```

RCA 图绘制结果如图 7.22 所示。

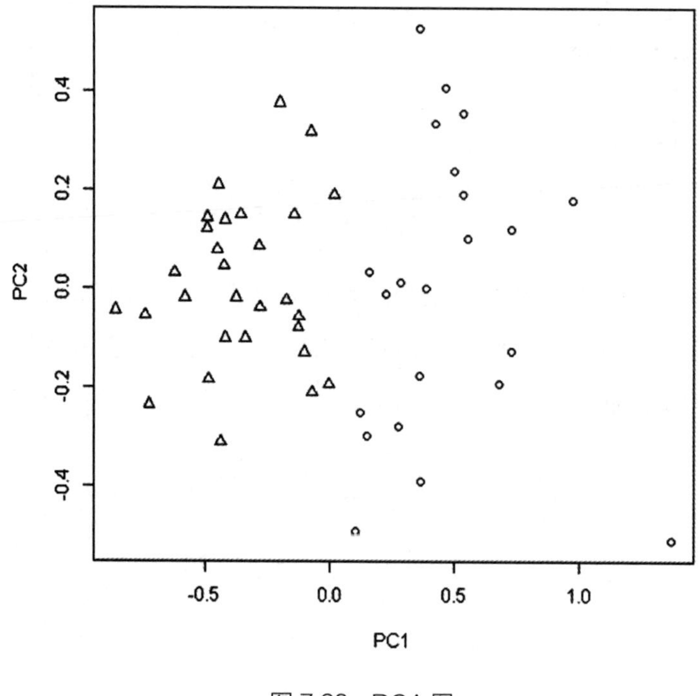

图 7.22　RCA 图

R 语言程序实战

本例仍使用前方用到的美国加利福尼亚州和华盛顿特区的犯罪率数据，但是聚类划分标准设为极大值减极小值，代码如下：

```
1.print(load("crime.RData"))
2.rangeDiff=sapply(crime, function(x)diff(range(x)))
3.x=sweep(crime,2,rangeDiff,FUN="/")
4.head(x)
```

代码说明

1. 加载 RData 文件并显示对象名称。
2. 计算各项犯罪率极大值和极小值的差。
3. 用前述数据重新修改 7 项犯罪率的尺度，用对象 x 存储新的犯罪率尺度，并用原始数据除以 rangeDiff。
4. 检验前 7 笔数据。

前 7 笔新数据如下：

	Murder	Rape	Robbery	Assault	Burglary	Theft	Vehicle
AK	0.29	1.19	0.12	0.63	0.63	1.3	0.69
AL	0.34	0.46	0.15	0.64	0.63	0.76	0.3
AR	0.27	0.47	0.11	0.44	0.56	0.76	0.22
AZ	0.31	0.7	0.23	0.69	1.04	1.44	0.48
CA	0.38	0.73	0.46	0.82	0.92	1.12	0.87
CO	0.23	0.69	0.19	0.52	0.98	1.4	0.55

下面使用 k 均值聚类法进行聚类分析，代码如下：

```
1.kmOut2=kmeans(x,2,nstart=20)
2.kmOut2$cluster
3.PCH=kmOut2$cluster
4.PCH[PCH==1]<-19
5.PCH[PCH==2]<- 24
6.CEX=kmOut2$cluster
7.CEX[CEX==1]<-1
8.CEX[CEX==2]<-2
9.plot(as.matrix(x),col=(kmOut2$cluster+1),main="K-means Clustering Results with
  K=2", xlab="", ylab="", pch=PCH, cex=CEX)
```

代码说明

1. 执行 k 均值聚类算法，将数据分为两个类。
2. 检验聚类标签。
3. 定义两个类的图示。

4. 定义类标签编号 1 为 19（实心圆）。
5. 定义类标签编号 2 为 24（三角形）。
6. 定义两个类的图示增大倍数。
7. 定义类标签编号 1 为 1 倍。
8. 定义类标签编号 2 为 2 倍。
9. 绘制聚类图，如图 7.23 所示。

使用 *k* 均值聚类算法进行聚类分析时，是从 1 开始编号，依次递增。下面我们来检验一下美国 51 个地方行政单位（50 个州 + 华盛顿特区）的聚类编号，如下所示：

AK	AL	AR	AZ	CA	CO	CT	DC	DE	FL	GA	HI	IA	ID	IL	IN	KS
2	1	1	2	2	2	1	2	1	2	2	1	1	1	2	1	1
KY	LA	MA	MD	ME	MI	MN	MO	MS	MT	NC	ND	NE	NH	NJ	NM	NV
1	2	2	2	1	2	1	1	1	1	1	1	1	1	2	2	2
NY	OH	OK	OR	PA	RI	SC	SD	TN	TX	UT	VA	VT	WA	WI	WV	WY
2	1	2	2	1	1	2	1	2	2	1	1	1	2	1	1	1

R 语言内置的 kmeans() 函数使用起来十分方便。对于最终要划分的类数，只需要在函数内部直接以数值的形式指定即可，如 kmeans(x,2)，代码如下：

```
kmeans(x,centers,iter.max=10,nstart=1,algorithm=c("Hartigan-Wong","Lloyd",
"Forgy","MacQueen"), trace=FALSE)
```

由于绘制聚类图时需要保持各行政单位图形的一致，所以程序代码第 7—9 行和第 10—12 行的作用是分别指定将 51 个地方行政单位划分为两类后的图示和放大倍数，这样可以提高图像的可视化程度，如图 7.23 所示。

图 7.23 所示为 51 个地方行政单位的聚类图。其中，*x* 轴和 *y* 轴表

示 Cluster Means，可以通过“kmOut2$centers”语句读取。

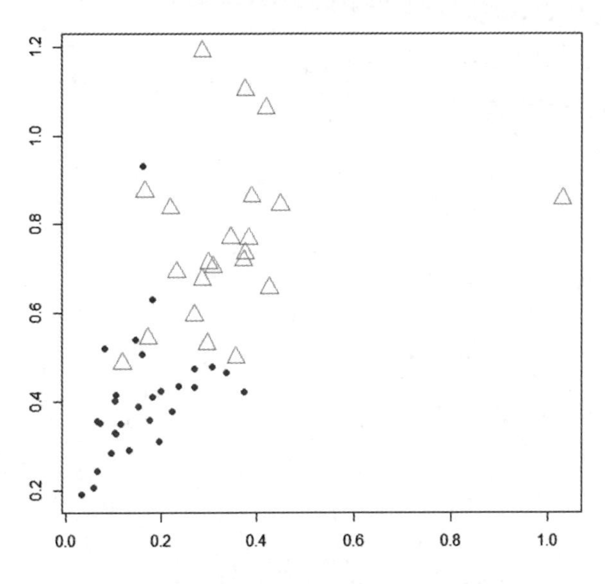

图 7.23　使用 k 均值聚类算法得到的聚类图

[练习]

检验 kmOut2 和 Available component 的输出结果。

接下来我们将上述示例中的数据分为三类，代码如下：

```
1.kmOut3=kmeans(x,3,nstart=20)
2.kmOut3$cluster
3.PCH=kmOut3$cluster
4.PCH[PCH==1]<-19
5.PCH[PCH==2]<-22
6.PCH[PCH==3]<-24
7.CEX=kmOut3$cluster
8.CEX[CEX==1]<-1
9.CEX[CEX==2]<-2
10.CEX[CEX==3]<-3
```

```
11.plot(as.matrix(x),col=(kmOut3$cluster+1),main="K-means Clustering Results with
   K=3",xlab="",ylab="",pch=PCH,cex=CEX)
```

代码说明

1. 执行 *k* 均值聚类算法，将数据划分为 3 类。
2. 检验聚类标签。
3. 定义 3 个类的图示。
4. 定义类标签编号 1 为 19（实心圆）。
5. 定义类标签编号 2 为 22（正方形）。
6. 定义类标签编号 3 为 24（三角形）。
7. 定义 3 个类的图示大小。
8. 定义类标签编号 1 为 1 倍。
9. 定义类标签编号 2 为 2 倍。
10. 定义类标签编号 3 为 3 倍。
11. 绘制聚类图，如图 7.24 所示。

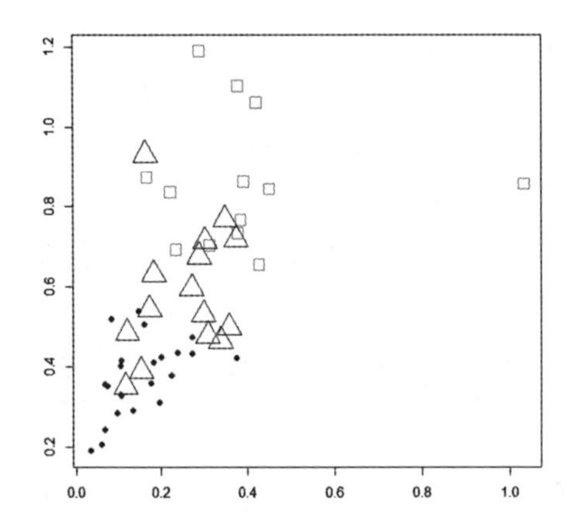

图 7.24　使用 *k* 均值聚类算法得到的聚类图（*k*=3）

从图中可以看出，图示的重叠度很高，因此将数据分为三类会对结果的解读造成困扰。数据科学常常会面对类似的问题，即处理问题没有标准方法，只能依赖分析者的经验和技术。

下面三行代码可以比较不同 nstart 值得到的聚类内平方和（Total Within-Cluster Sum of Squares，TWCSS）。*k* 均值聚类算法的作用在于求数据经过极小化处理后的聚类个数。nstart 参数的作用是控制聚类的个数，属于算法的一部分。

```
set.seed(3)
kmeans(x,5,nstart=1)$tot.withinss
kmeans(x,5,nstart=15)$tot.withinss
```

下面我们对这笔数据使用层次法进行聚类，代码如下：

```
1.hc.complete=hclust(dist(x), method="complete")
2.hc.average=hclust(dist(x), method="average")
3.hc.single=hclust(dist(x), method="single")
4.par(mfrow=c(1,3))
5.plot(hc.complete,main="Complete Linkage", xlab="", sub="", cex=.9)
6.plot(hc.average, main="Average Linkage", xlab="", sub="", cex=.9)
7.plot(hc.single, main="Single Linkage", xlab="", sub="", cex=.9)
8.par(mfrow=c(1,1))
```

代码说明

1. 使用全连接法进行聚类分析。
2. 使用平均连接法进行聚类分析。
3. 使用单连接法进行聚类分析。

4—8. 分别绘制使用三种算法得到的树状图，如图 7.25 所示。

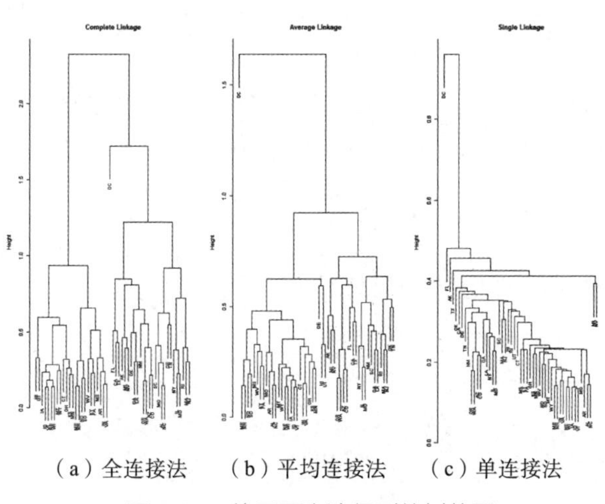

（a）全连接法　（b）平均连接法　（c）单连接法

图 7.25　使用层次法得到的树状图

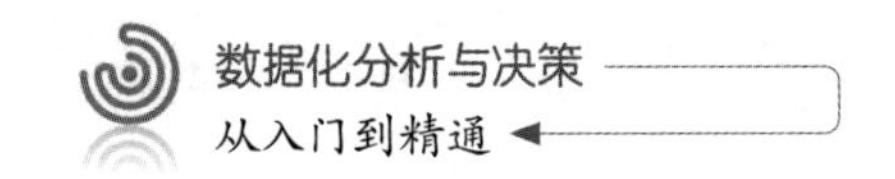

执行上述代码后得到的是经过标准化处理的树状图（Hierarchical Clustering with Scaled Features）。由于数据经过标准化处理，所以强调“with Scaled Features”。如果要得到将相关性作为变量距离的树状图，则需要输入以下代码：

```
dd=as.dist(1-cor(t(x)))
plot(hclust(dd,method="complete"),main="Complete Linkage with Correlation-Based
Distance", xlab="",sub="")
```

绘制结果如图 7.26 所示。

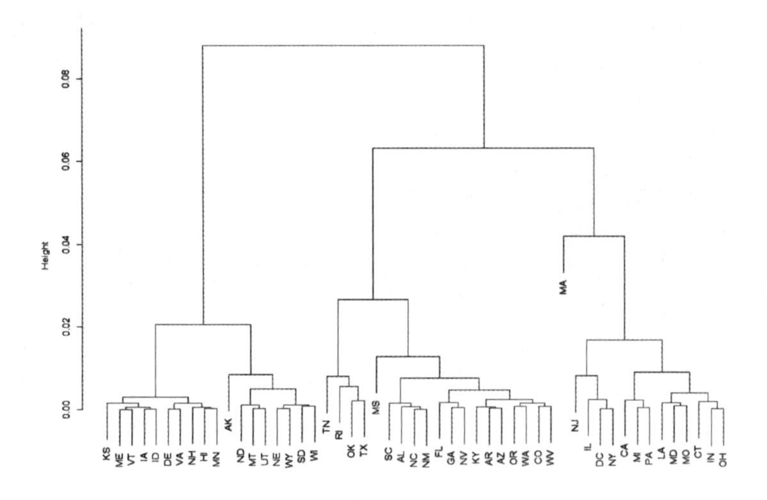

图 7.26　将相关性作为变量距离的树状图

上述两种聚类算法的结果正确率可以用前述提到的画水平线的方法初检，如需进一步检验，则应输入以下代码：

```
>table(cutree(hc.complete,2),kmOut2$cluster)
```

结果如下：

	1	2
1	22	5
2	0	24

从上表可以看出，无论使用哪种聚类算法，都有 22 个行政单位被分到第一类中，24 个行政单位被分到第二类中。也就是有 46 个行政单位的聚类结果一致，另外 5 个行政单位的聚类结果不一致。

分析大数据时需要注意的问题

聚类分析是一种应用相当广泛的技术。然而，聚类分析的结果却不能完全相信或采纳，因为有很多细节需要进一步分析。例如，使用层次法聚类时，对于差异度测量和聚类算法的选择必须仔细考量，另外，树形图的水平线位置也要有所考量。还要对比上述不同的做法会不会影响聚类结果。如果有影响，就必须谨慎考虑，不断实验，才能找出对决策有价值的信息。虽然 k 均值聚类算法比较合理且应用广泛，但是其仍需要预先指定类的数目，这也是一个值得思考的问题。另外，两类聚类方法都要求将所有变量进行聚类，这样就会出现“强迫聚类”的情况。如果变量中有离群值，即某个变量不属于任何一类，那么强制将其分入某类对结果会造成一定的影响。所幸的是，能包容离群值的聚类算法可以解决这个问题，如改进的 k 均值聚类算法。

通常情况下，多数聚类算法的稳健性均不佳。除了离群值的影响，使用不同的聚类算法得到的结果往往不同；并且变量的增减也会导致聚类结果出现很大的差异。商家如果想根据聚类结果分析顾客行为，并据此做出营销决策，就要非常谨慎，因为不稳健的结果给决策造成的损失是难以估计的。

简单地说，对数据进行聚类分析时，必须力求结果稳健才能获得较为准确的结果，进而帮助制定决策，绝不能牵强附会地解读结果。

平台经济的数据决策

IPO 之后，社交平台 Snapchat 的股票价格曾突破 25 美元，但是之后就持续走低。2018 年 5 月 1 日更是在 14 美元附近收盘，下降的趋势非常明显，还在 2018 年 6 月 28 日跌至 13 美元。在社交平台被 Facebook 和 Twitter 两大巨头占领优势后，要在该领域重夺领先地位是非常困难的，因为网络外部性（Network Externalities）带来的移转成本（Switching Cost）会导致会员人数增长受限，这也是 Snapchat 股票价格不被看好的原因之一，当年 Twitter 也曾陷入这样的危机。

社交平台和电子商务平台是大数据应用领域的重要组成部分，但是它们聚焦于完全不同的关注点。社交平台以注册会员数的增长量为关注焦点，也就是所谓的前台行为数据，而电商平台必须注重注册会员的实际行为，也就是所谓的后台交易数据。但是，对于两类平台来说，将前台和后台数据整合后整体考虑是非常有必要的。

目前不少实体书店纷纷开设了电子商务平台，但是一段时间后发现，注册人数持续增加，浏览量也随之增加，但下单数量却没有同步提升，数据分析师正苦于分析为什么会出现这样的情况。

大数据分析的一个关键就是数据整合。以电子商务平台为例，必须将前端行为数据和后台交易数据整合。也就是说，在向顾客售卖商品的同时必须不断提出问题，如重复光顾的顾客（回头客）一般在店铺中浏览的时间有多长？普通顾客和注册会员的购买行为差距大吗？注册会员中有多少是没有购买过商品的？如果能明确会员顾客的消费行为，再通过定制化方法提升他们的购物体验，那么商业决策的成功概率会大大提高。

上述案例反映了数据整合的重要性。在对大数据进行分析的过程中，很多工作是独立进行的，没有将数据整合起来，甚至在数据库设计过程中使用不同的编码方式，会给数据整合带来很大的困难。

第8讲

决策树

你给我数据，我给你写文章

Narrative Science（叙事科学）是一家专注于自然语言处理（Natural Language Processing，NLP）的公司，如图 8.1 所示，成立于美国芝加哥市。Narrative Science 创业初期专注于新媒体行业，主要工作是通过算法和人工智能技术自动生成新闻稿，针对的是体育领域，目前已经延伸至财经领域。Narrative Science 公司使用自然语言生成（Natural Language Generation，NLG）系统处理业务。自然语言生成系统通过使用机器学习算法，从数据库中提取适合的数据，将它们改编为各种类型的故事。令人惊奇的是，这些编出来故事几乎和人工书写的风格一致。

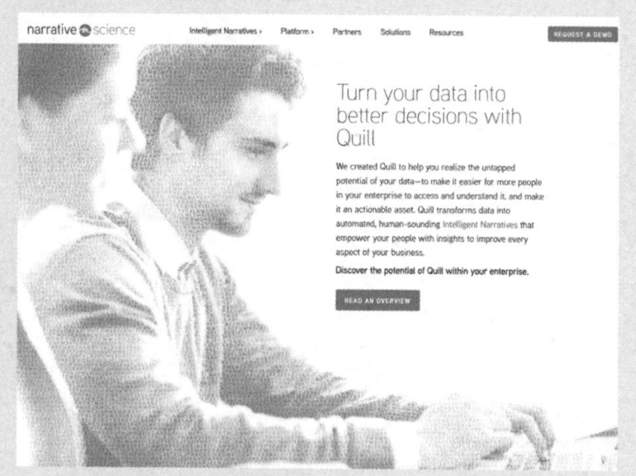

图 8.1　Narrative Science 公司官网界面

叙事工作并不轻松，尤其在数据经济时代，任何叙述对象的背后都涉及大量专业数据图表，要经过分析与转化后才能作为撰文的素材，而且还要求人们能够读懂文章。例如，近几年 Facebook 风波不断，股票价格持续走低，如果此时要撰写关于 Facebook 财务情况的文章，就要完全理解 Facebook 的财务报表数据，再将这些数据反映的问题体现在文章中，让人们一目了然，但这是很困难的。Narrative Science 专门开发了 Quill 平台来完成写文章这项工作。Quill 平台能够将得到的图表或统计数据转化成文字，并用通俗易懂的语言（英文）风格进行写作。而 Quill 平台产出的文章正是各大媒体需要报道的内容。Narrative Science 可以针对不同的产业类型量身定制文章，也可以针对特定公司制作内部文件。它的主要客户除了福布斯杂志，还有万事达信用卡公司与英国公立医疗系统（UK National Health Service）。客户只要将统计或图表数据交给 Narrative Science 公司，Quill 平台就会自动生成所需的文章。

虽然在 Quill 平台中生成的文章质量很好，但是近两年来已经没有以 Narrative Science 为作者的文章了，原因尚不清楚，或许由于读者不喜欢花钱看由机器写的文章。因此，福布斯杂志将由 Narrative Science 公司撰写文章的工作放到了幕后，表面上看，这些文章还是人工撰写的。

决策树的概念

数据分析环节中很重要的一项工作就是预测建模（Predictive Modeling）。预测建模常用的方法是建立决策树（Decision Tree）。决策树是一种树形模型，可简称为“树”。决策树的建立需要被解释变量，根据被解释变量的类型，可以将决策树分为两类，分别是分类树（Classification Tree）和回归树（Regression Tree）。其中，分类树中的被解释变量是二元或多元类型的，回归树中的被解释变量是连续型的。

决策树的分类原理

决策树的执行需要借助多个“if-then”逻辑条件（如果……，则……），让解释变量（又称预测变量）能够解释（预测）被解释变量（又称目标变量）。决策树的树根在上方，树叶在下方，每个决策端或事件端（又称自然状态）都可能生出两个或多个不同的事件端，根据这种决策结构画出的图形很像一棵树，故称其为决策树。例如，银行在判断是否为房贷申请人发放白金卡时，会考虑申请人的自身情况，如果申请人满足以下条件，则可以为其发放白金卡：

1. 申请人每月交付的房贷占其月收入的 25% 以下；
2. 申请人迟缴房贷时间少于 1 个月；
3. 申请人月收入高于 1.25 万元。

根据上述判定过程，可以画出如图 8.2 所示的决策树。

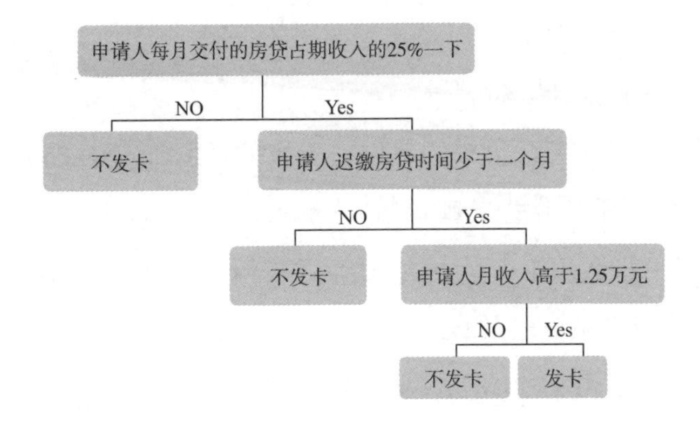

图 8.2　银行是否发放白金卡的决策树

再看一个顾客购买自行车的案例。一位自行车店老板总结了最近接触过的 1 200 名顾客购买自行车的情况。其中，购买过自行车的顾客有 289 名，这位老板想根据顾客的年龄找出潜在购买自行车的顾客，画出的决策树图 8.3 所示。

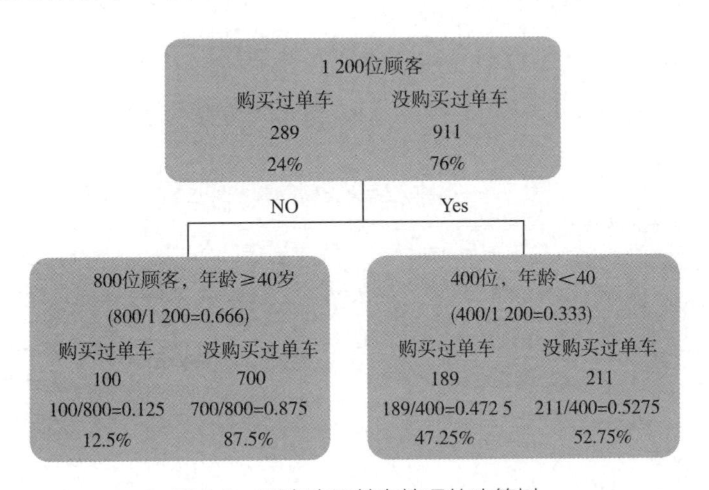

图 8.3　顾客购买单车情况的决策树

从上述两个示例可以看出，决策树属于监督学习，因为每次决策都是通过已知的情况，对要预测的结果做类似开枝散叶的运算。决策树的执行过程与主成分分析或聚类分析有很大的不同，主成分分析或聚类分析不依靠已知条件对特定结果进行分类，但决策树必须依据已知条件来“开枝散叶”。

在顾客是否购买自行车的案例中，如果要判断 40 岁是否为一个正确的临界值，可以借助于熵指数（Entropy Index）或基尼指数（Gini Index）。基尼指数用于衡量决策树的不纯度（Impurity），即样本中某个变量在决策树中被分错的概率。换句话说，能使基尼指数最小的值就是临界值。对于图 8.3 所示的决策树，其基尼指数的计算过程如下：

$$\text{Gini index}=0.333\times0.4725\times(1-0.4725)+0.666\times0.125\times(1-0.175)=0.154$$

所以，决策树中非常关键的一项操作就是根据各种已知条件（对于上例即为年龄）计算基尼指数。基尼指数是在 CART 算法中使用的，而 ID3 算法主要以信息增益（Information Gain，IG）为基础，构造决策树，也就是计算熵指数。

常用的构造决策树的算法有 4 种，分别是 QUEST 算法、CART 算法、CHAID 算法和 C4.5 算法，它们之间的区别如表 8.1 所示。

表 8.1　4 种构造决策树的算法的区别

比较项目	算法			
	QUEST	CART	CHAID	C4.5
解释变量	连续型 / 分类型	连续型 / 分类型	分类型	连续型 / 分类型
分支数目	2 个	2 个	2 个以上	连续型 2 个以上；离散型 2 个
分支依据	卡方检验或 F 检验	基尼指数	卡方检验	信息增益率
是否支持设定分类先验概率	是	是	否	否

续表

比较项目	算法			
	QUEST	CART	CHAID	C4.5
树剪枝	测试样本或交叉验证	测试样本或交叉验证	Stopping Rules	分支与剪枝同时进行
处理缺失值方式	内插法或代理变量	代理变量	缺失值单独分支	使用概率加权

读者可能会存在这样的疑问：究竟决策树和广义线性模型中的逻辑回归有什么不同？其实二者的思想是基本一致的，都是基于样本内估计预测和样本外预测的分析。不同之处在于，广义线性模型的分析过程是以方程为基础的，而决策树的分析过程建立在多个“if–then”结构的基础上。

R Commander 项目实战

R Commander 中没有加载决策树的宏，但是提供了一个 rattle 包，它是专门用于做数据挖掘工作的图形交互界面。在 R 语言中，决策树的构造过程使用了递归分割方法（Recursive Partitioning Approach）。传统决策树构造算法，如 CART、ID3 使用的是 rpart() 函数，条件决策树（Conditional Tree）构造算法使用的是条件推理框架（Conditional Inference Framework）和分类技术（Ensemble Approaches），如推进（Boosting）算法和随机森林（Random Forests）算法，使用这两种算法构造的决策树与单一决策树相比，偏差和方差较低。

安装 rattle 包的代码如下：

```
install.packages ( "rattle" )
```

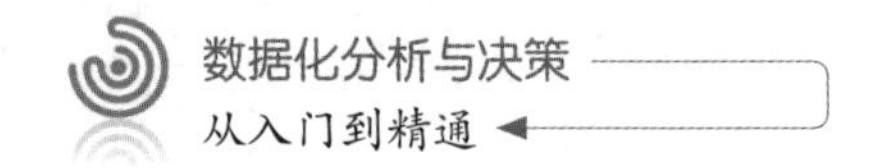

rattle 包安装完毕后，在 R Commander 中加载 rattle 包，代码如下：

```
library(rattle)
```

在 rattle 包加载完毕后，调用 rattle() 函数即可将其启动。本书在附录 B 部分对 rattle 包的功能进行了详细说明。

此处使用的示例数据文件名为 HMDA.CSV，其中包含美国某银行回应房贷申请者（DENY=1）申请请求结果的记录，将其在 rattlo 中打开，如图 8.4 所示。

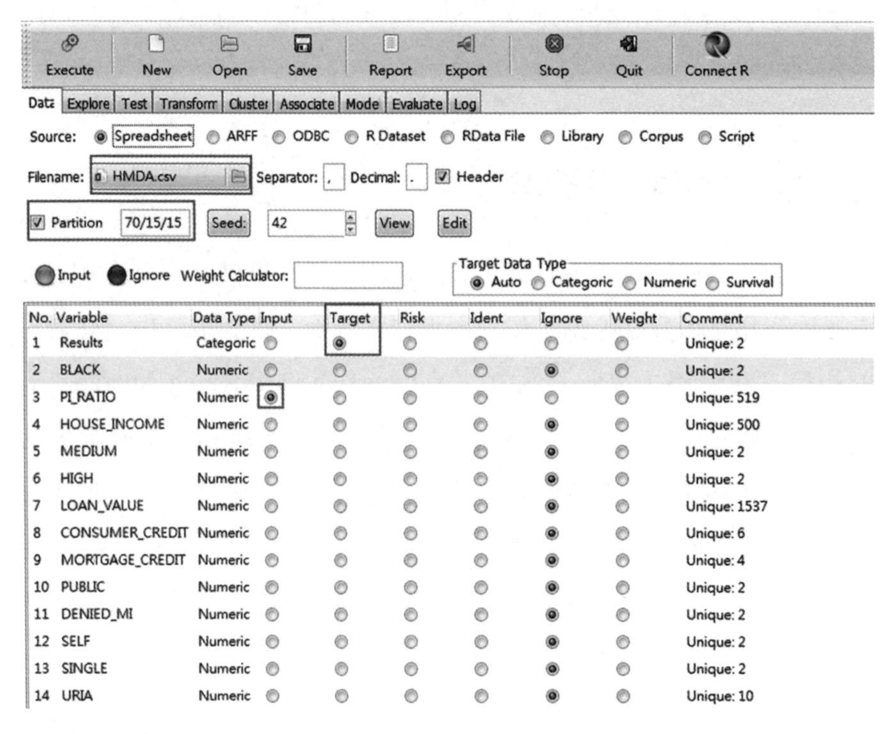

图 8.4　rattlo 可视化图形界面

相关字段说明如下：

Results 表示申请者是否被拒绝，值为 Reject 表示申请被拒绝；值为 Accept 表示申请被接受。Results 是本例的目标变量。

BLACK 表示申请者是否是黑人，值为 1 表示申请者是黑人，值为 0 表示申请者不是黑人。

PI_RATIO 表示申请者每月房贷占总收入的比例。

HOUSE_INCOME 表示房价收入比。

MEDIUM 表示贷款价值比，值为 1 表示贷款价值比介于 0.8 与 0.95 之间。

HIGH 表示高贷款价值比，值为 1 表示贷款价值比≥ 0.95。

LOAN_VALUE 表示贷款价值比，即贷款金额与房屋价格的比值。

CONSUMER_CREDIT 表示申请人消费者信用评分。

MORTGAGE_CREDIT 表示申请人房贷综合信用评分。

PUBLIC 表示申请人是否有不良信用纪录，值为 1 表示申请者有不良信用纪录。

DENIED_MI 表示申请人房贷保险是否被拒绝，值为 1 表示申请人房贷保险被拒绝。

SELF 表示申请人是否为自雇者，值为 1 表示申请人是自雇者。

SINGLE 表示申请人是否单身，值为 1 表示申请人单身。

URIA 表示申请者工作所属产业的失业率。

传统决策树

我们先构造一棵简单的决策树，根据 PI_RATIO 字段下的数据，将申请者是否被银行拒绝进行分类，具体操作如图 8.5 所示。这里我们按 70:15:15 的比例对数据进行分割。

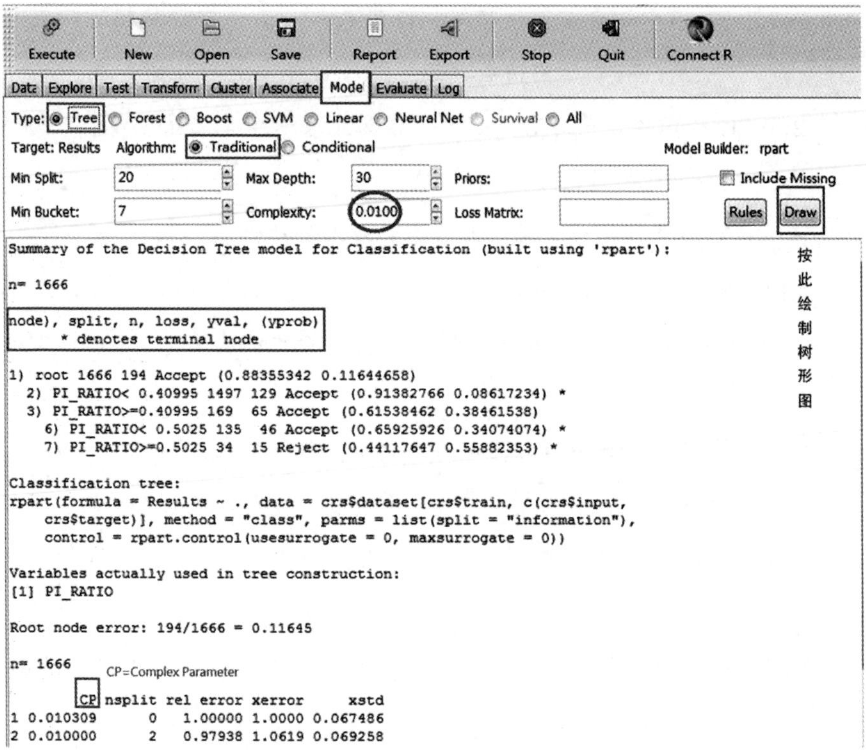

Execute New Open Save Report Export Stop Quit Connect R

Data Explore Test Transform Cluster Associate Model Evaluate Log

Type: Tree Forest Boost SVM Linear Neural Net Survival All

Target: Results Algorithm: Traditional Conditional Model Builder: rpart

Min Split: 20 Max Depth: 30 Priors: Include Missing

Min Bucket: 7 Complexity: 0.0100 Loss Matrix: Rules Draw

按此绘制树形图

```
Summary of the Decision Tree model for Classification (built using 'rpart'):

n= 1666

node), split, n, loss, yval, (yprob)
      * denotes terminal node

1) root 1666 194 Accept (0.88355342 0.11644658)
  2) PI_RATIO< 0.40995 1497 129 Accept (0.91382766 0.08617234) *
  3) PI_RATIO>=0.40995 169  65 Accept (0.61538462 0.38461538)
    6) PI_RATIO< 0.5025 135  46 Accept (0.65925926 0.34074074) *
    7) PI_RATIO>=0.5025 34  15 Reject (0.44117647 0.55882353) *

Classification tree:
rpart(formula = Results ~ ., data = crs$dataset[crs$train, c(crs$input,
    crs$target)], method = "class", parms = list(split = "information"),
    control = rpart.control(usesurrogate = 0, maxsurrogate = 0))

Variables actually used in tree construction:
[1] PI_RATIO

Root node error: 194/1666 = 0.11645

n= 1666
          CP=Complex Parameter
        CP nsplit rel error xerror     xstd
1 0.010309      0   1.00000 1.0000 0.067486
2 0.010000      2   0.97938 1.0619 0.069258
```

图 8.5 构造决策树

在图 8.5 中，第三行调用了 rpart() 函数，具体如下：

```
node),split,n,loss,yval,(yprob)
```

其作用是让分析人员明确第五行至第九行代码是如何构造决策树的，相关字段说明如下：

node 表示节点编号。

split 表示节点名称。

n 表示节点分支总数。

loss 表示当前节点内被错误分类的数据个数。

yval 表示当前节点内预设的目标数据值，如 Accept。

yprob 表示当前节点内目标值 yval 和其他目标值的比值。

以第五行为例，代码如下：

```
1) root 1666 194 Accept (0.88355342 0.11644658)
```

上述代码可解读为：当前分析的是第 1 个节点，也就是根节点，共包含 1 666 个数据，其中有 194 个错误值，而正确值为 Accept，正确值所占比例为 0.88 355 342，错误值所占比例为 0.11 644 658。

在构造决策树的过程中，必须观察各节点所含的数据个数，适当进行修剪。如果一个节点所含的数据个数太少，可先将其修剪，再并入其他节点中，这样做的好处是提高决策树的精度和可理解性。

每个节点最下方的复杂性参数（Complex Parameter，CP）是用于修剪决策树的，其值表示决策树的最低效益（Minimum Benefit），本例设为 0.01，如上方圆圈处所示。如果将该值设为 0，表示当前构造的决策树不进行任何修剪，并且仅根据 Max. Depth = 30 这个条件进行构造。rpart() 函数会依据复杂性参数构造最优决策树。

上述代码输入完毕后，点击右上角的“Draw”按钮，即可构造出决策树，如图 8.6 所示。

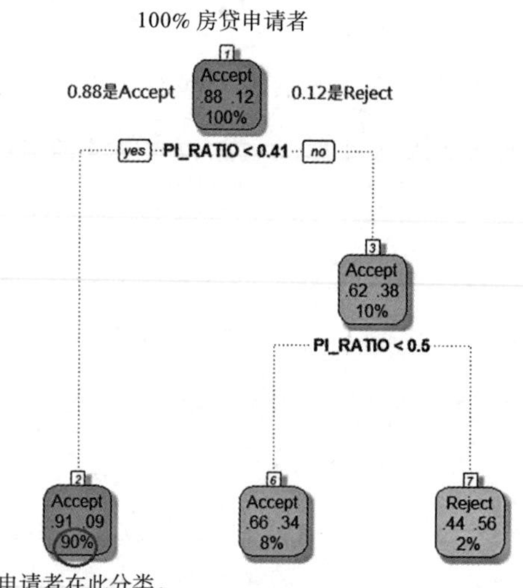

图 8.6　决策树构造结果

下面我们将 BLACK 字段下的数据引入，重新构造决策树，如图 8.7 所示。

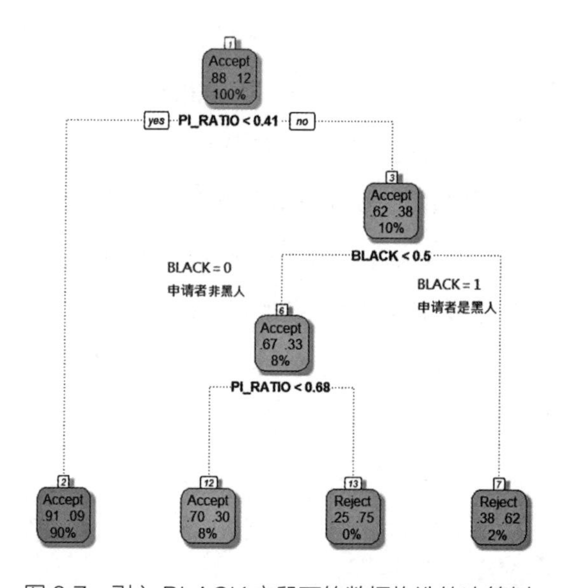

图 8.7　引入 BLACK 字段下的数据构造的决策树

从图 8.7 可以看出，一旦申请人的 PI_RATIO 值小于 0.41，其是否遭到拒绝就与人种无关。传统决策树的分析通常会出现两方面问题，分别是过度拟合（Over-Fitting）和选择偏差（Selection Biases），尤其当数据有很多种类型时，上述问题会更加严重。造成这种问题的原因在于，传统决策树在构造过程中，没有使用任何统计方法来检测特定数据带来信息增益的差异是否显著，所幸的是条件决策树（Conditional Inference Tree）解决了上述问题。条件决策树考虑了数据的分布性质（Distributional Properties），优化了决策树的结构。

条件决策树

下面我们仍然使用上例数据，构造一棵条件决策树。依照图 8.8 所示填入相应选项，点击“Draw”按钮，即可构造如图 8.9 所示的决策树。

在图 8.9 所示的决策树中，每个节点都会对分类结果进行检测。如果 P 值足够小，就拒绝无效的分类。对比两种决策树可以发现，它们之间存在很大的不同。经典决策树先根据 PI_RATIO 字段下的值将数据分为两类，然后再根据 BLACK 字段下的值进行分类，而条件决策树先进行统计检测，将申请人依照 BLACK 字段下的值分为两类，再依照 PI_RATIO 字段下的值进行分类。从图 8.9 中可以看出，申请人是否是黑人与房贷申请是否会被拒绝有明显的关系。

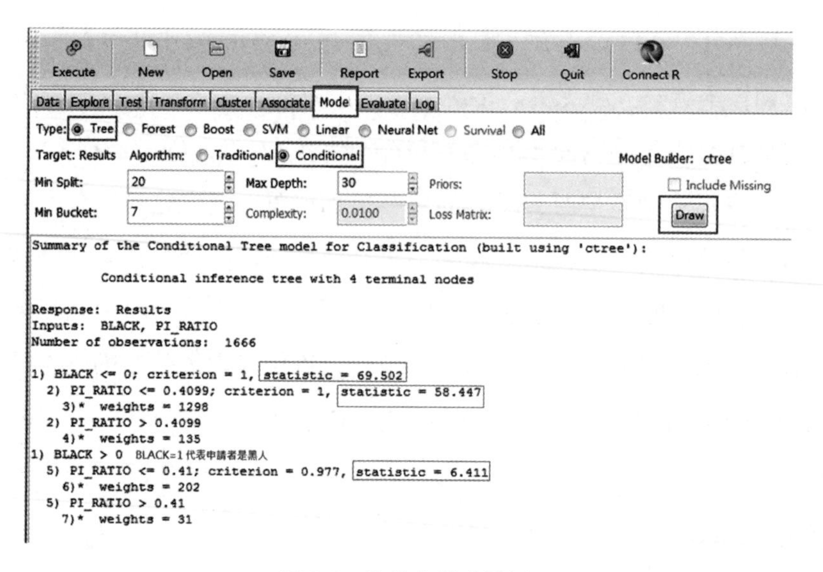

图 8.8 构造条件决策树

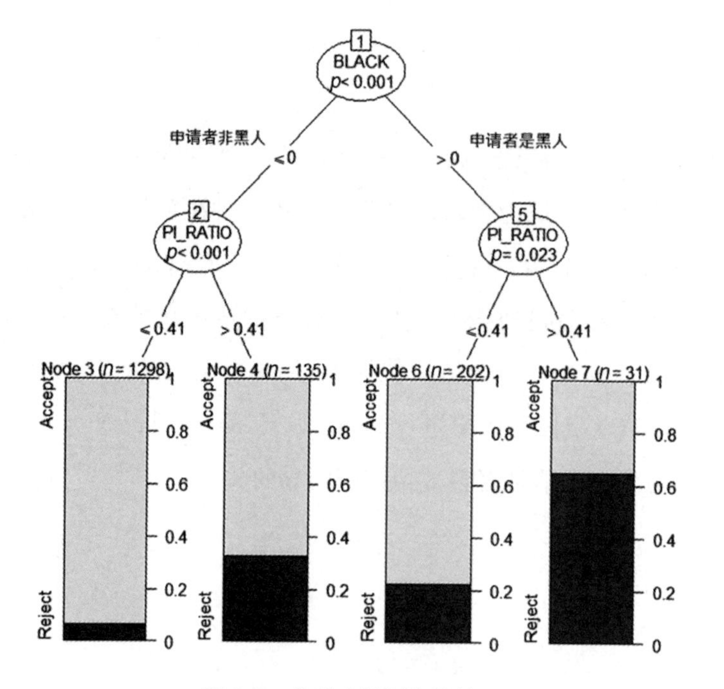

图 8.9 条件决策树构造结果

［练习］

依次增加 SINGLE 和 URIA 字段下的数据，分别构造经典决策树和条件决策树，并比较结果。

剪枝（Pruning）是让决策树停止分支的一种方法，剪枝可分为预剪枝和后剪枝两种。预剪枝是指在决策树的构造过程中设定一个指标，如果决策树达到这个指标就停止构造。预剪枝的缺点是容易产生“视界局限”，即一旦决策树停止分支，会使得某个可能继续分支的节点成为叶节点，断绝了其后继节点生出“好”的分支的可能性。简单来说，预先剪枝可能让已停止的分支误导学习算法，使得决策树在纯度最低的地方非常靠近根节点。

后剪枝是指让决策树充分生长，直到叶节点都有最小的不纯度值为止，这样能够克服视界局限。然后考虑是否消去所有相邻的成对叶节点，如果消去后能出现令人满意的不纯度增长，那么就可以消去，并令它们的公共父节点成为新的叶节点。这种合并叶节点的做法和节点分支的过程恰好相反，经过剪枝后，叶节点常常会分布在宽度很大的层上，决策树也会变得不平衡。后剪枝技术的优点是克服了视界局限，而且无须保留用于交叉验证的部分样本，所以可以充分利用全部训练集。但后剪枝的计算量比预剪枝大得多，特别是在大样本集中。不过对于小样本集来说，后剪枝还是优于预剪枝的。

相较于其他数据挖掘技术，决策树具有以下优势：

1. 决策树易于理解和实现。在经过适当的解释后，决策树所表达的决策含义和操作意义很容易理解。
2. 在构造决策树，数据准备工作往往是非常简单的，而其他技术往往要先将数据进行标准化处理。

3. 能够同时处理连续型数据和分类型数据，而其他技术通常只能处理一种类型的数据。
4. 容易通过静态测试来评价模型，即可以测试模型的可信度。
5. 能够在相对较短的时间内得出可行且效果好的方案。

R 语言程序实战

下面我们通过一个程序来讲解构造和分析决策树的过程。首先输入构造决策树的原始数据及要用到的函数，代码如下：

```
1.source("trainingSamples.src")
2.library(rpart)
3.dataset=read.csv("HMDA.csv")
4.head(dataset)
5.dataset$subSample=trainingSamples(dataset,Training=0.7, Validation=0.15)
6.table(dataset$subSample)
7.Formula=as.formula("DENY ~ PI_RATIO+BLACK")
```

说明

1. 加载 trainingSamples 源文件。
2. 加载 rpart 包。
3. 读取所要分析的数据，并存入 dataset 对象中。
4. 检验前 6 笔数据。
5. 调用 trainingSamples() 函数，在 dataset 对象中建立一个子样本索引 subSample，0.7 表示训练样本（Training），0.15 表示确认样本（Validation）。
6. 检验 subSample 索引。
7. 建立决策树公式，目标变量为 DENY。

从构造公式可以看出，其中新增了一个字段 subSample，里面随机传递了 3 个参数，分别是 Validation、Holdout 和 Training，具体如下：

```
>head(dataset[,c(1,2,3,15)])
  DENY   BLACK  PI_RATIO  subSample
1 Accept      0     0.221  Validation
2 Accept      0     0.265     Holdout
3 Accept      0     0.372  Validation
4 Accept      0     0.320    Training
5 Accept      0     0.360  Validation
6 Accept      0     0.240    Training
```

下面我们就可以在这笔数据中选取部分数据来构造决策树，再用 Validation 参数验证结果。从以下代码及输出结果中可以看出产生的文字个数是否符合百分比。

```
>table(dataset$subSample)
Holdout    Training   Validation
   357       1666        357
```

接着构造决策树，代码如下：

```
8.fit=rpart(Formula,data=dataset,cp=0.01,subset=subSample=="Training")
9.rattle::drawTreeNodes(fit)
10.post(fit,file="")
11.rattle::fancyRpartPlot(fit,sub=NULL,palettes="Oranges",type=1)
12.plotcp(fit,minline=TRUE,lty=3,col=1,upper=c("size","splits", "none"))
13.par(mfrow=c(2,1));rsq.rpart(fit);par(mfrow=c(1,1))
```

代码说明

8. 构造决策树并将结果存储于 fit 对象中。
9. 使用 rattle 内置的 drawTreeNodes() 函数绘制树形图，如图 8.10 所示。
10. 将树形图进行加工，如图 8.11 所示。

11. 使用 rattle 内置的 fancyRpartPlot() 函数构造决策树，如图 8.12 所示。该函数内置的颜色参数很多，如 "Greys" 和 "Oranges"，可以自行更改读者 type 参数值，比较差异。
12. 绘制 CP 诊断图，如图 8.13 所示。
13. 绘制完整的 CP 诊断图，如图 8.14 所示。

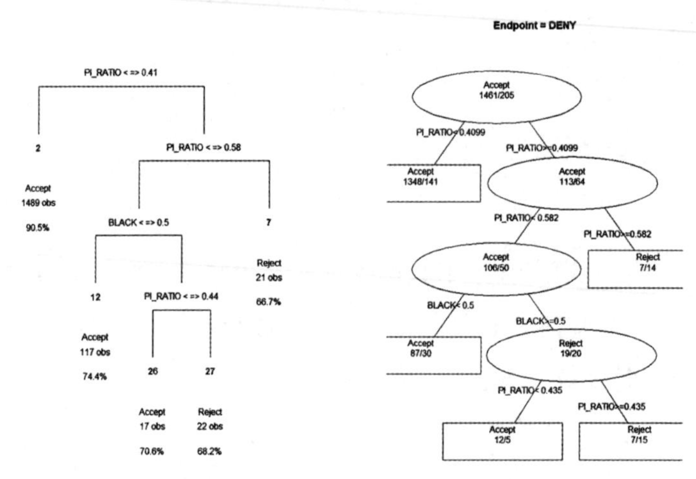

图 8.10　使用 dravv TreeNodes() 函数构造的树形图

图 8.11　加工后的树形图

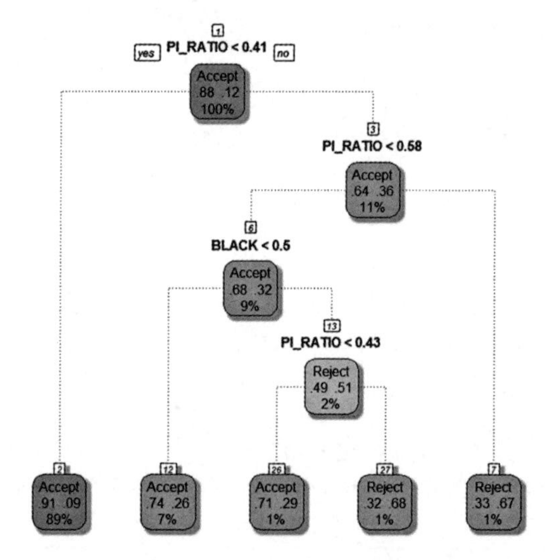

图 8.12　使用 fancyRpartPlot() 函数构造的决策树

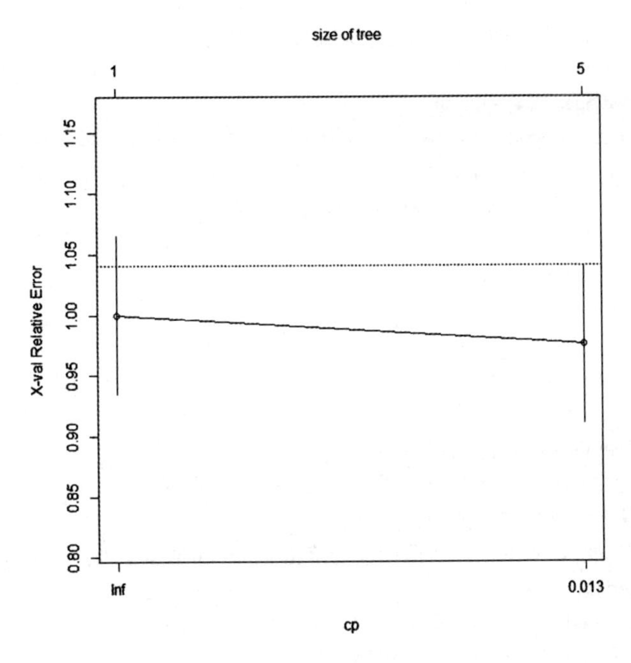

图 8.13　CP 诊断图

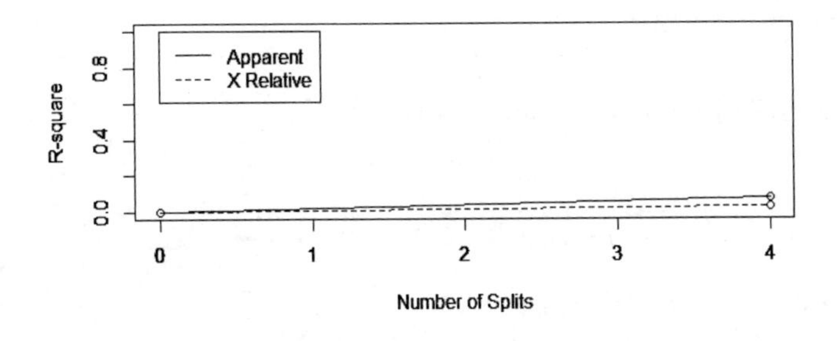

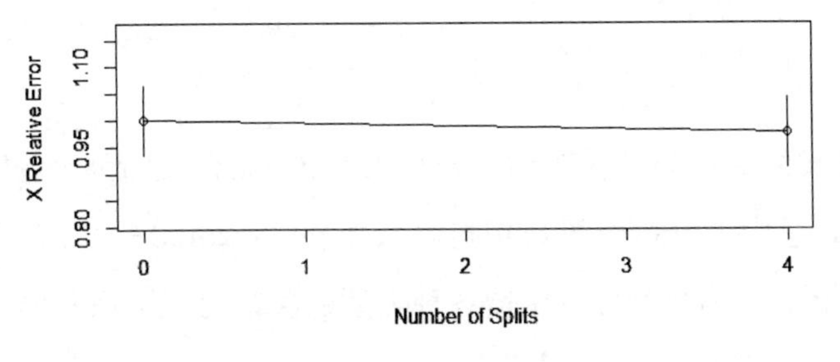

图 8.14　完整的诊断图

下面生成混淆矩阵，输出残差摘要，代码如下：

```
14.rowID=dataset$subSample=="Training"
15.Pred1=predict(fit, dataset[rowID,],type="class")
16.Observed1=dataset[rowID,"DENY"]
17.newData_pred1=data.frame(Pred1,Observed1)
18.colnames(newData_pred1)=c("Observed","Predicted")
19.dim(newData_pred1)
20.tail(newData_pred1,30)
21.table(observed=Observed1,predicted  =Pred1)
22.summary(residuals(fit))
```

代码说明

14. 获取训练样本的 ID 索引号。
15. 生成训练样本的预测结果。
16. 获取训练样本内的目标数据。
17. 将训练样本的目标数据和预测存储于同一个数据框架内，即 newData_pred1。
18. 为 newData_pred1 重命名。
19. 检验 newData_pred1 的维度。
20. 检验 newData_pred1 中的最后 30 笔数据。
21. 生成混淆矩阵。
22. 输出残差摘要。

生成的混淆矩阵 (confusion matrix) 如下：

	predicted	
observed	Accept	Reject
Accept	1447	14
Reject	176	29

前文我们讲过条件决策树。条件决策树不能通过 rpart 包构造，而要用 caret 包中的 train() 函数构造。只要在“method=”后面指定决策树类型，train() 函数就可以构造各种类型的决策树。下面我们来构造条件决策树，代码如下：

```
1.library(caret)
2.trainingSample=subset(dataset,subSample=="Training")
3.X=trainingSample[,c("PI_RATIO","BLACK")]
4.Y=trainingSample[,"DENY"]
5.ctreeFit=train(x=X,y  =Y,method="ctree")
6.ctreeFit
7.plot(ctreeFit)
8.plot(ctreeFit$finalModel)
```

说明

1. 加载 caret 包。
2. 获取训练样本。
3. 定义解释变量 X。
4. 定义被解释变量 Y。
5. 选择决策树类型。method 参数值可设为 rpart、rf（随机森林）和 ctree（条件决策树）。
6. 检验适配结果。
7. 绘制精确程度图，如图 8.15 所示。
8. 构造条件决策树，如图 8.16 所示。

条件决策树的选配结果如下：

```
Conditional Inference Tree

1666 samples
   2 predictor
   2 classes: 'Accept', 'Reject'

No pre-processing
Resampling: Bootstrapped (25 reps)
Summary of sample sizes: 1666, 1666, 1666, 1666, 1666, 1666, ...
Resampling results across tuning parameters:
mincriterion        Accuracy          Kappa
```

```
0.01          0.8671835          0.14551497
0.50          0.8758916          0.12089934
0.99          0.8757493          0.04226171

Accuracy was used to select the optimal model using the largest value.
The final value used for the model was mincriterion = 0.5.
```

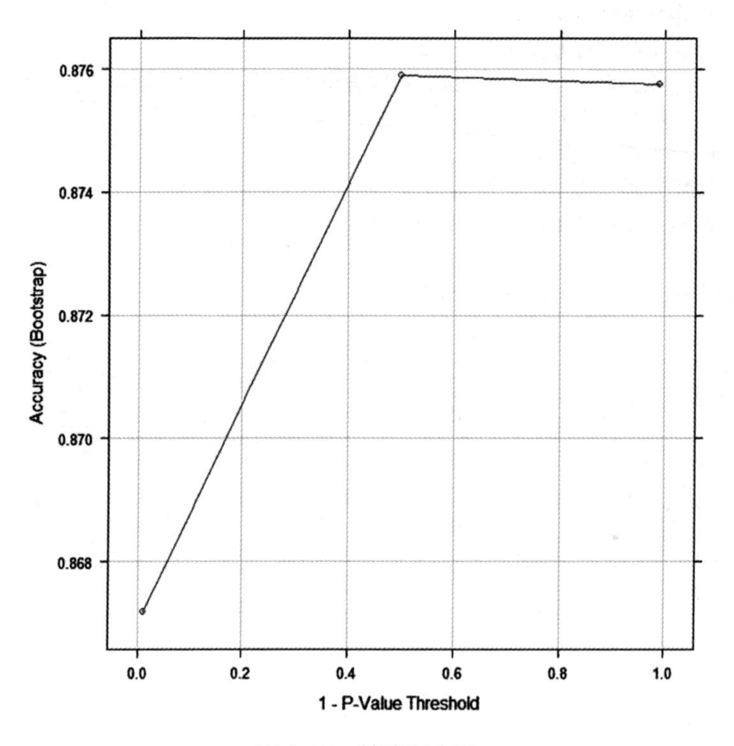

图 8.15　精确程度图

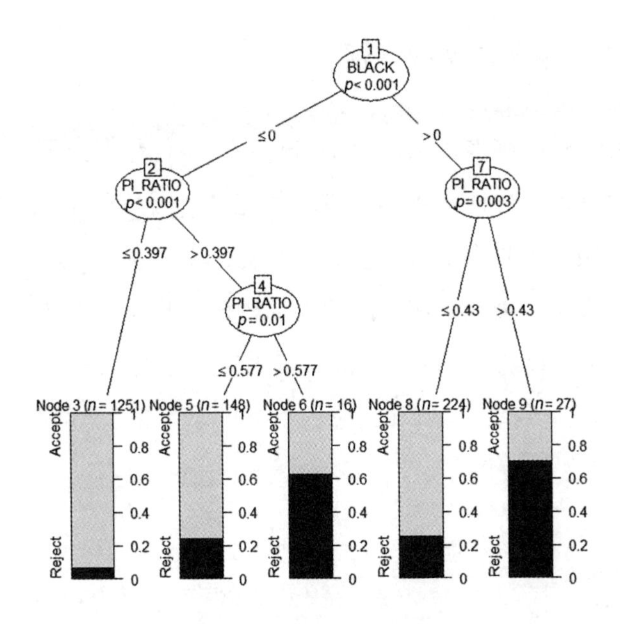

图 8.16　条件决策树构造结果

条件决策树构造完毕后，也需要进行预测，使用的也是 predict() 函数，请读者参考经典决策树的预测过程，自行生成条件决策树的预测结果和混淆矩阵。

[练习]

自行练习生成条件决策树的预测结果和混淆矩阵，比较预测准确度是否有提升。提示：caret 包中有一个专门混淆矩阵的 confusionMatrix() 函数。

[练习]

图 8.15 和图 8.16 存在不同，请参考 R 语言说明文件，将图 8.16 和图 8.15 的不同之处统一。

分析大数据时需要注意的问题

虽然决策树有许多优点，但是它对包含多种数据类型，以及各种类型数据数量不一致的样本的处理不够完善，因为在决策树中，信息增益结果会倾向于具有更多数值，并且在决策树构造过程中，需要对样本集进行多次扫描和排序，因此效率较低。此外，C4.5 等算法只适合能够驻留于内存的数据集，因此，当内存不足以容纳样本训练集时，计算机程序就无法执行。例如，分析一个包含五百万笔数据的样本集，其中包含以下 5 个数据：

```
T=5000000
n=3
x=cbind(1,matrix(rnorm(T*n),T,n))
bet=c(2,rep(1,n))
y=c(x%*% bet)+rnorm(T)
```

在 R 语言中，每个数值占用 8 位内存，所以 x 类型的数据和 y 类型的数据共占用 190 MB（$5\ 000\ 000 \times 5 \times 8/1\ 024^2$）内存，若计算机内存容量为 2 GB，则调用 lm() 函数时会提示超容警告。虽然 190 MB 比 2 GB 小很多，但是 lm() 函数的调用过程会生成很多占用内存的缓存，如过度适配值和残差等。

本讲介绍的决策树均是以单一决策形态展开的。然而根据以往数据工作挖掘的经验，很多项目的分析都不能通过单一决策形态实现。不难发现，决策树对于数据数量的增减也很敏感，简单来说就是稳健性不够。强化式学习方法的提出就是为了解决这个问题，常见的强化式学习方法有随机森林、支持向量机（Support Vector Machine，SVM）和推进法。关于随机森林（Random Forest）我们将在第 9 讲中详细讲解，接下来我们简单介绍一下支持向量机和推进法。

支持向量机

与决策树相同，支持向量机也是一种有监督的机器学习技术，需要事先定义各分类的类型才能进行统计分类与回归分类。支持向量机属于广义线性模型的分类器，目前常用于人脸识别以及文字分类等领域，应用十分广泛。支持向量机的优点是可以同时极小化经验误差值和极大化几何边缘区。支持向量机对于小样本、非线性、高维度和局部极小点数据均有相当好的处理能力。

支持向量机的原理是：先将现有数据作为训练样本（Training Sample），再利用这些数据估计出若干个支持向量（Support Vector）或特征（Feature）来表示所有数据，然后将少数极端值移除，再利用挑出来的支持向量构造模型。如果有测试数据要执行预测分析，支持向量机会利用模型将数据分为两类。对二元的数据类型来说，支持向量机的目标是寻找一个能将所有类型数据完美分开的超平面（Hyperplane），如图 8.17 所示。

支持向量机的优点是既可以用于分类，也可以用于进行回归测试，并可以实现非线性分类，缺点是对核函数以及事先选择的参数很敏感。

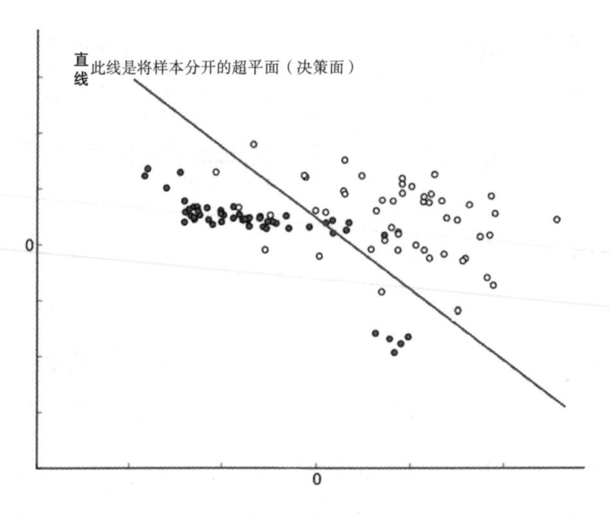

图 8.17　支持向量机的超平面

推进法

推进法对训练样本内的每个数据都赋予一个权重，每次迭代后为分类错误的数据加大权重，以使其在下次迭代运算时得到较多的关注。推进法是一种抽样方法，原则是“取后不放回”（Sample Without Replacement）。推进法通过改变样本权重进行学习，将多个分类器根据性能进行组合。优点是低泛化误差，分类准确率高，没有过多需要调节的参数，缺点是对极端值和离群值敏感。

当数据变成噪声

2017 年和 2018 年上半年，笔者对各大公司每分钟传输的数据量进行了统计。传输数据量增长最惊人的两个公司分别是网飞和 Instagram，半年的时间内数据量增长了 3 倍。而 2020 年退出排行榜的 LinkedIn 和

Spotify，其注册量和下载量几乎饱和。新进名单的公司有两个，分别是微信和 Twitch，2018 年底或有更换。可以发现，实力较为薄弱的公司似乎已经出现瓶颈。虽然会员经济充分体现了赢家通吃的市场结构，但是会员饱和现象却是企业的心头大患。

面对这个问题，相关公司一定开了不少会议。这类公司的员工中，数量最多的就是数据科学家和统计专家，因此可以想象，在讨论解决方案时，各部门的想法都会被其他部门提供的数据冲击，反之亦然。例如，营销部门会说信息流量不通畅，但是 IT 部门会拿出证据说流量管理没有问题，而网页设计存在失误。此时，网页设计人员会拿出测试报告，表明网页推送没有遇到过塞车现象。另一方面，会有人指出是商品设计有问题，产品总监则会拿出顾客满意度数据证明产品没有问题。

当数据很多时，决策者面临的困扰就是“数据变成了噪声”，过多的数据反而成了决策负担。

到底决策者应该怎么做呢？在笔者亲历过的场合中，只要是大规模会议，每个部门都会带着精心准备的数据，基本上这些数据都是无懈可击的，但是类似上述“互踢皮球”的现象经常出现。一旦某个部门主管不小心跑题，整个场面就会失控。解决的方法就是把焦点重新拉回会议要解决的问题上。但是，如果会议已失控到无法回归的地步呢？这时决策者必须暂时离开数据环境，重新思考问题的本质。因为在数据细节上过度争论，不但会偏离主题，还会降低决策品质。

第9讲

随机森林

大都会人寿正在利用大数据进行一场风险革命

大都会人寿（National Union Life and Limb Insurance Company, MetLife）是美国大都会集团的简称，它是美国最大的人寿保险公司，其业务面向54个国家和地区的9 000万名客户。2017年6月，MetLife彻底剥离其在美国的保险业务，交由新公司Brighthouse Financial接管。同年7月，MetLife斥资2.5亿美元收购了堡垒投资集团（Fortress Investment Group）旗下的基金管理公司Logan Circle Partners。

虽然多数疾病可以通过药物来达到治疗效果，但是要让医生和患者从根源入手，对致病因素和身体健康指标重视起来却是很困难的，保险行业正尝试通过大数据来改善这个问题。首先，从上千名患者中选择100～150个患者，在实验室进行一系列健康检查。其次，扫描近2～3年内百万份化验结果和20万个以上保险索赔事件。最后将上述数据转化为一个高度个性化治疗方案，以找出患者的致病因素和重点治疗方案。如此一来，若医生认为在未来10年内通过服用某种药物及控制体重可以减少50%的患病率，降低体内甘油三酯含量可以减少心血管疾病的发病率，那么保险公司就可以据此调整理赔费用。一旦患者病情因为服药而得到改善，相关理赔就会减少。同时，保险行业必须分析患者致病因素，进而设计最适合的理赔方案。

金融行业对大数据并不陌生，甚至很早就在利用大数据创造价值。MetLife早在2012年就开始用大数据算法来改善经营模式，其内部也有数据科学家团队，读者可在网络上搜索关于Metlife公司数据分析工作的新闻。MetLife公司日常工作内容包括精算、保险业务营销和数量金融。最初，MetLife投资3亿美元开发了一个新的体系，其中包含可以将所有客户数据存储在一起的MongoDB数据库。MongoDB数据库中汇聚了来自多个渠道的数据。目前，MongoDB 数据库的容量达到了 TB 级。

Metlife 一直致力于三个领域的创新，分别是商品开发、客户留存和运营效率。大数据技术不能用简单的理论概括，而是需要不断实践与研究的。Metlife 在全球有近 1 000 名数据科学家，他们每天都在分析来自全球的数据。例如，用文字挖掘和情绪分析的方式提升自己在社交网站的专业形象；分析投保客户选择加入或终止投保的原因，以便留住更多客户，他们还针对保险欺诈事件建立了预测模型来预测犯罪。在每周例行的讨论会上，各部门把自己的想法提出来并相互讨论，然后根据达成共识的结论制定决策。

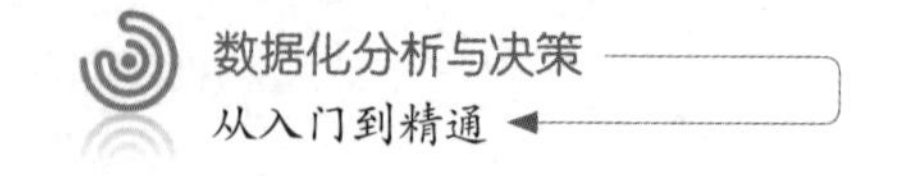

随机森林的概念

在介绍决策树的时候讲过，我们既可以让决策树无条件地生长，又可以通过参数来控制决策树中的节点数量或决策树的高度。无条件完全生长的决策树很容易出现过度适配的情况，而过度适配一般是由数据中的噪点或离群值造成的，可以通过对决策树的剪枝操作来去掉对预测结果有影响的节点。在实际应用中，一般使用随机森林来代替对决策树操作的剪枝，并且随机森林可以克服决策树泛化能力弱的特点，还可以防止出现过度适配的情况。随机森林是一种包含多个决策树的分类器，其输出变量的类型是由各决策树输出变量的类型而定的。所谓随机性主要体现在两方面，一是训练每棵独立的决策树时，从全部训练样本（设样本数为 n）中抽取一个可能存在重复且大小为 n 的数据集进行训练（即 Bootstrap 取样）；二是每个节点的分支集合也是随机选取的。

在机器学习领域有一种被称为集成学习（Ensemble Learning）的学习方法，它将多个基本算法进行组合，分别对每个基本算法进行试验，最后对全部算法预测结果进行投票，综合考虑输出结果。与使用单一算法相比，集成学习可以提升结果的泛化能力，减小方差。

集成学习方法可以分为两类，分别是 Bagging 方法和 Boosting 方法。随机森林是 Bagging 方法的典型代表，先使用多棵独立的决策树分别对事件进行预测，最后的结论由这些决策树的预测结果共同决定，这也是“森林”一称的由来。在随机森林中，每棵决策树的预测能力可能都很弱，但是随机森林的预测能力通常很强。这个结果与多元化投资结果相似：虽然每项投资都有风险，将投资目标分散后，总的风险就会下降，获得报酬的概率就会大大提高。

随机森林的特点

随机森林相当于一个包含多棵决策树的分类器，并且其输出变量类型是由每棵决策树输出变量类型的众数决定的。随机森林最早由列奥·布赖曼（Leo Breiman）和阿黛尔·卡特勒（Adele Cutler）两位统计学家提出，并被注册成了商标。随机森林是从贝尔实验室的何天琴（Tin Kam Ho）于 1995 年提出的随机决策森林（Random Decision Forests）的概念演变而来的。随机森林结合列奥·布赖曼的引导聚合思想和何天琴的随机子空间思想构造而成，上述思想最早可追溯到 1987 年威廉姆斯提出多重归纳学习（Multiple Inductive Learning，MIL）算法。

随机森林的引入解决了单一决策树分类辨识度不足的问题。例如，在二元选择模型中，若其中一个类型的变量数量过少（如低于 5%）时，可以按照最大深度构造单一决策树，在偏差最低的情况下，构造结束并形成随机森林。

随机森林适用于训练样本很大或变量很多的情况，因为当训练样本很大或变量很多时，会出现类似复回归分析变量相对重要性判断困难的问题。

R Commander 项目实战

下面我们通过一个气象预测的案例来讲解随机森林。所使用的数据存储于 rattle 包中的 weather.csv 文件中。这笔数据记录了澳大利亚堪培拉气象站记录的某年全年日降雨数据，共有 366 笔观察值。为了避免内容过深，本例我们只选择部分数据做分析。

在 R Commander 中加载这笔数据时，不需要打开任何文件夹，先选择“New”选项清空原有数据（使 filename 选项内容为空），接着点击“Execute”按钮，rattle 包就会自动加载 weather.csv 文件，如图 9.1 所示。

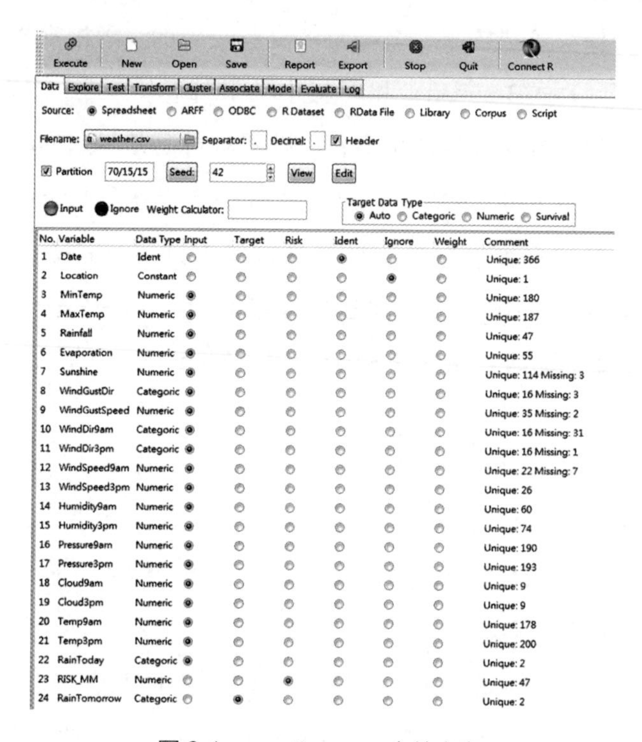

图 9.1　weather.csv 文件内容

相关字段说明如下：

Date 表示记录日期。

Location 表示气象站所在地。

MinTemp 表示当日最低气温，单位为摄氏度。

MaxTemp 表示当日最高气温，单位为摄氏度。

Rainfall 表示当日降雨量，单位为毫米。

Evaporation 表示当日 0—9 时雨水蒸发量，单位为毫米。

Sunshine 表示当日有光照的时间，单位为小时。

WindGustDir 表示当日最大风力方向。

WindGustSpeed 表示当日最大风力时速，单位为千米每小时。

Temp9am 表示当日上午 9 时的温度，单位为摄氏度。

RelHumid9am 表示当日上午 9 时的相对湿度。

Cloud9am 表示当日上午 9 时天上有多少云，这里用“oktas”来表示云的面积，值为 0 表示天空完全晴朗，值为 8 表示阴天。

WindSpeed9am 表示当日上午 9 时之前的平均风速，单位为千米每小时。

Pressure9am 表示当日上午 9 时的气压，单位为百帕。

Temp3pm 表示当日下午 3 时的温度，单位为摄氏度。

RelHumid3pm 表示当日下午 3 时的相对湿度。

Cloud3pm 表示当日下午 3 时天上的云覆盖范围，仍用 oktas 表示云的面积。

WindSpeed3pm 表示当日下午 3 时之前的平均风速，单位为千米每小时。

Pressure3pm 表示当日下午 3 时的气压，单位为百帕。

ChangeTemp 表示当日温度变化。

ChangeTempDir 表示当日温度变化趋势。

ChangeTempMag 表示当日温度变化幅度。

ChangeWindDirect 表示当日风向变化。

MaxWindPeriod 表示当日最大风速周期。

RainToday 表示当日降雨规模，值为 1 表示当日 0—9 时降雨量超过 1 毫米；否则值为 0。

TempRange 表示当日 0—9 时最高温度和最低温度的差值，单位为摄氏度。

PressureChange 表示当日气压变化。

RISK_MM 表示可能引发危险的临界降雨量。

RainTomorrow 表示明日是否下雨。

我们选取构造随机森林的目标变量是 RainTomorrow，即明日是否下雨，它属于类型变量，值只能取 Yes 或 No。目标变量的取值是由当日各种天气因素决定的，如温度、湿度、温差和气压等。随机森林的构造结果如图 9.2 所示，该森林中共有 500 棵决策树。

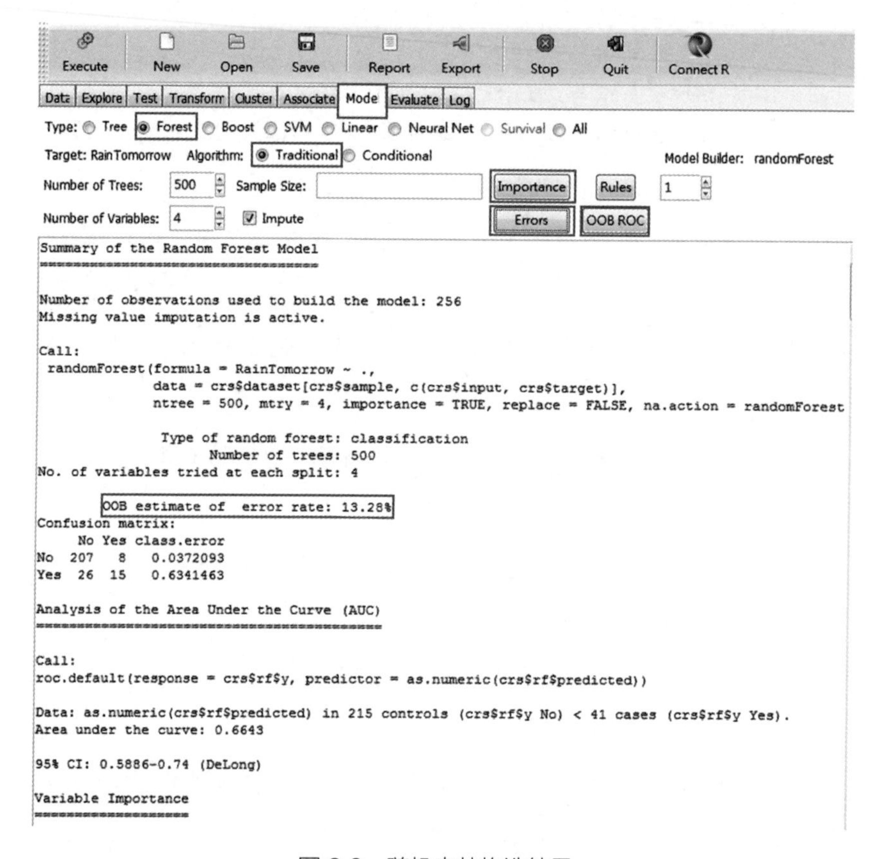

图 9.2 随机森林构造结果

图 9.2 方框中的代码“OOB estimate of error rate: 13.28%”表示一个绩效评估指标。其中，OOB estimate of error rate 的意思是“袋外错误率”。所谓“袋”是指训练样本集中用于预测的子样本，也就是该错误率是由估计样本袋之外的数据得到的。但是该指标与“Data Page”上的“70/15/15”无关，因为随机森林本身是一种 bootstrap 算法，不需要设定子样本，森林中每棵决策树的目标变量都是从原始训练集中抽样出来的，并且经过多次随机抽样。抽样过程只用到了样本集中 2/3 的数据，另外 1/3 的数据就是“袋外”数据，而袋外数据被错误分类的概率就是袋外错误率。

袋外错误率为 13.28%，表示当这个随机森林对新训练样本集进行预测时，出错概率为 13.28%。换句话说，该随机森林对新训练样本集预测正确率为 86.72%。我们可以通过以下混淆矩阵对随机森林的预测正确率进行分析：

	No	Yes	class.error
No	207	8	0.037
Yes	26	15	0.634

其中，第三行第二列的 26 表示预测会下雨而实际没下雨的天数为 26。也就是说，主对角线上的数据表示是否下雨这一事件被正确预测的天数。第二行第四列的 0.037 表示预测没下雨而实际下雨的天数比例，由 8/（207+8）计算而来；0.634 表示预测下雨而实际没下雨的天数比例，由 26/（26+15）计算而来。

我们很难评估包含 500 棵决策树的随机森林预测结果。所以，我们需要根据各变量对结果预测的重要性来做考量，也就是选出对预测结果影响较大的变量。最后一行的 Variable Importance 实现的就是这个功能，为了避免图片过大，图 9.2 中并未包含这部分数据，我们对这部分数据进行了单独截取，如图 9.3 所示。图中包含两个评估指标，即 MeanDecreaseAccuracy 和 MeanDecreaseGini。二者数值越大表示对应变量的重要性越高。本部分数据是按照 MeanDecreaseAccuracy 值降序排列的。

```
Variable Importance
===================

                 No   Yes MeanDecreaseAccuracy MeanDecreaseGini
Pressure3pm   12.84  8.74                14.62             4.36
Sunshine      12.31  9.07                14.21             4.13
Cloud3pm      12.58  7.52                13.84             3.18
WindGustSpeed  9.07  5.81                10.24             2.69
Pressure9am    7.94  2.39                 8.59             3.15
Temp3pm        7.57 -0.77                 7.58             1.48
MaxTemp        7.27 -0.40                 7.08             1.91
Humidity3pm    5.33  1.07                 5.34             2.16
Temp9am        4.40  2.44                 5.33             1.72
WindGustDir    6.64 -0.91                 5.32             3.04
WindSpeed9am   5.41  0.68                 5.07             1.49
MinTemp        4.61  1.75                 5.01             2.17
Cloud9am       3.83  3.52                 4.88             1.47
WindSpeed3pm   3.99 -1.92                 2.88             1.60
WindDir3pm     4.13 -3.35                 2.26             2.42
Humidity9am    2.16  0.44                 2.07             1.51
Evaporation    1.52 -1.07                 1.09             1.51
RainToday      0.39  1.03                 0.73             0.05
WindDir9am     1.09 -1.54                 0.29             3.00
Rainfall       0.50 -1.88                -0.51             0.60
```

图 9.3　随机森林变量重要性评估结果

接着将这两个指标进行可视化处理，这样做的目的是使变量重要性评估结果更加直观，如图 9.4 所示。图 9.4（a）所示为包含 500 棵决策树的随机森林变量重要性评估结果，图 9.4（b）所示为包含 100 棵决策树的随机森林变量重要性评估结果。由图 9.4 可以看出，当决策树有 500 棵时，重要性排在前三名的变量的两个指标大致相同，而当决策树有 100 棵时，重要性排在前三名的变量的两个指标相差很大。

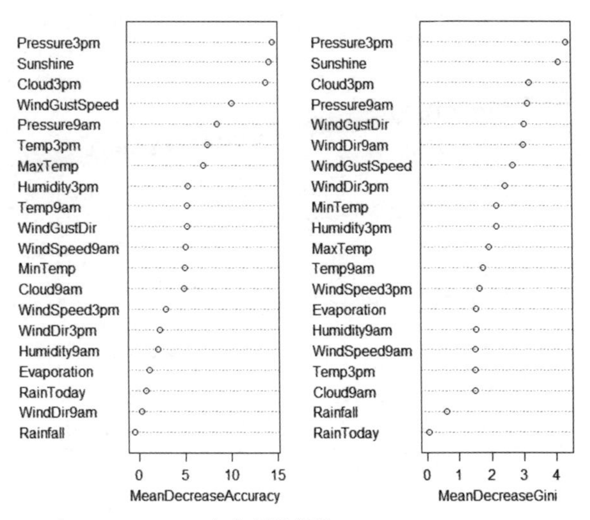

（a）树的棵数 =500

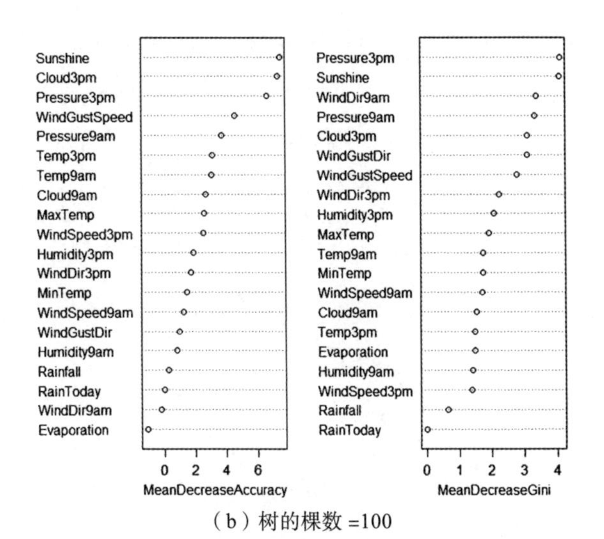

（b）树的棵数 =100

图 9.4　随机森林变量重要性可视化结果

图 9.5 所示为包含 500 棵决策树的随机森林预测错误率（Error Rate），其中包含袋外错误率。从图中可以看出，明天会下雨的预测错误率较高，且远高于明天不会下雨的预测错误率。

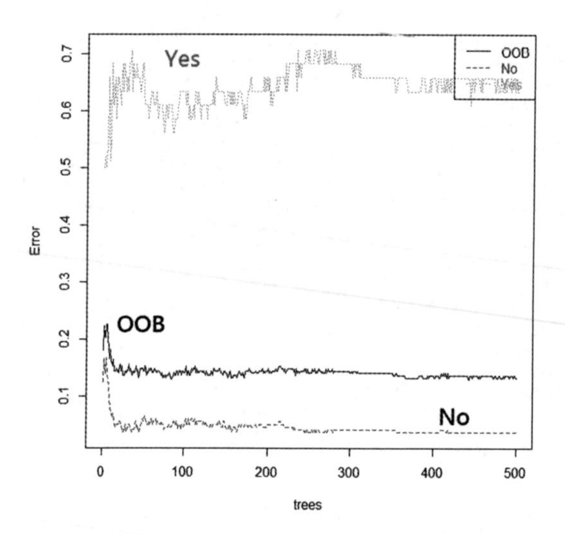

图 9.5　包含 500 棵决策树的随机森林预测错误率

图 9.6 所示为操作特征曲线（Receiver Operating Characteristic, ROC），作用是比较明日有雨是否被正确预测的概率。在操作特征曲线图中，命中率（Hit）越接近上端越好，而曲线下方面积（Area Under Curve，AUC）可以用来衡量命中率接近上端的程度。

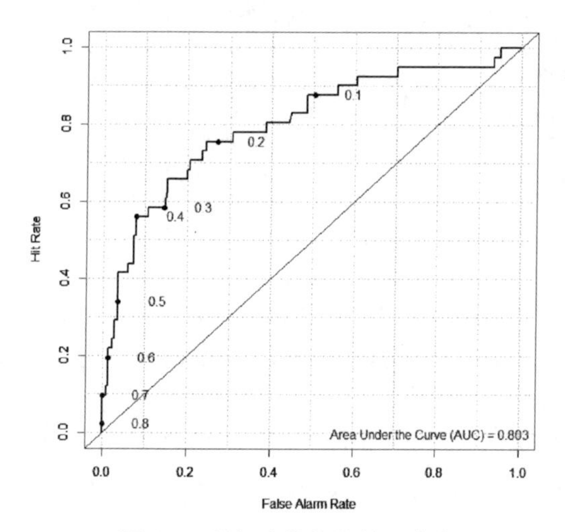

图 9.6　随机森林操作特征曲线

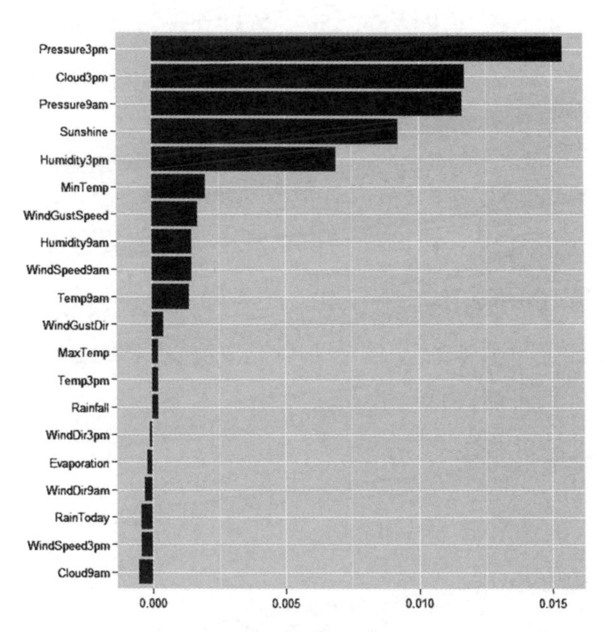

（a）树的棵数 =100

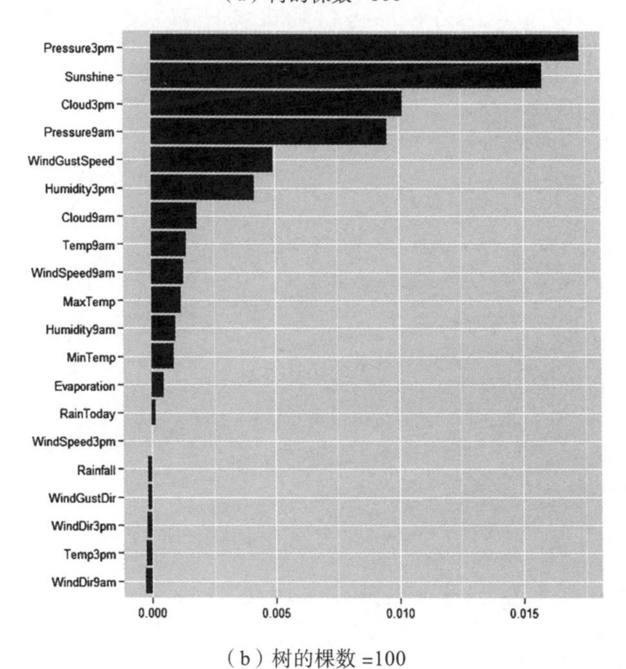

（b）树的棵数 =100

图 9.7　条件随机森林变量重要性结果

如同第 8 讲介绍的决策树一样，随机森林也分为传统随机森林和条件随机森林。在界面中点击“Conditional”按钮，然后把决策树的棵数分别设定为 100 和 500，并绘制两种情况下的变量重要性评估结果，如图 9.7 所示。从图中可以看出，最重要的变量是“Pressure3pm”，即当日下午 3 时的气压。在条件随机森林中，最重要的变量一目了然，而且与传统随机森林相比没有变化。但是随着决策树的数量不断增加，条件随机森林变量重要性评估结果会发生改变。一旦 500 棵决策树全部分析完毕，最重要的四个变量除了第一个变量不发生变化外，其余变量都可能会发生变化。

R 语言程序实战

下面我们通过 R 语言程序进行随机森林的分析。首先准备要分析的数据，方法与第 8 讲提到的决策树相似，代码如下：

```
## Step 1.Estimation
1.RF.fit=randomForest::randomForest(Formula,data=dataset,subset=subSample=="Traini
  ng")
2.plot(RF.fit,keep.forest=FALSE,ntree=100,log="y")
3.rattle::treeset.randomForest(RF.fit,n=5,root=1,format="R")##Step 2.Prediction
4.rowID=dataset$subSample==c("Training","Validation")[1]
5.Pred.rf=predict(RF.fit,dataset[rowID,],type="class")
6.Observed.rf=dataset[rowID,"DENY"]
7.newData_pred.rf=data.frame(Pred.rf,Observed.rf)
8.colnames(newData_pred.rf)=c("Observed","Predicted")
9.dim(newData_pred.rf)
10.tail(newData_pred.rf,30)
11.table(observed=Observed.rf,predicted =Pred.rf)
```

代码说明

1—11 略。

结果如下：

```
>RF.fit
        Type of random forest:classification
                Number of trees:500
No.of variables tried at each split:1

        OOB estimate of error rate:12.06%
Confusion matrix:
            Accept    Reject        class.error
Accept      1453         8      0.005475702
Reject       193        12      0.941463415
```

上述随机森林分析代码与决策树分析代码大同小异，不同点在于随机森林分析使用的是 RandomForest() 函数。我们需要思考的问题是，相比单一决策树，随机森林预测结果是否准确率更高？

下面我们计算随机森林的混淆矩阵，代码及结果如下：

```
>table(observed=Observed.rf, predicted =Pred.rf)
                    Predicted
observed        Accept        Reject
   Accept        1453            8
    Reject        186           19
```

以下为同一笔数据根据第 8 讲决策树分析得到的混淆矩阵，比较两个混淆矩阵的主对角线上的值可知，随机森林预测准确率要高于决策树预测准确率。

	predicted	
Observed	Accept	Reject
Accept	1447	14
Reject	176	29

[练习]

参考第 8 讲介绍的 caret() 函数，使用 trainI() 函数，设定 method="rf"，进行随机森林的分析。比较分析结果是否与上述结果一致，如果不一致，请自行调整相关参数。

分析大数据时需要注意的问题

随机森林分析相当于一种组合思维，它把多个独立的结果整合到一起。经济预测领域的组合预测和投资组合涉及的贝叶斯方法就属于这种思维，其缺点是遇到随机性高的样本时，这些方法的预测效果往往不佳。随机过程（Stochastic Process）是指受到外力影响会偏离轨迹的随机变量集合。过度拟合一直是机器学习难以攻克的阻碍之一，由于数据量庞大，分类时难免会出现过度分类或分类不足的情况。综上所述，随机森林分析至少应注意两方面的问题：

1. 对于某些噪声较大的分类树或回归树问题，使用随机森林仍然会出现过度配置的问题。决策树的过度配置问题在随机森林中无法完全消除。所谓噪声是指由巧合产生的数据，不具有实际意义。

例如，一个爱看并且经常购买文学作品的读者，偶尔会买一本高等微积分教材，可能是该读者有多方面的兴趣，也可能只是出于偶然或者是买来当作礼物送人的。这种情况在每个人的生活中都很常见。

2. 如果目标变量包含多种属性，会对随机森林预测准确率产生很大的影响。所以随机森林对于这类数据产生的权重是不可靠的。简单地说，连续变量的回归数存在以下问题：如果目标变量不是类似 {0,1,2,3} 这种变量类型，而是具有大量观测值或连续变量类型，就会导致分类的敏感度高，预测结果容易受变量调整的影响。

针对上述问题，除了选择合适的分析方法外，其他知识也可以帮助我们判断结果的合理性。如果得到的结果都不合理，那么就继续对数据进行挖掘或分析。即使没有得到合理的结果，也算一个发现，并不需要牵强附会地制造一个结果。“乱点鸳鸯”所造成的错误不会少于过度拟合所造成的错误。

都是随机惹的祸

随机过程不只会出现类似“黑天鹅”这样的事件，所有数据决策者都必须在心中留一块“随机”的空间。2017 年，英格兰银行的研究员发表了一篇将机器学习工具应用在经济预测领域的文章，该文章刚发表时，笔者就很想做一个评论。最近笔者重读了一次，并查看了该文章的相关评论，发现网络上对该文章涉及内容的讨论十分匮乏，只有一篇 2018 年初的评论写得不错，该评论者认为，机器学习在计量政策分析上尚未成熟。

此类文章也在少数学术期刊，如《经济学展望期刊》和《经济文献杂志》上出现过。2017 年，有文章提到要将数据嵌入 ML 模式，但这基本上只能算是一种应用统计。如果是中央银行的格局，算是计量经济学学习，也就是将计量时间序列架构纳入大数据学习模式。例如，可以利用支持向量机处理全局向量自回归模型跨国因子相依的共同成分，然后设计一个学习过程并改善相关序列。笔者尝试探索了这个议题很多年，发现 ML 预测不会比简单时间序列好太多。多数 ML 算法的瓶颈均来自经济体系中无处不在的随机冲击（Stochastic Shocks），当然这也可以慢慢克服。机器在学习，我们也在学习。

预测最难的地方不是预测特定变量，而是评估影响变量的环境。一般大数据模型在产生预测时，多半假设所有预测点的环境相同。但事实却非如此，气候、生态环境、政治等因素都会发生改变。所以在评估预测时，必须妥善思考这些变化，也就是要考虑以下两件事：

1. 目前数据演算所处的环境，其参数是什么？如果是实验室，就是温度和湿度等因素；如果是金融市场，就是市场环境和竞争对手的状况。
2. 当环境发生变化时，预测结果会如何变化？

决策者要思考的核心问题就是当环境参数变化时，预测结果如何变化，这也是必须反复思考的问题，基本上，对于人工智能或大数据的金融应用，关于这一点的思考都有所不足。

第10讲

购物车分析

迪士尼乐园的魔术手环

华特迪士尼公司是世界上首屈一指的休闲文化产业集团，从十分叫座的动画片到迪士尼乐园，都吸引着全世界的目光。迪士尼乐园几乎是家庭旅游休闲的必去之处。随着每日入园游客的快速增多，如何帮助游客规划行程、提前预约游乐设施、减少排队等待时间成了迪士尼乐园面对的重要问题。为了解决上述问题，迪士尼乐园搜集了大量数据，推出了“MyMagic+”计划，配合魔术手环（MagicBand）和手机 App，让游客在入园前后的规划都可以实现定制化。

至今，已有数千万的游客使用过如图 10.1 所示的这款魔术手环。只要游客使用手环下载 App，不但可以掌握迪士尼乐园的实时人流，还可以预约各种游乐设施，此举为游客节省了排队时间。为了让这项技术得以实现，华特迪士尼公司不但在各大园区设置了免费的无线网络，还斥资 8 亿美元，训练 6 万名员工熟悉这套系统。大企业的投资魄力确实不凡！

图 10.1　迪士尼乐园的魔术手环

在技术层面上，迪士尼使用的是 Hadoop 分布式系统和 Cassandra、MongoDB 数据库。这些数据库主要用于存储游客信息及消费模式。最重要的是，这些信息不仅可以用来提升游客体验，还将成为未来华特迪士尼公司制作电影的依据。由于这个项目与互联网技术关系密切，所以存在资产安全的隐患，但从游客对这个项目的反馈意见来看，他们对迪士尼乐园的信任度还是很高的，迪士尼乐园 App 界面如图 10.2 所示。

除了游乐园，华特迪士尼公司还设立于一个专注于模仿学习（Imitation Learning）的人工智能研究院。这个研究院利用人体运动的大数据，制作拟真动画和 VR 视频。模仿学习是深度学习的一个分支，特点是通过影像除错，而不是通过算法除错。这项技术也被广泛应用于职业运动的攻击和防守训练中。例如，在空手道训练中，将对手的动作拍摄下来，然后制作相应的防守和攻击的训练方式。在电影《美国队长 3: 内战》中，有一段开始钢铁侠对打美国队长但没有获胜的片段，后来钢铁侠通过启动战斗模式来计算美国队长的攻击模式，仅用一守一攻两个招式就把美国队长打败了。

购物车分析的概念

购物车分析（Market Basket Analysis）是关联分析（Association Analysis）法则最重要的应用。购物车分析可以用来分析顾客购买行为的关联性。例如，如果某应顾客购买了商品 A，也会买商品 B 或商品 C，则可以把上述具有相似购买行为的顾客归为一类，建立推荐系统（Recommendation System），定时为他们推送商品。对于 PChome 和 Amazon 这些大型电商来说，只要顾客曾经在上面购买过商品，它们就会持续向顾客推荐其可能感兴趣的商品。在电子商务盛行的时代，只要顾客有网上购物经历就会在相应的电商平台上留下足迹，即行为数据。而后台会对这些行为数据进行分析，将顾客依照购物偏好进行分类，然后利用推荐系统定时对不同喜好类别的顾客推送符合其喜好的商品。

从海量数据中找出有关联的交易数据，再分析这些交易数据，这个过程类似观察卖场中每位顾客购物车内的商品。每台购物车中都记录着每位顾客在某个时间内购买的商品。每个顾客的购买行为不尽相同，关联分析就是从这些看似相关却不尽相同的历史记录中找出有用的、潜在的关联规则。根据购物车的特性，在数据处理上，通常将“交易”（Transaction）和“项目”（Item）作为其主要特征数据。

关联分析的原理

关联分析适用于具有对称二元属性或类型（名称）属性的数据。常见的对称二元属性有籍贯、性别、家里是否有网络、是否经常网购、是否关心个人隐私等。常见的类型属性有教育水平、所在城市名称等。

通过关联分析可以发现一些与顾客相关的信息，如对以下关联进行分析：

{ 是否经常网购 =Yes} → { 是否关心个人隐私 =Yes}。

可以得出经常网购的顾客比较关心个人隐私的结论。

当将关联分析应用于二元属性中时，要考虑的问题就会增多。例如，如果某个属性可能不是高频的，那么是否应将其纳入要分析的样本中？这个问题在类型属性（如所在城市名称）中更加明显。有时会遇到这样的情况：与其他属性值相比，某些属性值出现的频率很高。为了避免产生包含一个以上且存在相同属性的候选集，可以采用以下 3 种方法：

1. 离散式方法（discretization–based method）。
2. 统计式方法（statistics–based method）。
3. 非离散式方法（non–discretization method）。

关联分析使用的是 Apriori 算法，其基本思想是找出先验的（a priori①）关联规则。另外，虽然关联分析与相关性分析有相似之处，但是不可将二者混为一谈。

与统计分析类似，在关联分析中也需要使用一些指标来评价分析结果，主要有 3 个，分别是支持度（Support）、置信度（Confidence）和提升度（Lift）。这 3 个指标分别代表了关联分析的显著程度、正确程度和价值量。

---

① a priori 是一个哲学用词，表示经验现象背后的意义，有时也翻译为“先天的”，读者只需要简单了解即可。

1. 支持度：表示事件 A 与事件 B 同时出现的概率，也就是 P（A ∩ B）的值。例如，消费者同时购买面包和咖啡的概率，可表示为 P（面包∩咖啡）。
2. 置信度：表示在事件 A 发生的前提下事件 B 也发生的概率，也就是 P（B|A）的值。例如，消费者购买了面包后，也会买咖啡的概率可表示为 P（咖啡 | 面包）。
3. 提升度：表示在事件 A 发生的前提下事件 B 也发生的概率和事件 B 独立发生的概率的比值，也就是 P（B|A）/P（B）。提升度反映了事件 A 与事件 B 的相关性，提升度＞ 1 表示两事件呈正相关；提升度 <1 表示两事件呈负相关；提升度 =1 表示两事件不相关，即相互独立。

上述 3 个指标都可以根据条件概率的定义和其衍生定理进行推广，例如：

$$P(B|A) = \frac{P(A \cap B)}{P(A)}$$

由于本书的重点在于大数据分析，故不对上述公式进行深入讲解，有兴趣的读者可以参考相关教材自行研究。

R Commander 项目实战

本部分我们使用顾客购买 DVD 记录的数据作为关联分析目标，文件名称为 dvdtrans.csv，其中包含消费者（ID）与其购买的 DVD（Item）名称两个字段。首先我们使用 rattle 包加载这个数据文件，如图 10.3 所示。

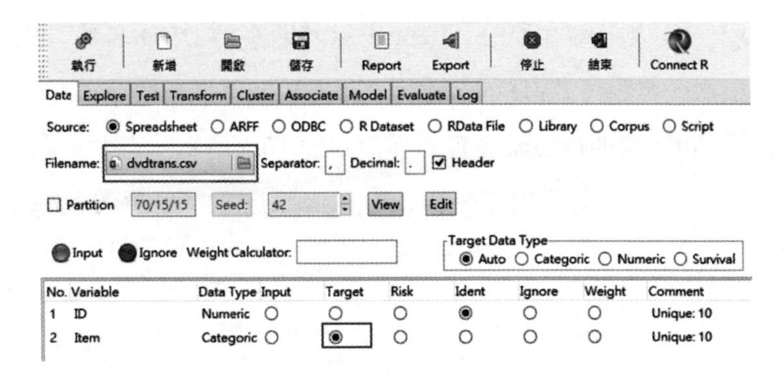

图 10.2　使用 rattle 包加载 dvdtrans.csv 文件

该件的内容如图 10.4 所示。

ID	Item
1	Sixth Sense
1	LOTR1
1	Harry Potter1
1	Green Mile
1	LOTR2
2	Gladiator
2	Patriot
2	Braveheart
3	LOTR1
3	LOTR2
4	Gladiator
4	Patriot
4	Sixth Sense
5	Gladiator
5	Patriot
5	Sixth Sense
6	Gladiator

图 10.3　dvdtrans.csv 文件的内容

其中，ID 表示顾客编号；Item 表示其购买的 DVD 名称。我们的目标是根据顾客购买 DVD 的名称为其推荐可能感兴趣的 DVD。

使用 rattle 包进行关联分析的界面如图 10.5 所示。需要注意的是，由于我们要进行的是购物车分析，所以必须选择左上角的“Baskets”选项。

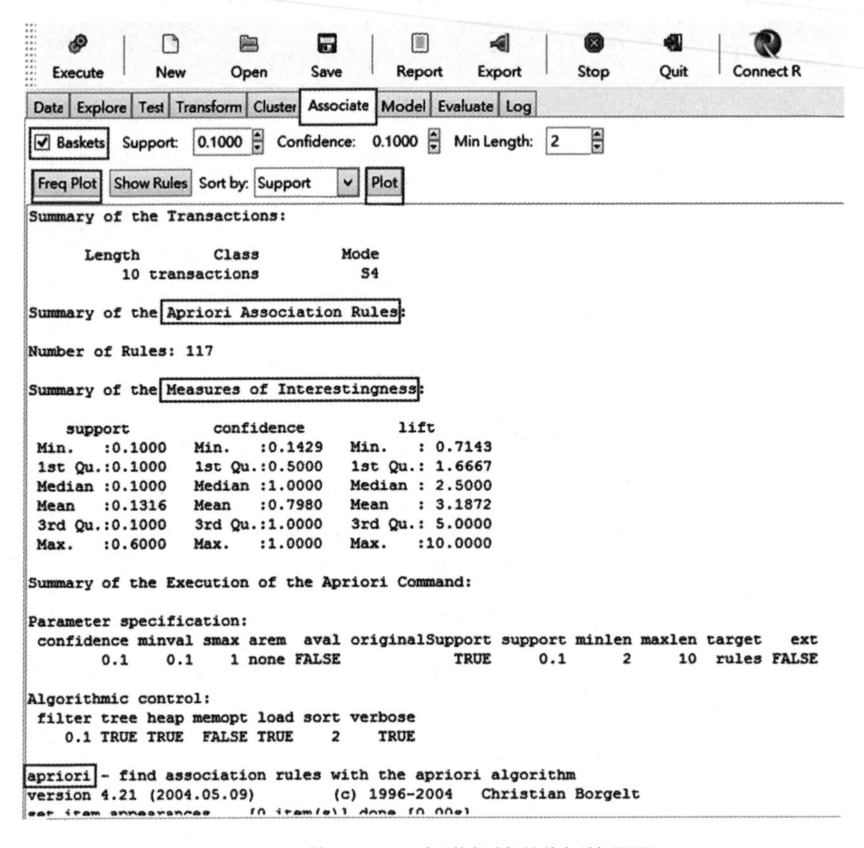

图 10.4 使用 rattle 包进行关联分析的界面

如果选中图 10.5 中的“Freq Plot”选项会产生单个 DVD 购买频率图，如图 10.6 所示。从图中可以看出，顾客购买频率最高的 DVD 分别是《角斗士》(*Gladiator*)、《爱国者》(*Patriot*) 和《第六感》(*Sixth Sense*)。

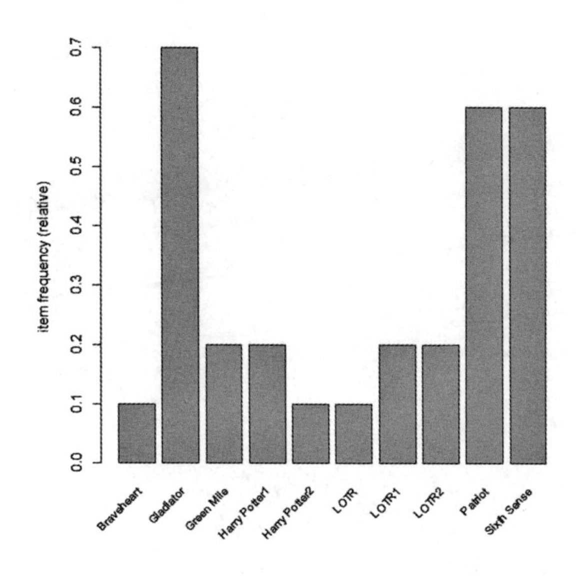

图 10.5　单个 DVD 购买频率图

下面我们选取 29 个关联结果，并分析它们的 3 个评价指标。点击“Plot”按钮即可绘制 3 个指标的图示，如图 10.7 至图 10.9 所示。

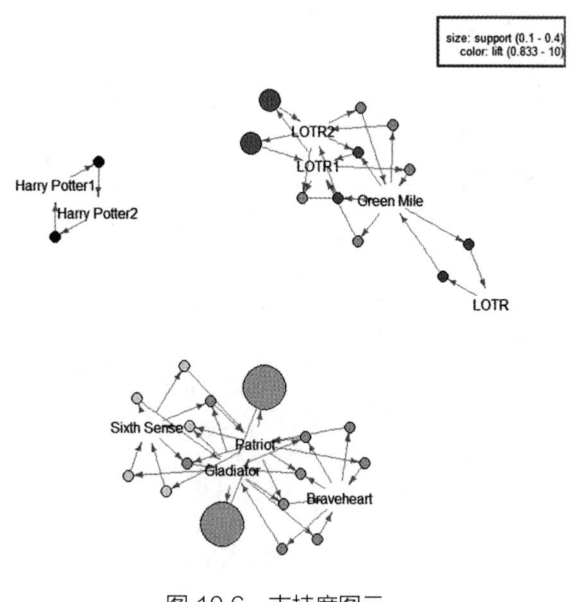

图 10.6　支持度图示

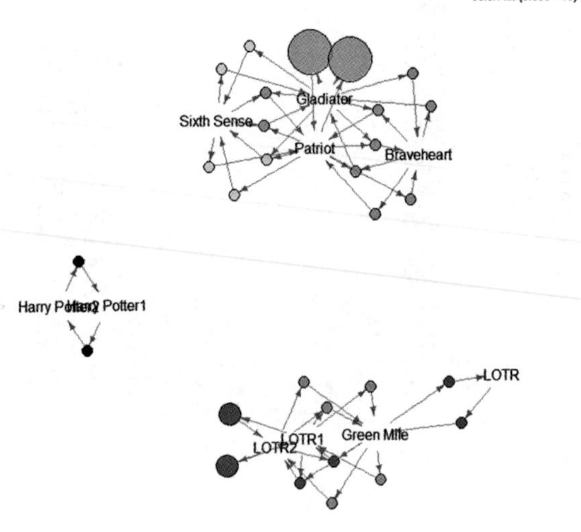

图 10.7　置信度图示

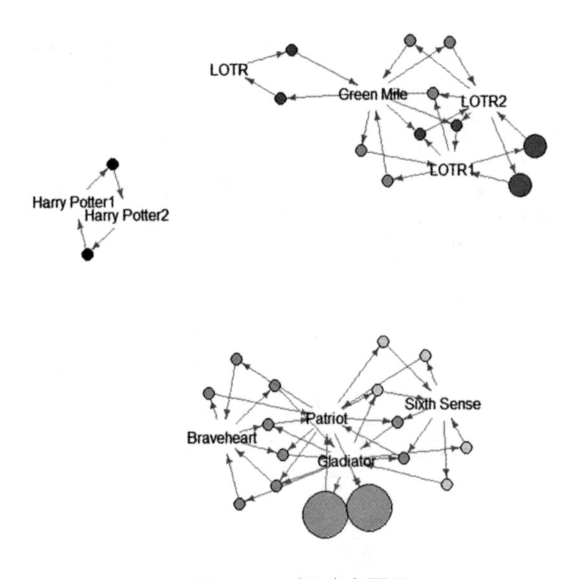

图 10.8　提升度图示

在 3 张图右上方的方框中都含有两个标签，分别是 size 和 color。其中，size 表示支持度，对应图中的圆形面积，面积越大表示支持度越高；color 表示提升度，对应图中圆形颜色的深浅，颜色越深表示提升度越大。

我们可以根据 3 张指标图将顾客分为三类：第一类是购买《哈利 · 波特》（*Harry Potter*）第一、二部的顾客，由于圆形的颜色很深，所以二者的提升度很高，但是圆形面积较小，所以二者的支持度很低，这一点从图 10.6 中也可以看出；第二类是购买《角斗士》《爱国者》《第六感》和《勇敢的心》的顾客，其中《角斗士》和《爱国者》的支持度很高；第三类则是购买其余 DVD 的顾客。

综上所述，我们可以做出以下推测：顾客看了《哈利 · 波特》第一部之后，很期待《哈利 · 波特》第二部。这个推测在电影市场有类似的案例可以佐证，即在第一部的基础上，推出第二部的影片越来越多，如《钢铁侠》《速度与激情》《美国队长》等。另外，对于第二类顾客，即喜欢《角斗士》和《爱国者》的顾客，可以向其推荐《第六感》和《勇敢的心》，如此就形成了简单的推荐系统。

近年来，越来越多的电商通过 App 搜集顾客的行为数据。部分卖书平台，如微信读书、读册等都会先让顾客使用免费 App 进行试读，这样平台就可以在顾客消费之前分析其购书偏好，进而为其推荐可能感兴趣的图书。

R 语言程序实战

案例 1：DVD 出租

如果要使用 R 语言进行深入的关联分析，必须用到相应的包和函数，如 arules 包。本例我们仍然将 DVD 出租记录的数据文件作为关联分析目标。首先必须通过“library(arules)”语句加载 arules 包，接下来获取数据文件并进行分析，代码如下：

```
1.dat0=read.csv("dvdtrans.csv")
2.dat=split(as.factor(dat0[,"Item"]),as.factor(dat0[,"ID"]))
3.newdata=as(dat,"itemMatrix")
4.image(newdata)
5.itemFrequencyPlot(newdata)
6.DVD=apriori(newdata,parameter=list(support=0.1,confidence=0.1))
7.summary(DVD)
8.summary(interestMeasure(DVD,c("support","confidence","lift")))
9.plot(DVD,measure=c("confidence","lift"),shading="support",control=list(jitter=6))
10.plot(DVD,measure=c("confidence","lift"),shading="order",control=list(jitter=6))
11.plot(DVD,method="grouped")
12.plot(sort(DVD,by="lift"),method="graph",control=list(type="items"))
13.plot(DVD,method="graph",control=list(type="items"))
```

为了方便读者对照图示理解关联分析过程，我们将上述代码进行分段说明。

第 1—3 行代码如下：

```
dat0=read.csv("dvdtrans.csv")
dat=split(as.factor(dat0[,"Item"]),as.factor(dat0[,"ID"]))
newdata=as(dat,"itemMatrix")
```

第 1 行代码的作用是读取 dvdtrans.csv 文件；第 2 行代码的作用是进行数据转换，首先将数据转换为因子的形式 (as.factor)，再对数据进行拆分 (split)，最后将经过转换的数据存储于 dat 对象中；第 3 行代码的作用是调用 as() 函数，将数据转换为 arules 包可读取的 itemMatrix 格式，并存储于 newdata 对象中。其中，第 3 行代码非常重要，也是进行关联分析的关键。

第 4 行代码如下：

```
image(newdata)
```

第 4 行代码的作用是根据新转换的数据绘制顾客购买 DVD 的散点图，如图 10.10 所示。

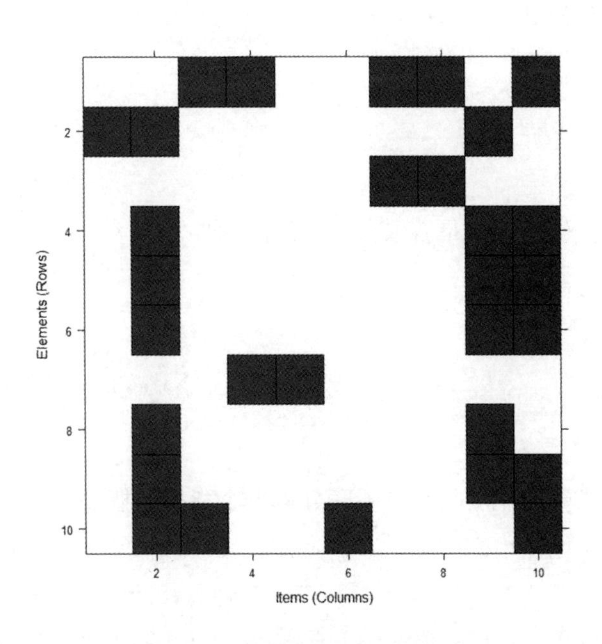

图 10.9　顾客购买 DVD 的散点图

第 5 行代码如下：

```
itemFrequencyPlot(newdata)
```

第 5 行代码的作用是生成顾客购买 DVD 的频率图（与图 10.6 相同）。

第 6 行代码如下：

```
DVD=apriori(newdata,parameter=list(support=0.1,confidence=0.1))
```

第 6 行代码的作用是调用关联分析函数 apriori()，将结果存储于 DVD 对象中。

第 7 行代码如下：

```
summary(DVD)
```

第 7 行代码的作用是获取分析结果的摘要。

第 8 行代码如下：

```
summary(interestMeasure(DVD,c("support","confidence","lift")))
```

第 8 行代码的作用是获取关联分析三个指标的摘要。

第 9 行代码如下：

```
plot(DVD,measure=c("confidence","lift"),shading="support",control=list(jitter=6))
```

第 9 行代码的作用是绘制关联分析的 3 个指标图示，本次关联分析共产生了 127 条关联规则，如图 10.11 所示。其中，measure=c("confidence","lift") 表示 x 轴和 y 轴标签分别为置信度和提升度；shading= “support” 表示使用热图（heatmap）的形式绘制支持度；control=list(jitter=6) 的作用是将重叠点适当分散，以增强可视化效果。

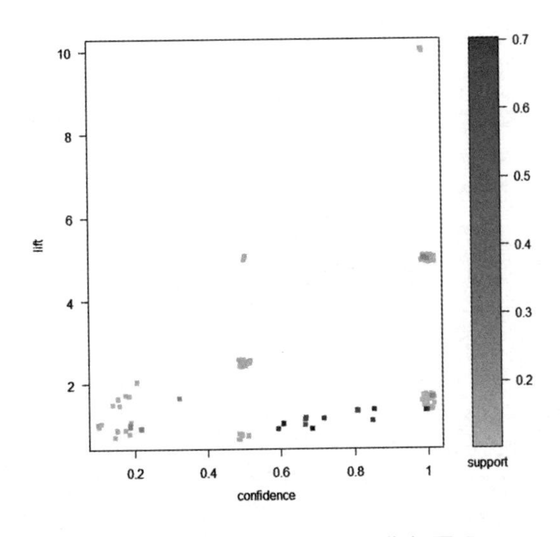

图 10.10　关联分析的 3 个指标图示

第 10 行代码如下：

```
plot(DVD,measure=c("confidence","lift"),shading="order",control=list(jitter=6))
```

第 10 行代码的作用是通过 shading="order" 语句，将支持度进行形式上的转换，如图 10.12 所示。arules 包中有很多函数及参数类型，读者可参考相关教材自行练习。

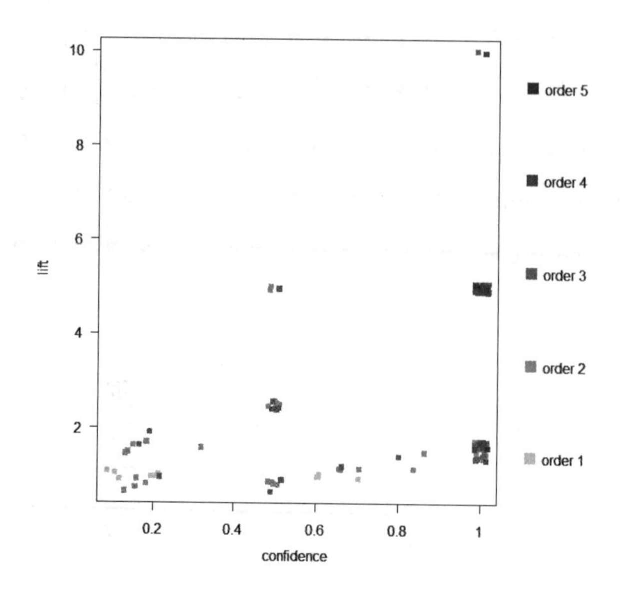

图 10.11　购物规则的“增益与信赖”关联 Order 图

第 11 行代码如下：

```
plot(DVD,method="grouped")
```

第 11 行代码的作用是根据关联规则绘制可视化图，如图 10.13 所示。图中的圆圈表示关联规则。其中，RHS 表示关联前项，即 Item 字段下的数据；LHS 表示关联后项；圆圈面积表示支持度，圆圈颜色表示增益度。例如，要推测购买过《爱国者》DVD 的顾客还会购买哪部 DVD，根据图示可以看出顾客最有可能购买的是《第六感》，还可以看出，《第六感》与另外两部 DVD 共产生了 18 个关联规则。

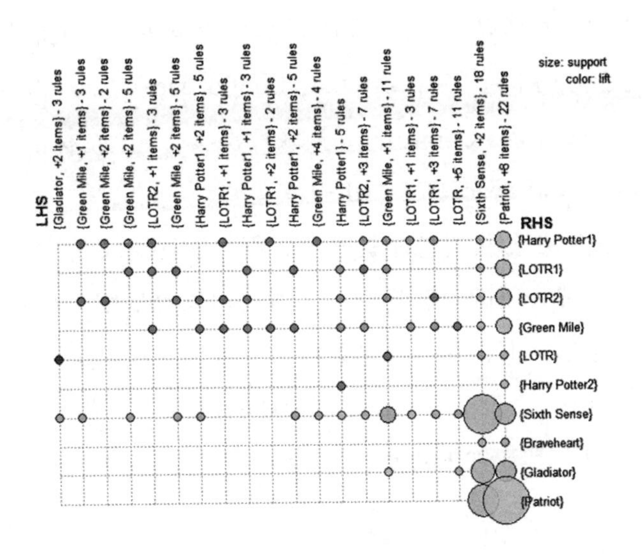

图 10.12　关联规则可视化图

如果要针对本例进行深入分析，就要从这 18 个关联规则入手。例如，现在要获取购买《角斗士》提升度大于 1 且支持度排名前五的关联规则，代码如下：

```
DVDx<-subset(DVD,subset= rhs%in%"Patriot"&lift>1)
inspect(head(sort(DVDx,by="support",n=5)))
```

结果如图 10.14 所示。

```
> inspect(head(sort(DVDx,by="support",n=5)))
   lhs                            rhs        support confidence lift
48 {Gladiator}                 => {Patriot} 0.6     0.8571429  1.428571
46 {Sixth Sense}               => {Patriot} 0.4     0.6666667  1.111111
98 {Gladiator,Sixth Sense}     => {Patriot} 0.4     0.8000000  1.333333
13 {Braveheart}                => {Patriot} 0.1     1.0000000  1.666667
52 {Braveheart,Gladiator}      => {Patriot} 0.1     1.0000000  1.666667
```

图 10.13　购买《角斗士》提升度大于 1 且支持度排名前五的关联规则

从图 10.14 中可以看出，《爱国者》与《角斗士》关联性最强，3 个指标的值分别为：Support=0.6，Confidence=0.85，lift=1.43；《爱国者》与 {《第六感》《角斗士》} 关联性次文，3 个指标的值分别为：Support=0.4，Confidence=0.8，lift=1.33。

如果在进一步分析时忽略提升度，则可能得到支持度和置信度都很高，但无法被采用的关联规则。例如，如果置信度无法高于图 10.6 所示的相对频率，那么加入筛选条件后，置信度反而会下降，这表示在该关联规则中，关联后项对于关联前项的推导没有帮助。

第 12—13 行代码如下：

```
plot(sort(DVD,by="lift"),method="graph",control=list(type= "items"))
plot(DVD,method="graph",control=list(type="items"))
```

第 12—13 行代码的作用是产生 127 条关联规则的提升度图，如图 10.15（a）和图 10.15（b）所示。其中，图 10.15（a）所示为将关联规则按照提升度排序后的提升度图示；图 10.15（b）所示为原始提升度图示。

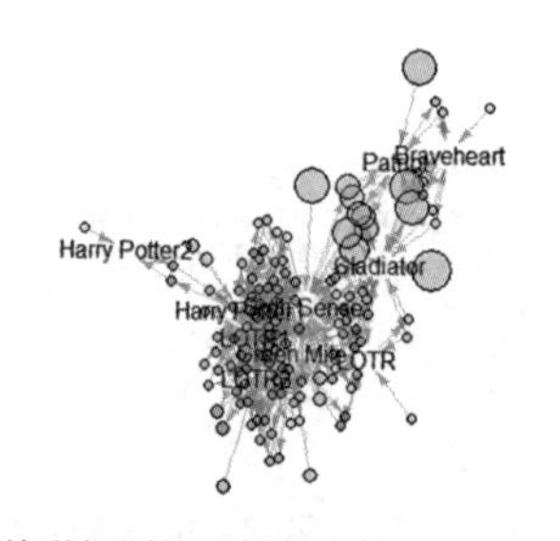

（a）将关联规则按照提升度排序后的提升度图示

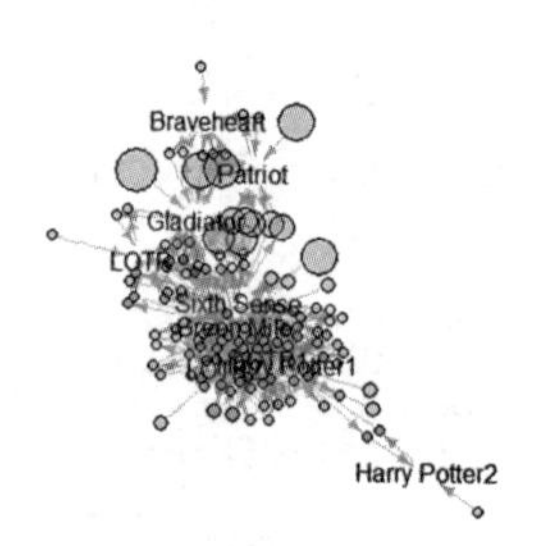

（b）原始提升度图示

图 10.14　127 条关联规则的提升度图示

图 10.15 所示的提升度对于本例来说并不容易解读。本例只包含 10 种商品，但对购物车的分析工作已不是易事，可想而知，对于商品种类较多的购物车分析会更加困难。其实图 10.13 和图 10.14 所示的可视化结果才是较为理想的分析参考依据。

关联分析是一种用于构造推荐系统或分析顾客购物行为的方法。下面再讲解一个通过关联分析预测个人收入的案例。

案例二：通过关联分析预测个人收入

本案例的讲解需要借助 R Commander。分析目标为 arules 包内置的美国人口普查数据，文件名为 AdultUCI.csv。这个数据文件中记载了 48 842 个美国人的收入情况。首先加载并查看这笔数据，代码如下：

```
library(arules)                          ## 加载 arules 包
data(AdultUCI)                           ## 加载 AdultUCI.csv 文件
dim(AdultUCI)                            ## 查看数据维度
fix(AdultUCI)                            ## 使用 data editor 查看数据
```

图 10.16 所示为使用 data editor 查看数据的界面。这样做的目的是明确有多少变量需要进行类型转换，因为关联分析适用于分类变量。如要预测个人收入，要先将个人收入（income）字段下的数据分为低收入（small）、中收入（medium）和高收入（large）三类。

race	sex	capital-gain	capital-loss	hours-per-week	native-country	income
White	Male	2174	0	40	United-States	small
White	Male	0	0	13	United-States	small
White	Male	0	0	40	United-States	small
Black	Male	0	0	40	United-States	small
Black	Female	0	0	40	Cuba	small
White	Female	0	0	40	United-States	small
Black	Female	0	0	16	Jamaica	small
White	Male	0	0	45	United-States	large
White	Female	14084	0	50	United-States	large
White	Male	5178	0	40	United-States	large
Black	Male	0	0	80	United-States	large
Asian-Pac-Islander	Male	0	0	40	India	large
White	Female	0	0	30	United-States	small
Black	Male	0	0	50	United-States	small
Asian-Pac-Islander	Male	0	0	40		large
Amer-Indian-Eskimo	Male	0	0	45	Mexico	small
White	Male	0	0	35	United-States	small
White	Male	0	0	40	United-States	small
White	Male	0	0	50	United-States	small

图 10.15　使用 data editor 查看数据

下面我们对其他变量进行处理，步骤如下。

步骤 1：选择图 10.17 中的“Rescale”和“Interval”两个选项，将“age”字段和“hours.per.week”字段下的数据划分区间。为了简单起见，可先划分为 4 个相等的区间，如图 10.17 所示。

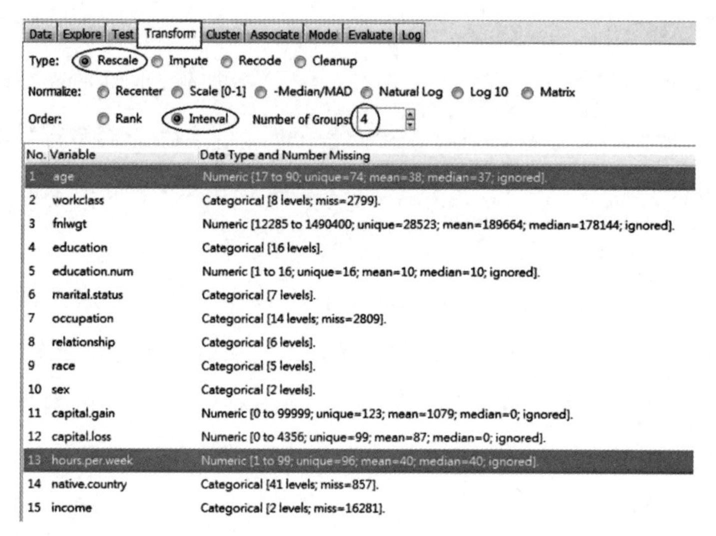

图 10.16　将“age”字段和“hours.per.week”字段下的数据划分区间

步骤 2：选择图 10.17 中的“Rescale”和“Interval”两个选项，将“capital.gain”字段和“capital.loss”字段下的数据分为 3 个相等的

区间，如图 10.18 所示。

Data | Explore | Test | Transform | Cluster | Associate | Model | Evaluate | Log

Type: ◉ Rescale ○ Impute ○ Recode ○ Cleanup

Normalize: ○ Recenter ○ Scale [0-1] ○ -Median/MAD ○ Natural Log ○ Log 10 ○ Matrix

Order: ○ Rank ◉ Interval Number of Groups: 3

No.	Variable	Data Type and Number Missing
1	age	Numeric [17 to 90; unique=74; mean=38; median=37; ignored].
2	workclass	Categorical [8 levels; miss=2799].
3	fnlwgt	Numeric [12285 to 1490400; unique=28523; mean=189664; median=178144; ignored].
4	education	Categorical [16 levels].
5	education.num	Numeric [1 to 16; unique=16; mean=10; median=10; ignored].
6	marital.status	Categorical [7 levels].
7	occupation	Categorical [14 levels; miss=2809].
8	relationship	Categorical [6 levels].
9	race	Categorical [5 levels].
10	sex	Categorical [2 levels].
11	capital.gain	Numeric [0 to 99999; unique=123; mean=1079; median=0; ignored].
12	capital.loss	Numeric [0 to 4356; unique=99; mean=87; median=0; ignored].
13	hours.per.week	Numeric [1 to 99; unique=96; mean=40; median=40; ignored].
14	native.country	Categorical [41 levels; miss=857].
15	income	Categorical [2 levels; miss=16281].

图 10.17　将“capital.gain”字段和“capital.loss”字段下的数据划分区间

步骤 1 和步骤 2 也可以使用 car 包中的 recode() 函数完成。

步骤 3：选择“Recode”选项，使新产生的变量保持为数值（Numeric）类型。接下来选择“As Categoric”选项，将变量进行重新编码，并转换为分类类型的变量，如图 10.19 所示。

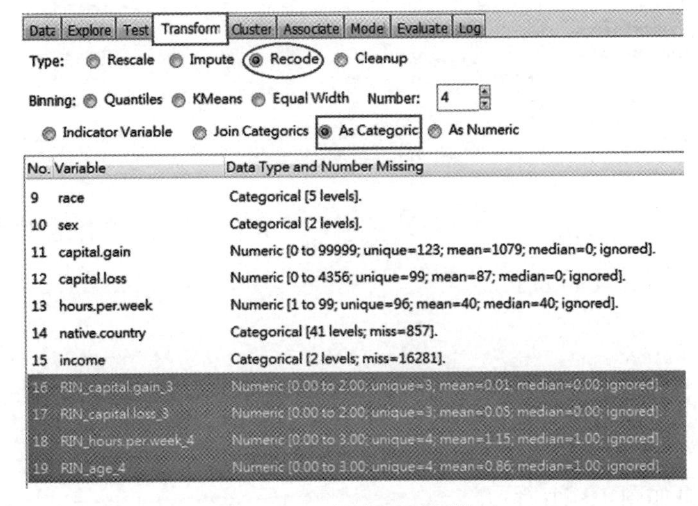

图 10.18　将变量重新编码

步骤4：回到 data editor 界面，将 income 设为目标变量（Target），其余需要用到的字段设为 Input 变量，不使用的变量设为忽略（Ignore），如图 10.20 所示。

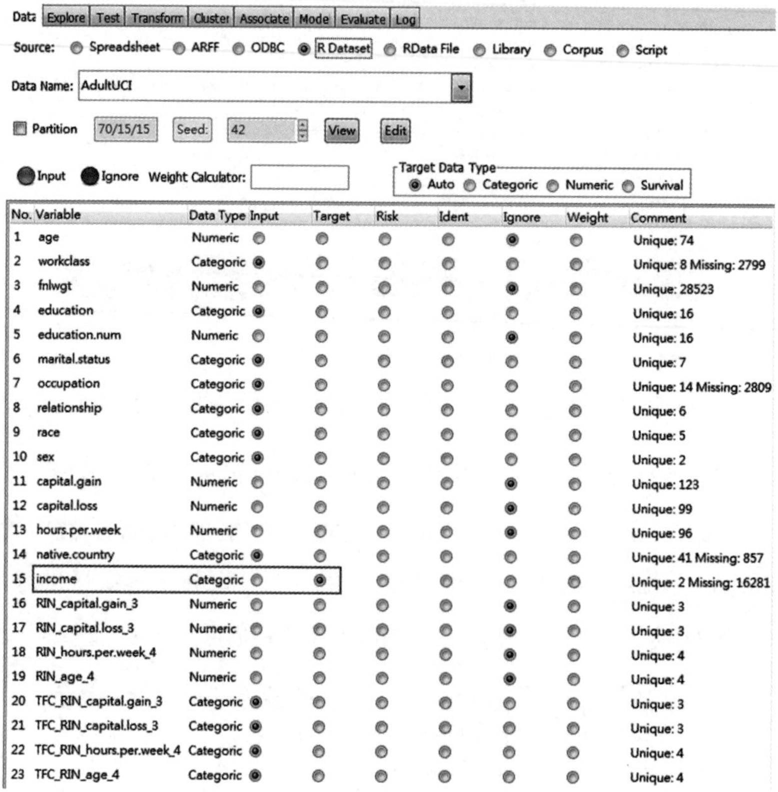

Data | Explore | Test | Transform | Cluster | Associate | Model | Evaluate | Log

Source: Spreadsheet ARFF ODBC ◉ R Dataset RData File Library Corpus Script

Data Name: AdultUCI

Partition 70/15/15 Seed: 42 View Edit

Input Ignore Weight Calculator:

Target Data Type: ◉ Auto Categoric Numeric Survival

No.	Variable	Data Type	Input	Target	Risk	Ident	Ignore	Weight	Comment
1	age	Numeric					◉		Unique: 74
2	workclass	Categoric	◉						Unique: 8 Missing: 2799
3	fnlwgt	Numeric					◉		Unique: 28523
4	education	Categoric	◉						Unique: 16
5	education.num	Numeric					◉		Unique: 16
6	marital.status	Categoric	◉						Unique: 7
7	occupation	Categoric	◉						Unique: 14 Missing: 2809
8	relationship	Categoric	◉						Unique: 6
9	race	Categoric	◉						Unique: 5
10	sex	Categoric	◉						Unique: 2
11	capital.gain	Numeric					◉		Unique: 123
12	capital.loss	Numeric					◉		Unique: 99
13	hours.per.week	Numeric					◉		Unique: 96
14	native.country	Categoric	◉						Unique: 41 Missing: 857
15	income	Categoric		◉					Unique: 2 Missing: 16281
16	RIN_capital.gain_3	Numeric					◉		Unique: 3
17	RIN_capital.loss_3	Numeric					◉		Unique: 3
18	RIN_hours.per.week_4	Numeric					◉		Unique: 4
19	RIN_age_4	Numeric					◉		Unique: 4
20	TFC_RIN_capital.gain_3	Categoric	◉						Unique: 3
21	TFC_RIN_capital.loss_3	Categoric	◉						Unique: 3
22	TFC_RIN_hours.per.week_4	Categoric	◉						Unique: 4
23	TFC_RIN_age_4	Categoric	◉						Unique: 4

图 10.19　设定变量

经过上述步骤后，即可以进行关联分析。我们先查看频率高于 20% 的项目，代码如下：

```
>itemFrequencyPlot(Adult[,itemFrequency(Adult)>0.2],cex.names=1)
```

结果如图 10.21 所示。

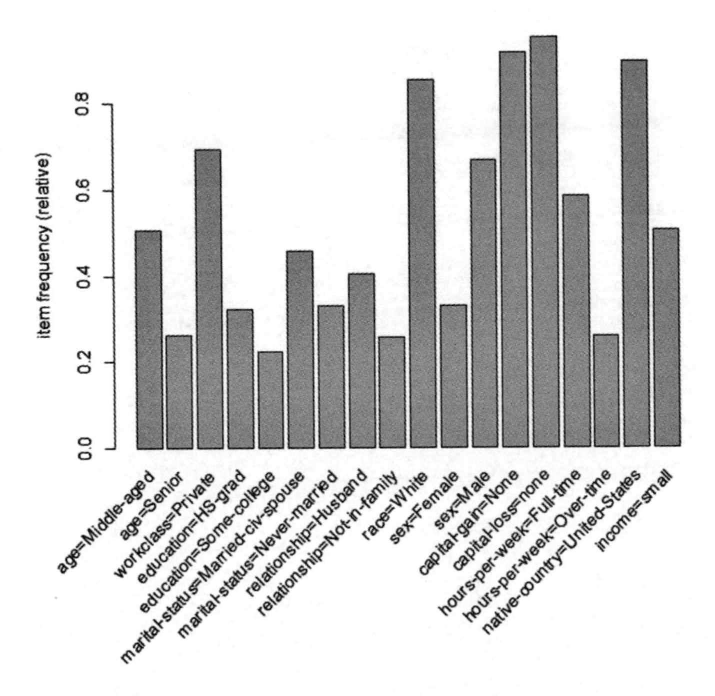

图 10.20　频率高于 20%的项目

从图中可以看出，大多数人与资本市场的投资没有关系（capital.gain=None, capital.loss=None），约半数人属于低收入者（income=small）。

下一步操作是产生关联规则，代码如下：

```
>rules=apriori(Adult,parameter=list(support=0.01,confidence=0.6))
>summary(rules)
set of 321437 rules
```

执行上述代码后，产生了约 30 万条关联规则，具体如下：

```
rule length distribution (lhs + rhs):sizes
```

```
1    2    3     4      5      6      7      8      9     10
7  437 4985 22741  55862  83550  79931  49641  19636  4647

   Min.  1st Qu.  Median   Mean  3rd Qu.   Max.
  1.000   5.000   6.000   6.431   7.000  10.000

summary of quality measures:
support             confidence          lift
Min.:0.01001        Min.:0.6000         Min.:0.7049
1st Qu.:0.01247     1st Qu.:0.8057      1st Qu.:1.0038
Median:0.01720      Median:0.9125       Median:1.0423
Mean:0.02832        Mean:0.8781         Mean:1.2713
3rd Qu.:0.02897     3rd Qu.:0.9749      3rd Qu.:1.2989
Max.:0.99482        Max. :1.0000        Max. :20.6125

mining info:
data     ntransactions   support   confidence
Adult            48842      0.01          0.6
```

由于本例的分析目标为个人收入水平，所以侧重于对其特性的数据处理，关联分析的其余部分可以依前文提到的方式处理。对于含有30万条关联规则的结果，必须进行可视化分析才能达到良好的预测效果。正因如此，下面要使用可视化图进行分析。由于产生了30万条关联规则，所以在绘制可视化图之前先要对关联规则进行筛选，而筛选依据就是关联分析的3个指标，代码如下：

```
rules.subset=subset(rules,subset=support>0.5&lift>0.8)
rules.subset
plot(rules.subset,method="grouped")
```

经过筛选后，得到了 194 条关联规则，画出的可视化图如图 10.22 所示。

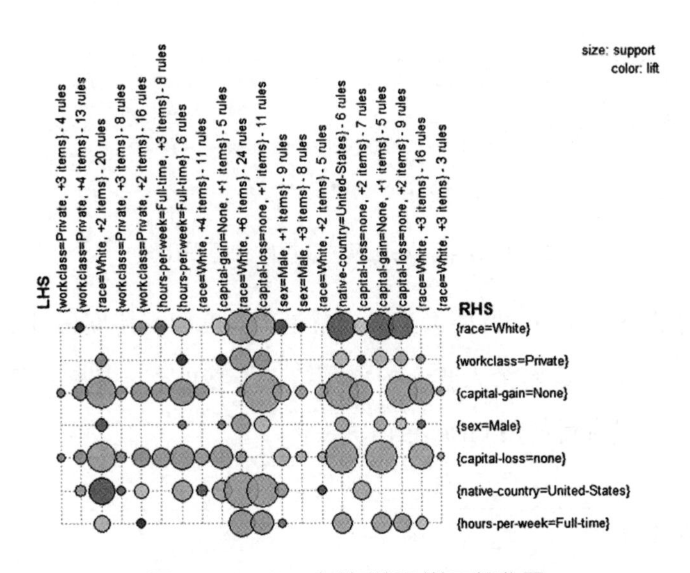

图 10.21　194 条关联规则的可视化图

图 10.22 中的关联前项不包含个人收入，也就是说，我们设定的条件没有筛选出个人收入的预测集合。接下来将筛选条件改为“support>0.1&lift>1”，这样共得到 7 409 条关联规则，重新绘制可视化图，结果如图 10.23 所示。

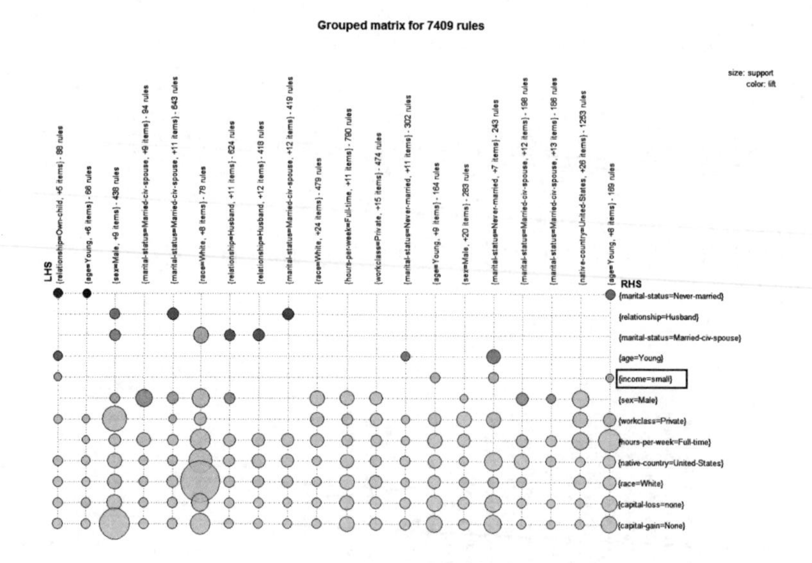

图 10.22　7 409 条关联规则的可视化图

由于图 10.23 中的圆圈太小，也就是增益度和支持度相对不高，因此我们设定的变量对个人收入的预测结果不够可靠。如果读者想练习更多情况，可自行使用 rattle 包内练习。

[练习]

参考本讲内容，思考如何通过关联规则预测个人收入的含税级距。

分析大数据时需要注意的问题

从技术层面上看，Apriori 算法对于大数据的处理速度较慢，并且每次都会产生大量候选集。另外，排除不应参与计算支持度的数据，因此每次执行 Apriori 算法都要重新计算支持度，还必须扫描全部数据，这导致 I/O 设备的负担很重。虽然这个问题假以时日必当克服，但我们要思考的是，目前使用这个算法做出的决策存在的问题。

购物车分析的最终目的是产生营销决策，也就是构造推荐系统（Recommendation System）。类似我们平时收到的，来自 Amazon、微信读书或 PChome 的通知信息："你可能会对以下商品感兴趣……" 这就是推荐系统的功能体现，其有 3 个组成成分：

1. 商家通过分析各种商品的销售量和库存，制定优惠方案。例如，如果顾客同时购买 3 种商品可享受 7.5 折优惠。
2. 顾客购物车状态会触发商品的实时推荐和优惠方案。
3. 顾客购买记录将成为历史数据，经过数据分析后，系统会自动推送消息，为顾客推荐可能感兴趣的商品，进而刺激顾客再次消费。

虽然推荐系统的功能十分强大，但是经常出现错误，这可能是由于算法设计不当造成的。笔者曾经在半年内被 Amazon 反复推荐购买过的商品。发生这种情况的可能原因是数据库的比对过程出现错误，还有一种可能是 Amazon 引入了第三方卖家，导致了不同的商家卖的同种商品被系统误认为是不同种类的商品。

此外，部分推荐系统从不考虑关联规则的置信度或支持度是否够高，只根据碎片化的结论就为顾客推荐商品，这样做将有损企业形象。但对于类似 Amazon 这种行业内的头部企业来说，即便出现这种情况也不会对企业效益造成太大的损失。

曾闹得沸沸扬扬的 Facebook 个人资料外泄事件牵涉英国大数据公司 Cambridge Analytics。只要该公司搜索用户在 Facebook 上的足迹，如到过的地方、点赞记录等，就会推测用户感兴趣的文章类型，进而对用户大量推送同类文章，给用户的生活造成了很大的困扰。

数据产品化——大数据决策的最后一段路

Dataflow 网站上曾有一篇标题为《零售业应用大数据分析的六大挑战》的文章。而后出现了很多与其讨论点相似的文章，如《区块链的五大技术瓶颈》。事实上，如果将互联网进入产业结构后出现的种种问题回归于经济学领域，可概括为竞争和策略。如果世界上只有一台计算机在进行机器学习，那么短期内它所做的预测实现的可能性自然很大。但是如果世界上有很多台计算机同时进行机器学习，就会出现机器竞争的短期流动性调节，后续策略分析还要回到理论层面，如内生、因果、货币、赛局、制度等。这些都将在新的实践研究中参考既有理论，不断地反省与思考。然而，将大数据应用到决策的最后一个问题就是数据产品化。

在一个数据竞争的环境中，必须认清信息化和数据化的区别。信息化是提供信息让我们参考，而数据化则是让我们可以行动。大数据商业模式的最后一段路就是“让数据说话”，也就是将数据嵌入商品并提高商品价值，这件事实施起来十分困难。

产品经理必须懂得如何通过数据为产品增值，其中涉及 3 个关键词，分别是产品化、数据化和商业智能。我们可以看到很多产品都十分注重产品化，也就是产品组合营销。例如，节日期间推出的赠送礼物活动或折扣活动。那什么是数据化呢？所谓数据化就是让数据预测评估和数据整合能更领先一步，简单地说，就是把数据分析框架应用到业务思考中，而不只是停留在统计计算的决策上。数据必须与产品相结合，这样数据的价值才能真正地实现，数据才能成为产品的核心。为此，产品经理需要有更丰富的想象力。

再举一个例子，目前很多医院的 App 只能提供信息化等少数功能，而缺少更多重要的功能。如挂号科无法查询、获取和分析自己的记录，甚至医院的App没有在病人就诊前将诊断记录存储在App内，一切全靠病人自己的记忆。一旦事后病人需要再次就诊，除了重新挂号、诊断，似乎没有其他办法直接查询。即使病人诊断数据都存储在数据库内，医院的App数据化程度也很低。另一方面，如果病人可以把平时血压、心律或血糖测量结果存入该医疗App，在就诊前直接与过去的记录比较，那么就能对自己的身体状况有一个初步的了解。而医生也可以在会诊时参考这些记录，更好地为病人治疗，这就是所谓的产品数据化。如果再结合商业智能，就能大幅提升产品价值。对于本例，一旦医院的App检测出使用者的健康状况存在问题，就会发出警报，提醒使用者应该提前挂号。举目所见，各行各业的产品都存在类似的问题。无论产品经理还是企业高管，都要反复问自己：我们的产品如何才能实现数据化。考虑好后，你可以思考一个问题，如果你是某运动中心的产品经理，要如何将你的产品数据化？

附录 A

关于 R 语言的安装

R 语言简介及安装

R 语言是一种开源数据分析工具，通过程序代码的执行来实现运算分析与图表的绘制。与其他商业统计工具相比，R 语言可以兼容很多类型的操作系统，并且支持免费下载与使用，这使得 R 语言从众多同类工具中脱颖而出。另外，R 语言的统计与绘图功能十分强大，可以绘制不同种类与功能的图形，如图 A.1 至图 A.3 所示。这也是其他统计软件难以超越的优点。

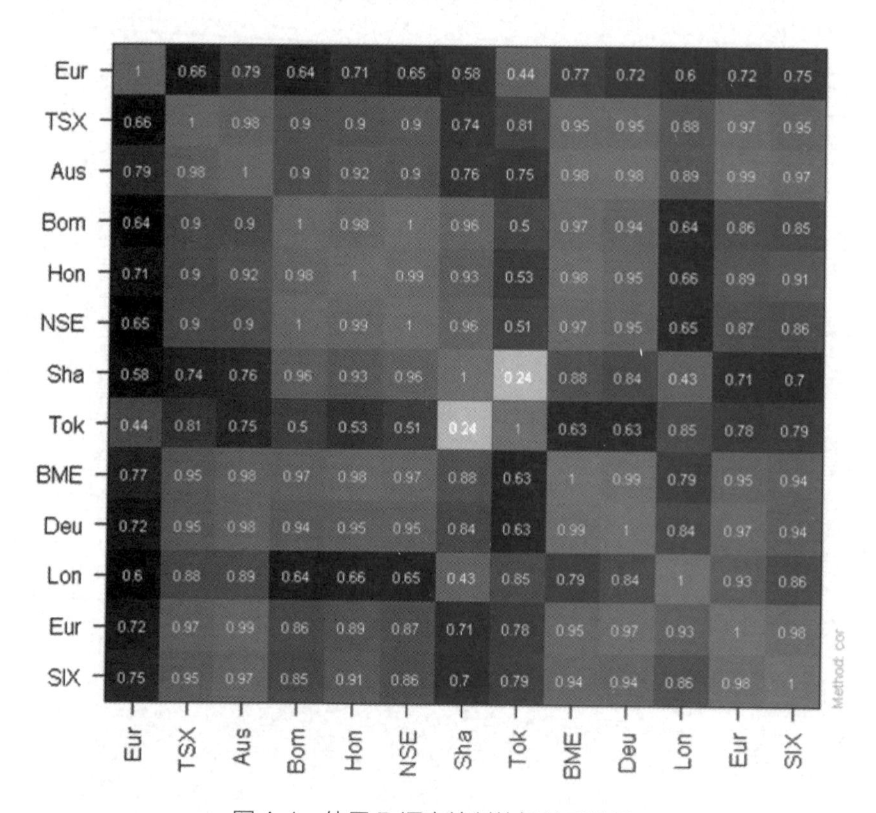

图 A.1　使用 R 语言绘制的相关系数图

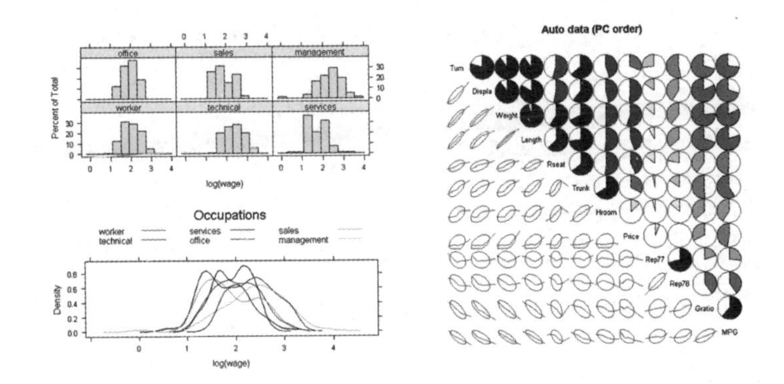

图 A.2 使用 R 语言绘制的数据分布图和关联矩阵

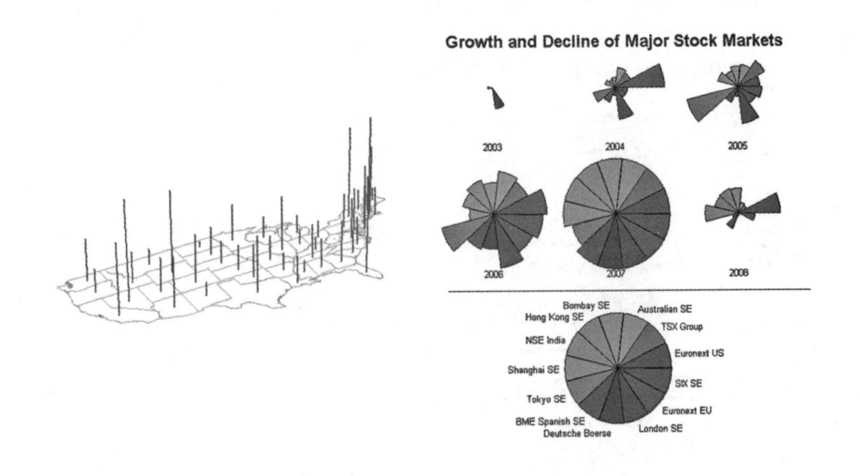

图 A.3 使用 R 语言绘制的地图、圆饼图和多层次图

网络上有各种各样的 R 语言学习资料和教程，读者可针对个人需要，自行下载并学习。R 语言官方网站上提供了实现各种功能的包，数量多达近七千种。R 语言官方网站上的包一般按照两种方式排序，一种是按照其发布时间排序；另一种是按照其首字母排序，如图 A.4 所示。由于 R 语言功能十分强大，故官方网站对其功能进行了分类，如图 A.5 圆圈内所示。点击“Task Views”按钮后可看到实现不同功能的包及相关信息。

Contributed Packages

Available Packages

Currently, the CRAN package repository features 18591 available packages.

Table of available packages, sorted by date of publication

Table of available packages, sorted by name

Installation of Packages

Please type `help("INSTALL")` or `help("install.packages")` in R for information on how to install packages from this repo contained in the R base sources) explains the process in detail.

CRAN Task Views allow you to browse packages by topic and provide tools to automatically install all packages for spec

Package Check Results

All packages are tested regularly on machines running Debian GNU/Linux, Fedora, macOS (formerly OS X) and Window

The results are summarized in the check summary (some timings are also available). Additional details for Windows chec

Writing Your Own Packages

The manual Writing R Extensions (also contained in the R base sources) explains how to write new packages and how to

Repository Policies

The manual CRAN Repository Policy [PDF] describes the policies in place for the CRAN package repository.

图 A.4　R 语言官方网站上的包

CRAN
Mirrors
What's new?
Task Views
Search

About R
R Homepage
The R Journal

Software
R Sources
R Binaries
Packages
Other

Documentation
Manuals
FAQs
Contributed

CRAN Task Views

CRAN task views aim to provide some guidance which packages on CRAN are relevant for tasks related to a c be automatically installed using the ctv package. The views are intended to have a sharp focus so that it is suffic are *not* meant to endorse the "best" packages for a given task.

- To automatically install the views, the ctv package needs to be installed, e.g., via
  `install.packages("ctv")`
  and then the views can be installed via `install.views` or `update.views` (where the latter only installs thos
  `ctv::install.views("Econometrics")`
  `ctv::update.views("Econometrics")`
- The task views are maintained by volunteers. You can help them by suggesting packages that should be i individual task view pages.
- For general concerns regarding task views contact the ctv package maintainer.

Topics

Bayesian	Bayesian Inference
ChemPhys	Chemometrics and Computational Physics
ClinicalTrials	Clinical Trial Design, Monitoring, and Analysis
Cluster	Cluster Analysis & Finite Mixture Models
Databases	Databases with R
DifferentialEquations	Differential Equations
Distributions	Probability Distributions
Econometrics	Econometrics
Environmetrics	Analysis of Ecological and Environmental Data
ExperimentalDesign	Design of Experiments (DoE) & Analysis of Experimental Data
ExtremeValue	Extreme Value Analysis
Finance	Empirical Finance
FunctionalData	Functional Data Analysis
Genetics	Statistical Genetics
Graphics	Graphic Displays & Dynamic Graphics & Graphic Devices & Visualization
HighPerformanceComputing	High-Performance and Parallel Computing with R

图 A.5　R 语言官方网站上的 Task Views

接下来介绍如何下载 R 语言，共分为 6 个步骤。

步骤 1：在浏览器地址栏中输入 http://www.r-project.org/，进

入 R 语言官方网站，如图 A.6 所示。点击方框中 Download 下方的“CRAN”按钮。

[Home]

Download

CRAN

R Project

About R
Logo
Contributors
What's New?
Reporting Bugs
Conferences
Search
Get Involved: Mailing Lists
Developer Pages
R Blog

R Foundation

Foundation
Board
Members
Donors
Donate

Help With R

The R Project for Statistical Computing

Getting Started

R is a free software environment for statistical computing and graphics. It compiles and runs on a wide variety of UNIX platforms, Windows and MacOS. To **download R**, please choose your preferred CRAN mirror.

If you have questions about R like how to download and install the software, or what the license terms are, please read our answers to frequently asked questions before you send an email.

News

- **R version 4.1.2 (Bird Hippie)** has been released on 2021-11-01.
- **R version 4.0.5 (Shake and Throw)** was released on 2021-03-31.
- Thanks to the organisers of useR! 2020 for a successful online conference. Recorded tutorials and talks from the conference are available on the R Consortium YouTube channel.
- You can support the R Foundation with a renewable subscription as a supporting member

News via Twitter

The R Foundation
@_R_Foundation
New R blog post from Tomas Kalibera, Uwe Ligges, Kurt Hornik, Simon Urbanek, Deepayan Sarkar, Luke Tierney, and Martin Maechler

Upcoming Changes in R 4.2 on Windowsdeveloper.r-project.org/Blog/public/20...

图 A.6　R 语言官方网站

步骤 2：根据所在地区选择对应的镜像，如图 A.7 所示。

China	
https://mirrors.tuna.tsinghua.edu.cn/CRAN/	TUNA Team, Tsinghua University
https://mirrors.bfsu.edu.cn/CRAN/	Beijing Foreign Studies University
https://mirrors.ustc.edu.cn/CRAN/	University of Science and Technology of China
https://mirror-hk.koddos.net/CRAN/	KoDDoS in Hong Kong
https://mirrors.e-ducation.cn/CRAN/	Elite Education
https://mirror.lzu.edu.cn/CRAN/	Lanzhou University Open Source Society
https://mirrors.nju.edu.cn/CRAN/	eScience Center, Nanjing University
https://mirrors.tongji.edu.cn/CRAN/	Tongji University
https://mirrors.sjtug.sjtu.edu.cn/cran/	Shanghai Jiao Tong University
https://mirrors.sustech.edu.cn/CRAN/	Southern University of Science and Technology (SUSTech)

图 A.7　根据所在地区选择对应的镜像

步骤 3：根据计算机使用的操作系统选择相应版本的 R 语言，笔者计算机使用的是 Windows 操作系统，如图 A.8 方框处所示。

The Comprehensive R Archive Network

CRAN
Mirrors
What's new?
Task Views
Search

About R
R Homepage
The R

Download and Install R

Precompiled binary distributions of the base system and contributed packages, **Windows and Mac** users most likely want one of these versions of R:

- Download R for Linux
- Download R for MacOS X
- Download R for Windows

图 A.8　根据计算机使用的操作系统选择相应版本的 R 语言

步骤 4：点击方框处的“base”按钮下载包，如图 A.9 所示。

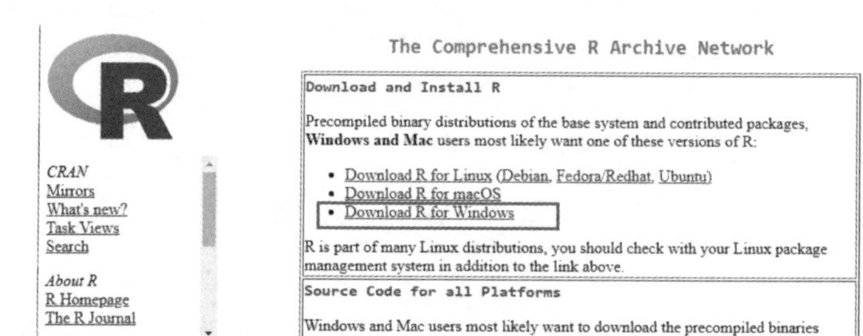

图 A.9　点击“base”按钮下载包

步骤 5：下载最新版本的 R 语言，截至本书截稿时，R 语言最新版本为 R–3.4.3，如图 A.10 所示。

R for Windows

Subdirectories:

base	Binaries for base distribution. This is what you want to **install R for the first time**.
contrib	Binaries of contributed CRAN packages (for R >= 2.13.x; managed by Uwe Ligges). There is also information on third party software available for CRAN Windows services and corresponding environment and make variables.
old contrib	Binaries of contributed CRAN packages for outdated versions of R (for R < 2.13.x; managed by Uwe Ligges).
Rtools	Tools to build R and R packages. This is what you want to build your own packages on Windows, or to build R itself.

Please do not submit binaries to CRAN.

图 A.10　下载最新版本的 R 语言

步骤 6：下载了最新版本的 R 语言执行文件后，点击图标安装 R 语言，安装过程中使用的语言为英语，进入如图 A.11 所示界面。

首先在窗口中选择“Yes”选项，表示可以在后续加载过程中自定义 R 语言的其他功能与模式，如图 A.11 方框处所示。这是一个定制化选项，选中后点击“Next”按钮，如图 A.11 所示。在图 A.12 所示的窗口中选择单文档界面（Single Document Interface，SDI）选项。单文档界面模式是 R Commander 和 Tinn-R 两个可视化界面的接口。如果此处没有选中该选项，则后续必须在批处理模式中才能使用 R 语言。选择完毕后点击“Next”按钮进入图 A.13 所示的窗口。

R-4.1.2 for Windows (32/64 bit)

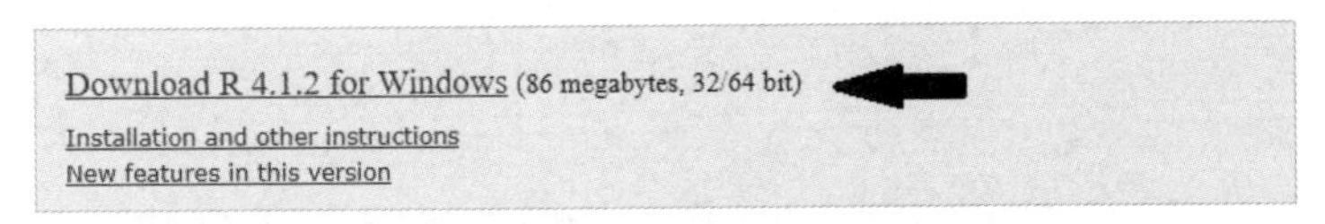

If you want to double-check that the package you have downloaded matches the package distributed by CRAN, you can compare the md5sum of the .exe to the fingerprint on the master server. You will need a version of md5sum for windows: both graphical and command line versions are available.

Frequently asked questions

图 A.11　选中“Yes”选项

Display Mode
Do you prefer the MDI or SDI interface?
Please specify MDI or SDI, then click Next.
MDI (one big window)
SDI (separate windows)
< Back　Next >　Cancel

图 A.12　选择单文档界面选项

在图 A.13 所示的窗口中选择方框处的“Plain test”选项，目的是能够在无网络连接的情况下使用 Help 功能，并且其开启速度会更快。选择完毕后点击“Next”按钮，进入如图 A.14 所示的窗口。在图 A.14 所示的窗口中选择“Standard”选项，然后连续点击“Next”按钮，直到 R 语言安装完成。

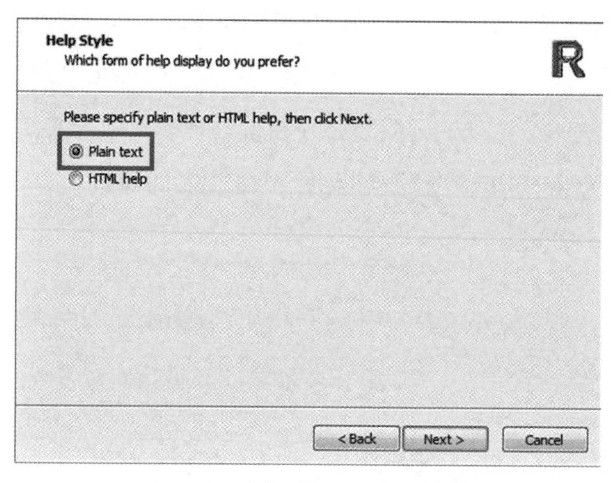

图 A.13　选择“Plain test”选项

图 A.14　选择“Standard”选项

R Commander 简介

撰写 R 语言程序的窗口称为控制台，如图 A.15 所示。R Commander 与我们平时使用的统计软件类似，它的数值运算等功能都可以在下拉菜单的窗口模式中通过点击来呈现。我们可以从 R Commander 丰富多元的功能中看出这一点，如图 A.16 所示。

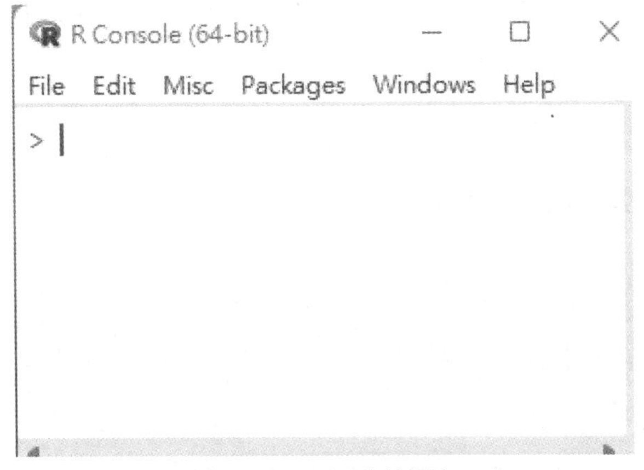

图 A.15　R 语言控制台

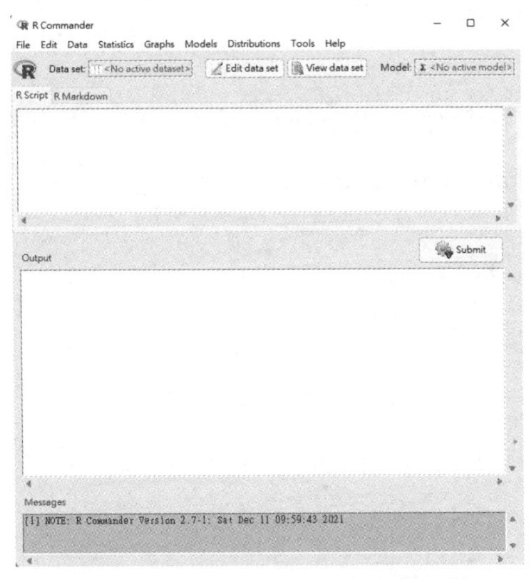

图 A.16　R Commander 操作界面

另外，R Commander 是 R 语言中少数几个属于窗口模式的模块之一。因此，对于习惯于用下拉式菜单操作的使用者来说，R Commander 不失为一个好的选择。

在 R Commander 中，“R 语法档”窗口用于显示使用者在操作过程中输入的所有代码；“Output”窗口中红色字体的内容为功能性代码，蓝色字体的内容为对应代码的执行结果；“信息”窗口中红色字体的内容表示代码输入存在错误，绿色字体的内容表示警告，蓝色字体的内容为其他信息，如时间、数据字段数等。

安装 R Commander

安装 R Commander 可分为以下 5 个步骤。

步骤 1：首先选择“程序函数”选项，然后选择“设定 CRAN 镜像……”选项。

步骤 2：根据所在地区选择镜像，选择完毕后点击“确定”按钮。

步骤 3：再次选择“程序函数”选项，然后选择“安装程序套件…”，进行程序包的安装。

步骤 4：选择所有以“Rcmdr”开头的包，点击“OK”按钮，即可开始安装 R Commander，如图 A.17 所示。

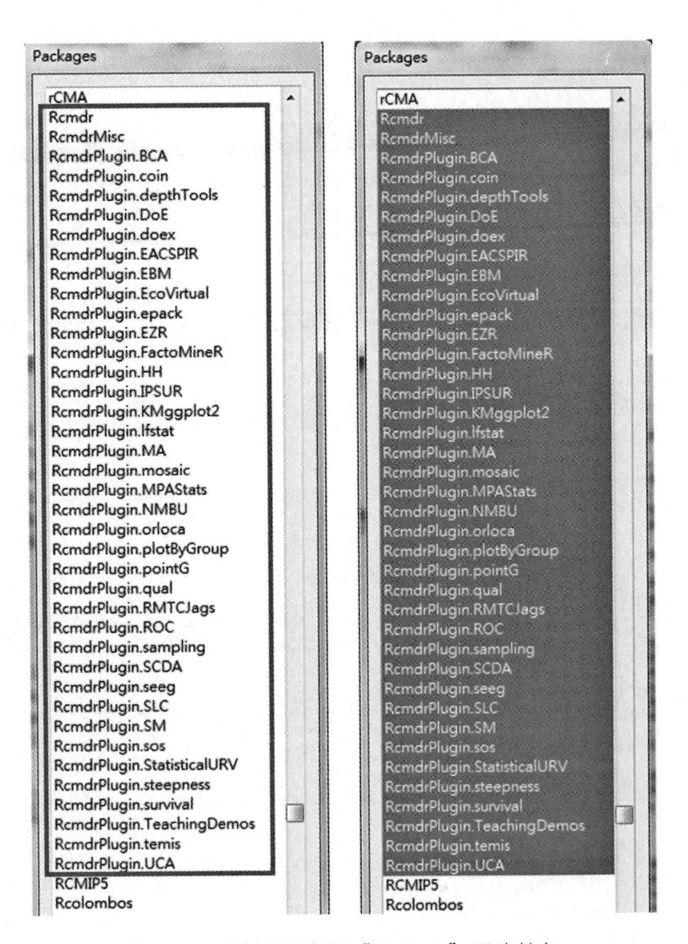

图 A.17　选择所有以“Rcmdr”开头的包

步骤 5：启动 R Commander。

启动 R Commander 的方法有以下两种。

方法 1

首先在 R 语言控制台中选择“程序函数”选项，然后选择“载入程序套件…”并找到“Rcmdr”，最后点击“开启”按钮。

方法 2

首先在 R 语言控制台中输入“library(Rcmdr)”，然后按键盘上的“Enter”键，即可启动 R Commander。

如果输入上述指令无法启动 R Commander，且控制台显示缺少某些函数，只要根据提示，一步步往下操作即可，前提是网络已连接。

附录 B

rattle 包的安装

附录B将介绍如何使用实现数据挖掘可视化功能的rattle包。rattle包在R语言使用者群体中的知名度很高，其开发者格雷厄姆·威廉姆斯（Graham Williams）专门为其写了一本名为《用Rattle和R语言进行数据挖掘：为知识发现数据挖掘的艺术》（*Data Mining with Rattle and R: The Art of Excavating Data for Knowledge Discovery*）的书。rattle包可视化窗口与其他用于输入R语言代码的窗口不同，它像是一种统计软件，其数据挖掘等功能可以在下拉菜单的窗口模式中通过点击的方式呈现。

下面介绍rattle包的安装过程。首先启动R语言控制台，依次选择“Packages”→“Install package(s)”（本部分使用的操作界面语言为英文），如图B.1所示。选择完毕后会弹出R语言包选择窗口，将窗口右侧的滚动条下拉，选择“rattle”，如图B.2所示。在有网络连接的情况下，系统会自动安装这个包。

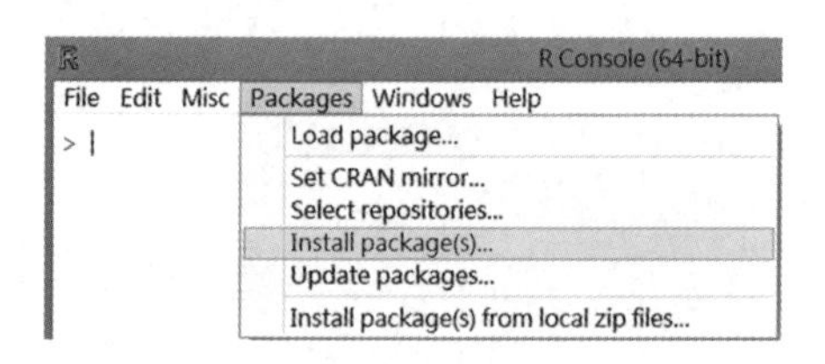

图 B.1　在 R 语言控制台中选择“Install package(s)”选项

图 B.2　在包选择窗口中选择“rattle”

安装完毕后，输入图 B.3 中的代码，启动 rattle 包。

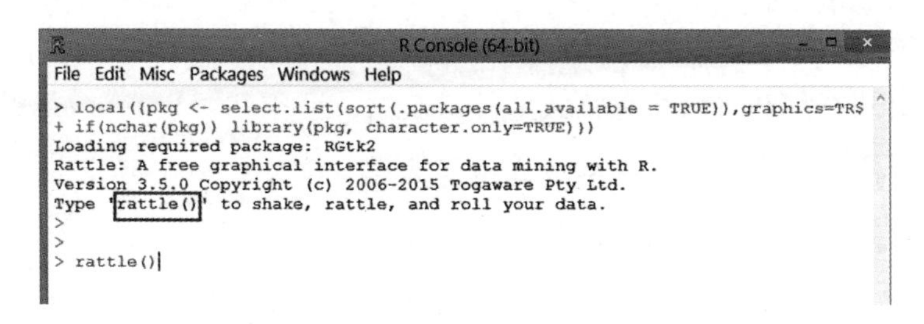

图 B.3　启动 rattle 包

如果要安装的包很多，会导致 R 语言控制台的负载很大，进而启动 rattle 包的时间就会延长。除了上述启动方式，还可以通过在控制台输入指令的方式启动 rattle 包，代码如下：

```
library(rattle)
rattle()
```

上述启动方式速度很快，启动完毕后即可进入 rattle 图形用户界面，如图 B.4 所示。

R Data Miner - [Rattle]
Project Tools Settings Help
Execute New Open Save Report Export Stop Quit
Data Explore Test Transform Cluster Associate Model Evaluate Log
Source: Spreadsheet ARFF ODBC R Dataset RData File Library Corpus Script
Filename: (None) Separator: , Decimal: . Header
Partition 70/15/15 Seed: 42 View Edit
Input Ignore Weight Calculator: Target Data Type Auto Categoric Numeric Survival
No. Variable Data Type Input Target Risk Ident Ignore Weight Comment

图 B.4　rattle 图形用户界面

加载外部数据

rattle 包可以加载多种格式的外部数据，可参考图 B.4 “source” 选项后的选项，常用的数据格式有电子表格、ODBC 和文字等。个人用户通常使用的是 .csv 格式的数据。下面我们用一笔汽车相关参数数据来讲解外部数据的加载方式，该笔数据存储于 auto.csv 文件中，如图 B.5 所示。

A	B	C	D	E	F	G	H	I	J	K	L	M	N
Model	Origin	Price	MPG	Rep78	Rep77	Hroom	Rseat	Trunk	Weight	Length	Turn	Displa	Gratio
AMC Concord	A	4099	22	3	2	2.5	27.5	11	2930	186	40	121	3.58
AMC Pacer	A	4749	17	3	1	3	25.5	11	3350	173	40	258	2.53
AMC Spirit	A	3799	22	NA	NA	3	18.5	12	2640	168	35	121	3.08
Audi 5000	E	9690	17	5	2	3	27	15	2830	189	37	131	3.2
Audi Fox	E	6295	23	3	3	2.5	28	11	2070	174	36	97	3.7
BMW 320I	E	9735	25	4	4	2.5	26	12	2650	177	34	121	3.64
Buick Century	A	4816	20	3	3	4.5	29	16	3250	196	40	196	2.93
Buick Electra	A	7827	15	4	4	4	31.5	20	4080	222	43	350	2.41
Buick Le sabre	A	5788	18	3	4	4	30.5	21	3670	218	43	231	2.73
Buick Opel	A	4453	26	NA	NA	3	24	10	2230	170	34	304	2.87

图 B.5　auto.csv 文件中的数据

相关字段说明如下：

Model 表示汽车品牌和类型。

Origin 表示汽车产地。

Price 表示汽车价格，单位为美元。

MPG 表示该汽车拥有 1 加仑汽油可以行使的距离，单位为英里。

Rep78 表示该汽车在 1978 年维修时记录的车况，用数字 1—5 区分不同的车况。其中，1 表示特别不好；5 表示很好。

Rep77 表示该汽车在 1977 年维修时记录的车况，区分方式与 Rep78 相同。

Hroom 表示车头长度，单位为英寸。

Rseat 表示后座长度，单位为英寸。

Trunk 表示后备厢容量，单位为立方英尺。

Weight 表示车身重量，单位为英磅。

Length 表示车身长度，单位为英寸。

Turn 表示最小转弯半径，单位为英尺。

Displa 表示引擎排气量，单位为立方英尺。

Gratio 表示高速挡齿轮速比。

加载这笔数据共分为如下两个步骤。

步骤 1：首选在“Filename”选项处选择数据文件所在的文件夹，然后选择要读取的数据文件，这时 Filename 选项后就会显示所选择的数据文件的文件名，如图 B.6 所示。

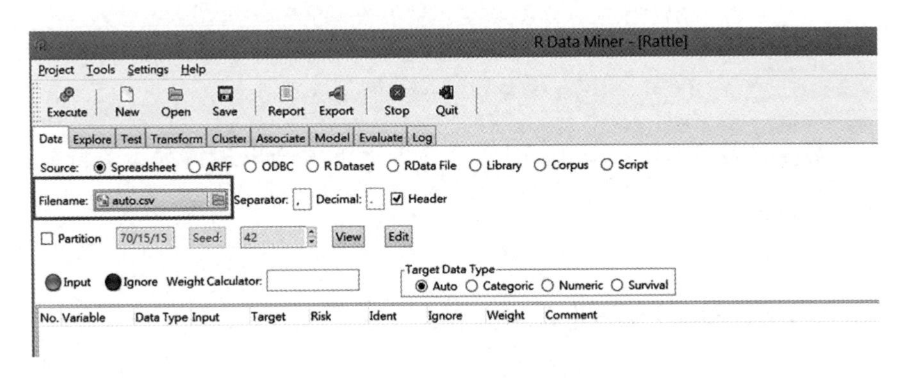

图 B.6 选择数据文件

步骤 2：点击图 B.7 方框处内的“Execute”（执行）按钮，将数据加载至 rattle 图形用户界面中。圆圈处的“View”和“Edit”按钮的作用分别为查看和编辑数据。

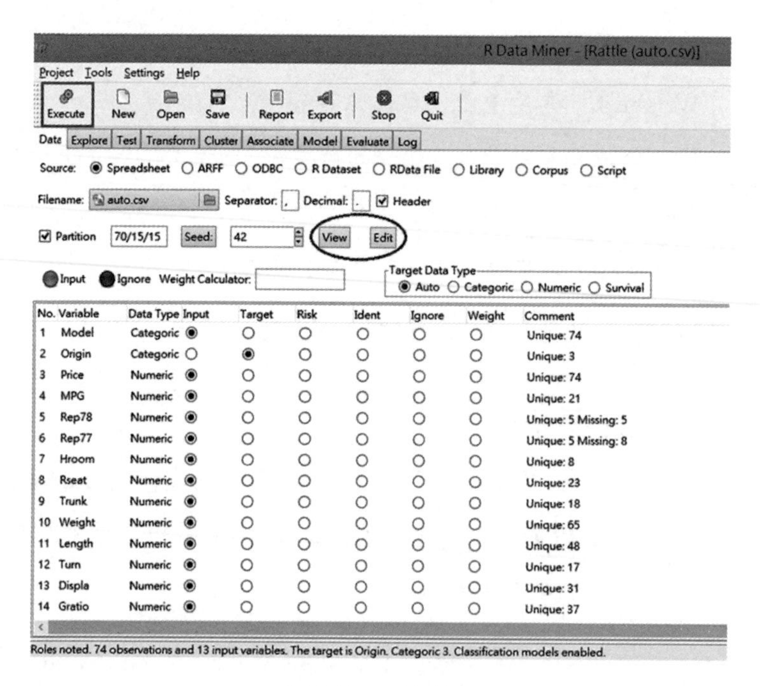

图 B.7 加载数据

数据加载完毕后，rattle 图形用户界面下方会出现数据相关特征，相关字段说明如下：

No. 表示变量序号。

Variable 表示变量名称。

Data Type 表示变量类型。其中，Categoric 表示类型变量，Numeric 表示数值变量。

Input 表示解释变量。

Target 表示被解释变量，也就是数据分析的对象。默认情况下，rattle 会自动选取，读者可依照分析需求自行选取。

Risk、Ident、Ignore、Weight 表示变量在模型内的角色。如选择 Weight 表示对变量进行加权；选择 Ignore 表示分析时不纳入模型。

Comments 表示变量的性质，如有多少个缺值等。

图 B.7 最下方是对数据的说明和设定的简单结构，即包含 74 笔观察值、13 个变量……了解了数据加载过程和变量的含义后，就可以使用 rattle 图形用户界面对数据进行分析了。

加载 R 语言内置数据

R 语言内置了许多数据供使用者练习。在 rattle 用户图形界面中加载 R 语言内置数据的步骤如下。

步骤 1：在 R 语言控制台输入以下代码：

```
>data(mtcars)
```

其中，mtcars 就是要加载的数据。由于其属于 R 语言内置数据，所以要调用 data() 函数来加载。

步骤 2：数据在控制台加载完毕后，rattle 用户图形界面就会显示数据名称与来源，如图 B.8 所示。其中，Source 后的第 4 个选项“R Dataset”表示当前加载的是 R 语言内置数据。接着点击左上角的“Execute”按钮，这样就完成了这笔数据的加载。

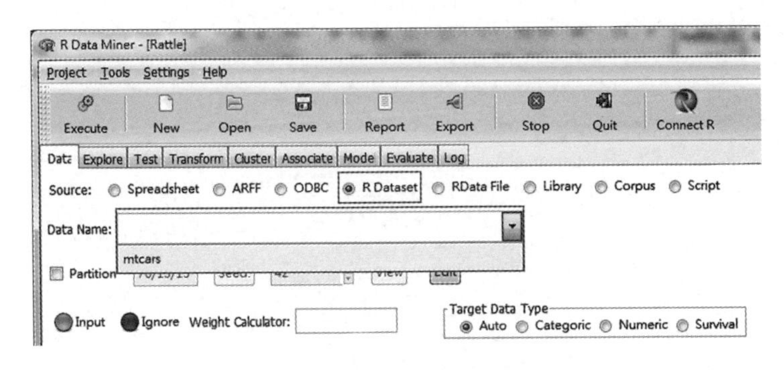

图 B.8　加载 R 语言内置数据

另外，还可以使用 rattle 用户图形界面加载外部数据。例如，现在要加载一个名为“filename.csv”的数据文件，就可以在 R 语言控制台输入以下代码：

```
Dat<-read.csv(filename.csv)
```

其中，Dat 对象用于存储 read.csv() 函数调用的外部文件。接下来就可以在 rattle 用户图形界面中用如图 B.8 所示的方法，通过加载 Dat 对象来加载其存储的外部数据。笔者在使用 rattle 用户图形界面加载外部数据时，几乎都是用这种方式。

附录 C

数据文件的读取和 MySQL 数据库的使用

数据的读取

传统的数据读取方式是一次性读取整个文件并将其存储于内存中。如果要读取的数据文件大小为 GB 级，那么使用内存为 8 ～ 16 GB 的计算机就可以轻松地将其读取。但是，如果要读取的数据文件中的数据量很大且部分数据对于后续分析没有用处，那么这个过程类似于将书店中全部图书都买回家，再逐本查找需要的书，这样做非常耗时耗力。所以当我们需要读取数据文件中的部分数据时，可以通过数据库来读取。数据库读取数据时使用的技术是连接。使用该技术后，不需要读取整个数据文件，就可以通过对数据文件中字段的检索来读取部分数据。下面我们来介绍如何使用 R 语言读取各种类型的数据，以及如何使用 R 语言与 MySQL 数据库建立连接来读取部分数据。

使用 R 语言读取数据的方式一般分为两种，一种是通过读取数据文件来读取数据，可读取的数据文件的格式有 .csv、.txt、.xls 等；另一种是从其他统计软件中读取数据，如 S-PLUS、SAS、SPSS 等。

在使用 R 语言读取数据之前，要先指定存放数据的工作目录，后续对该数据的操作都在这个工作目录下完成。因此读取数据的第一个步骤就是更改目录（change directory），如图 C.1 所示。首先在 R 语言控制台中选择“档案”选项，然后在下拉菜单中选择“变更现行目录……”选项，接着指定存放数据的工作目录，最后点击“确定”按钮。需要注意的是工作目录的名称只能包含英文字符，这样在读取数据时才不会出现错误。

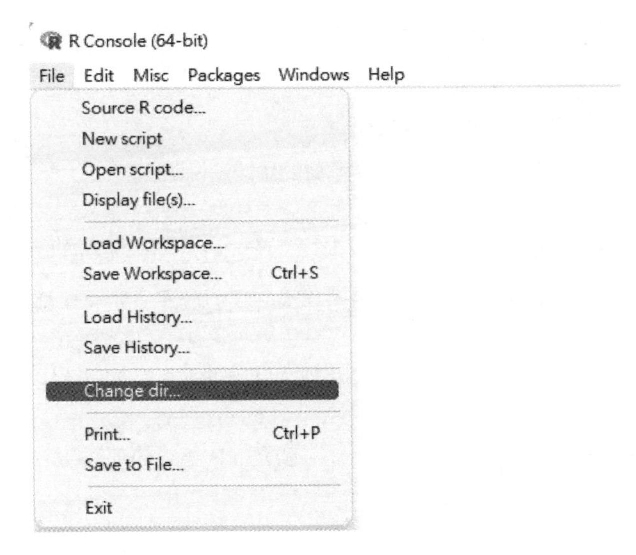

图 C.1　在 R 语言控制台中读取数据

使用 RStudio 读取数据的方法如图 C.2 所示。如果读取的是源程序文件，则 RStudio 会自动将源程序文件所在的目录设为工作目录。

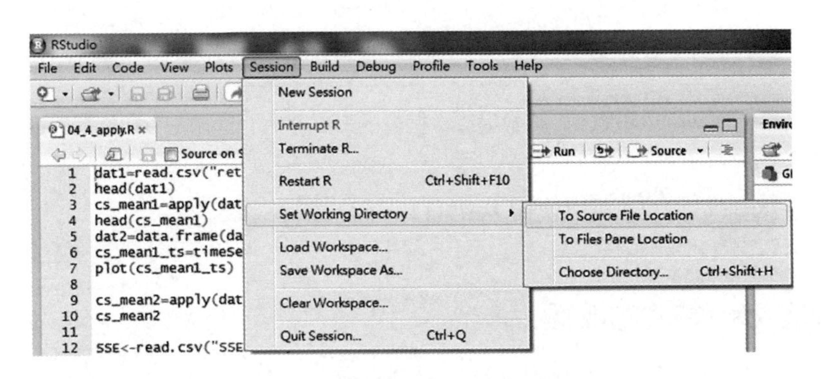

图 C.2　使用 RStudio 读取数据

在 R 语言中，常用的读取数据的函数有 read.csv()、read.table()、read.xls() 等。另外，通常使用 save() 函数存储数据，使用 load() 函数加载使用 save() 函数存储的数据，使用 write() 函数写入数据。其中，save() 函数会将数据存储为 .RData 格式的文件，这样能使数据的格式符合 R 语言规范，进而使对该数据的后续操作更加方便。上述函数的功能及说明如表 C.1 所示。

表 C.1　各种函数的功能及说明

功能	函数	说明
读取数据	read.csv()	读取以逗号作为间隔的数据，如 .csv 格式的数据
	read.table()	读取以空格作为间隔的数据，如 .txt 格式的数据
	read.xls()	读取 .xls 格式的数据
存储数据	save()	将数据以 .RData 格式存储，使其符合 R 语言规范
加载数据	load()	加载使用 save() 函数存储的数据
写入数据	write()	将数据以向量或矩阵的形式写入
	write.csv()	将数据以数据框的形式写入，适用于 .csv 格式的数据
	write.table()	将数据以数据框的形式写入，适用于 .txt 格式的数据

下面我们介绍如何使用 R 语言读取各种格式的数据。

读取 .csv 格式的数据

.csv 格式的数据通常以表格的形式存在，并且以逗号作为间隔。在 R 语言中，使用 read.csv() 函数读取 .csv 格式的文件。如果在 read.csv() 函数中设置“header=TRUE”，则表示读取数据后，在第一行显示各字段的名称，代码如下：

```
1.bankwage=read.csv("bankwage.csv",header=TRUE)
2.dim(bankwage)
3.head(bankwage)
4.summary(bankwage)
5.names(bankwage)=c("wage","education","wage0","gender","minority","j-
  ob")
6.attach(bankwage)
7.write.csv(bankwage,file="bankwage.csv")
```

代码说明

1. 读取名称为 bankwage.csv 的数据文件。
2. 输出数据的维度。
3. 输出前几笔数据，默认为前 6 笔数据。可以用“head(bankwage,n= 输出数据的笔数)”的形式自定义输出的数据笔数。
4. 输出这笔数据各字段下的数据。
5. 调用 names() 函数为这笔数据的各字段重命名。
6. 将数据存入内存。
7. 调用 write.csv() 函数将修改后的数据存储于原始数据所在的文件夹中。

其中，第 2 行代码的输出结果为：“474，6”，表示这是一笔 474 行、6 列的数据，即数据中有 6 个字段，每个字段下有 474 个数据；第 3 行代码的输出结果如下：

```
head(bankwage)
     wage   education   wage0   gender   minority            job
1   57000          15   27000     Male         No     Management
2   40200          16   18750     Male         No  Administrative
3   21450          12   12000   Female         No  Administrative
4   21900           8   13200   Female         No  Administrative
5   45000          15   21000     Male         No  Administrative
6   32100          15   13500     Male         No  Administrative
```

第 4 行代码的输出结果如下：

```
summary(bankwage)
      wage              education              wage0
Min.:     15750    Min. :      8.00     Min. :     9000
1stQu. :  24000    1st Qu.:   12.00     1st Qu.:   12488
Median:   28875    Median :   12.00     Median:    15000
Mean :    34420    Mean:      13.49     Mean:      17016
3rdQu.:   36938    3rdQ.:     15.00     3rd Qu.:   17490
Max. :    135000   Max. :     21.00     Max.:      79980
    gender              minority               job
Female:  216          No :  370         Administrative:  363
Male :   258          Yes:  104         Custodians :      27
                                        Management:       84
```

读取 .txt 格式的数据

.txt 格式的数据是用记事本生成的，并且以空格作为间隔。在 R 语言中，使用 read.table() 函数读取 .txt 格式的数据。read.table() 函数与 read.csv() 函数最主要的区别在于，read.csv() 函数中默认输入“header=TRUE”，而 read.table() 函数中默认输入“header=FALSE”，即读取数据后在第一行不输出字段名称。对于上例中的数据，分别为 header 参数赋予“TRUE”和“FALSE”，对应的输出结果如表 C.2 所示。

表 C.2　header=TRUE/FALSE 对应的输出结果

header=TRUE					header=FALSE				
	wage	education	wage0	gender		V1	V2	V3	V4
1	57000	15	27000	Male	1	wage	education	wage0	gender
2	40200	16	18750	Male	2	57000	15	27000	Male
3	21450	12	12000	Female	3	40200	16	18750	Male

通常使用 scan() 函数将读取的数据转换为向量或矩阵的形式。下面通过一个示例来讲解 read.table() 函数和 scan() 函数的作用，代码如下：

```
1.data1=matrix(scan("risk_4v_scan.txt",n=113*4),113,4,byrow=TRUE)
2.data1
3.data2=read.table("risk_4v_rt.txt",header=TRUE)
4.data2
5.write.table(data2,file="risk_4v_rt.txt")
```

代码说明

1. 读取存储于“risk_4v_scan.txt”文件中的数据，然后存储于 data1 对象中，并且让数据以 113×4 矩阵形式显示。byrow=TRUE 的作用是将数据以列优先的次序转换为矩阵，该笔数据共有 452 条记录。
2. 输出 data1 对象中存储的数据。
3. 再次读取原始数据，在输出结果的第一行加上字段名称，并存储于 data2 对象中。
4. 输出 data2 对象中存储的数据。
5. 调用 write.table() 函数，将 data2 对象中存储的数据存储于原始数据所在的文件夹中。

其中，第 2 行代码的部分输出结果如下：

```
data1=matrix(scan("risk_4v_scan.txt", n=113*4),113,4,byrow=TRUE)
Read 452 items
data1
                    [,1]        [,2]        [,3]        [,4]
```

```
[1,]  -0.018680  -0.159376  -4.705716  -6.800977
[2,]  -0.253432  -0.341416  -0.658024  -5.522831
[3,]   0.992952   0.287517   5.042660   13.8323

data2
          ret         rm        hml        smb
1   -0.018680  -0.159376  -4.705716  -6.800977
2   -0.253432  -0.341416  -0.658024  -5.522831
3    0.992952   0.287517   5.042660   13.8323
```

读取 .xls 和 .xlsx 格式的数据

.csv 格式的数据是以一张表的形式存在的，而 .xls 格式的数据可以以多张表的形式存在。R 语言有多个可以读取 .xls 格式数据的包，如 xlsReadWrite、gdata 和 RODBC。其中，xlsReadWrite 和 gdata 包中读取 .xls 格式数据的函数是 read.xls()，但使用 gdata 包读取数据时需要借助 perl 语言；而 RODBC 包需要先与数据库建立连接，再使用结构化查询语言才能读取数据。下面分别介绍如何使用 gdata、RODBC 包读取 .xls 格式的数据，使用 openxlsx 包读取 .xlsx 格式的数据。

我们要读取的数据文件名称为 capm.xls，该数据文件由两张表组成，分别是 returns 表和 factors 表，如图 C.3 所示。两张表中既有缺值也有空格，当数据表被读取时，会在空格处自动填入“NA”。现在我们使用 gdata 和 RODBC 两个包来读取这笔数据，代码如下：

B2　　f_x　-0.00755

	A	B	C	D	E
1	Month	no_600000	no_600001	no_600005	no_600006
2	2001/1/1	-0.00755	1.10811	0.591643	0.856786
3	2001/2/1	-0.263922	-0.098761	NA	0.295706
4	2001/3/1	0.2367	0.1771	0.127336	0.071977
5	2001/4/1	-0.21949		-0.149714	0.16117
6	2001/5/1	-0.052553	-0.085106	0.173712	NA
7	2001/6/1	-0.030167	-0.083448	-0.133948	0.231005
8	2001/7/1	-0.522291	-0.449577	-0.113662	-0.366409
9	2001/8/1	-0.618835	-0.499835	-0.477065	0.152035
10	2001/9/1	-0.065374	-0.086485	0.004255	0.000468
11	2001/1/1	0.365083	-0.158644	-0.273172	-0.145089
12	2001/11/1	0.111323	0.280691	0.124036	0.237223

returns　factors

就绪

图 C.3　capm.xls 文件中的数据

```
1.library(gdata)
2.mydata1=read.xls("capm.xls",sheet=1,perl="c:/strawberry/perl/bin/perl.
  exe",header=TRUE)
3.head(mydata1)
4.library(RODBC)
5.mydata2=odbcConnectExcel("capm.xls")
6.sqlTables(mydata2)
7.capm_ret=sqlFetch(mydata2,"returns")
8.capm_factor=sqlFetch(mydata2,"factors")
9.library(openxlsx)
10.mydata3=read.xlsx("HS300.xlsx",sheet=2,detectDates=TRUE)
11.head(mydata3)
```

代码说明

1. 加载 gdata 包。
2. 调用 read.xls() 函数读取数据文件 capm.xls，并存储于 mydata1 对象。其中，sheet=1 表示读取第一张表；perl="c:/strawberry/perl/bin/perl.exe" 表示正在使用 perl 语言获取的数据文件的所在位置。如果没有安装 perl 语言就会报错。perl 语言的下载地址为 http://strawberryperl.com/。

3. 查看 mydata1 对象中存储的前 6 笔数据。
4. 加载 RODBC 包。
5. 调用 odbcConnectExcel() 函数读取数据，函数内只包含数据文件名称一个参数，将读取的数据存储于 mydata2 对象中。
6. 调用 sqlTables() 函数查看数据文件中的表格名称。如果已经知道了表格名称，则不需要此步骤。
7. 调用 sqlFetch() 函数读取 returns 表中的数据并存储于 capm_ret 对象中。
8. 调用 sqlFetch() 函数读取 factors 表中的数据并存储于 capm_factor 对象中。
9. 加载 openxlsx 包。
10. 调用 read.xlsx() 函数读取 HS300.xlsx 数据文件中的第二张表格。
11. 查看前 6 笔数据。

相比之下，对 RODBC 包的操作更加方便，建议读者使用它来读取 .xls 格式的数据，因为不必安装 perl 语言。如果要读取使用 Excel 2007 存储且格式为 .xlsx 的数据，需要将上述代码第 5 行使用的函数改为“odbcConnectExcel2007()”。截至本书截稿时，odbcConnectExcel() 函数只能在 32 位系统中使用，而 openxlsx() 是专门用来读取 .xlsx 格式数据的函数，而且速度很快。

使用 R 语言还可以读取 SAS、SPSS、SPlus 和 Minitab 等软件中的数据，具体方法如下：

1. 读取 SAS 软件中的数据，形式为 read.ssd(“文件名”)。
2. 读取 SPSS 软件中的数据，形式为 read.spss(“文件名”)。
3. 读取 SPlus 软件中的数据，形式为 read.S(“文件名”)。
4. 读取 Minitab 软件中的数据，形式为 read.mtp(“文件名”)。

在进行上述操作之前必须加载 foreign 包。在某些情况下，R 语言会要求使用者的计算机中安装相应软件，具体要视读取的数据格式而定。例如，读取 SAS 软件中的 .ssd 格式的数据时，就要求计算机中安装了 SAS 软件。更多细节可参考 foreign 包中的说明文件，此处不再赘述。

数据的存储与写入

R 语言会将正在处理的数据存储于内存中，如果后续他人需要使用或另有需求，就要将数据以文件的形式保存，再次使用时便可直接写入程序。可存储数据的文件格式有很多，下面我们介绍其中两种：一种是符合 R 语言规范的 .RData 格式；另一种是 .csv 格式。

将数据存储为 .RData 格式的文件

调用 save() 函数可以将已经读取的外部数据文件，另存为符合 R 语言规范的 .RData 格式的文件，并且这两个文件的名称必须相同。存储完毕后，如果后续还要用到这笔数据，只需要调用 load() 函数进行加载即可。下面我们以 .csv 文件中的 capm 数据为例，演示 save() 函数的使用方法代码如下：

```
1.save(capm_ret,file="ret.RData")
```

代码说明

1. 将名称为 capm_ret 的数据文件另存为 .RData 格式的数据，文件名 ret.RData，然后保存在新文件夹中。

在 R 语言中，可以使用 load() 函数直接加载存储后的 .RData 格式的数据文件。例如，加载数据文件 bankwage.RData，代码如下：

```
1.load("bankwage.RData")
2.names(bankwage)
3.attach(bankwage)
4.wage_entry=log(wage0)
```

代码说明

1. 调用 load() 函数加载 bankwage.RData 文件。
2. 显示文件中的字段名称。
3. 将文件中的数据存入内存。
4. 在文件中定义一个新的字段“wage_entry”，名称为 log(wage0)。

将数据存储为 .csv 格式的文件

将数据存储为 .csv 格式与数据的写入密切相关，因此我们放在一起讲解。对于数据的写入，除了前面讲过的方法外，还有一种方法：将数据另存为一个新文件。其中，新文件的名称、格式及所在位置都无须考虑。执行写入数据的函数是 write()，下面我们通过一个示例进行讲解，代码如下：

```
1.x=matrix(1:10,ncol=5)
2.write(x,"x.txt")
3.data(longley)
4.write.csv(longley,file="longley.csv")
5.gnpPop=round(longley[,"GNP"]/longley[,"Population"],2)
6.newlongley=cbind(longley,gnp.Pop=gnpPop)
7.write.table(newlongley,file="new_longley.txt")
```

代码说明

1. 生成一笔矩阵形式的数据。
2. 将数据写入，并以 .txt 格式存储于工作目录中。
3. 加载一笔存储于 longley 对象中的 R 语言内置数据。
4. 将这笔数据以 .csv 格式存储于工作目录中。
5. 生成一笔新数据，存储于 gnpPop 对象中。
6. 调用 cbind() 函数，将新生成的数据与存储于 longley 对象中的数据合并，重命名为“newlongley”。
7. 将这笔数据以 .txt 格式存储于工作目录中，文件名为“new_longley.txt”。

write.table() 函数也可以将数据存储为 .csv 格式，有兴趣的读者可参考帮助文件中的说明进行练习。需要注意的是，默认情况下，write.table() 或 write.csv() 函数会将索引存入数据文件。所以打开上例中的 longley.csv 文件时会发现，最左侧多了一列索引。如果想隐去索引，需要将 row.names 参数值设为 FALSE，例如：

```
write.csv(longley,file="longley.csv",row.names=FALSE)
```

除了上述两种数据格式，save() 函数还可以将数据存储为其他软件能识别的格式，如 .sas。

描述统计量函数 basicStats()

R 语言 fBasics 包中的 basicStats() 函数用于计算一笔数据中的各数字特征，如平均数、中位数等。下面我们通过一个示例讲解 basicStats() 函数的作用，代码如下：

```
1.library(fBasics)
2.load("bankwage.RData")
3.head(bankwage)
4.attach(bankwage)
5.dat=cbind(log(wage),edu,log(wage0))
6.colnames(dat)=c("log(wage)","education","log(wage0)")
7.basicStats(dat)
```

代码说明

1. 加载 fBasics 包。如果后续要将 fBasics 包移除，以便释放内存，可通过 detach("package:fBasics") 指令实现。
2. 读取 bankwage.RData 文件中的数据。
3. 查看前 6 笔数据。
4. 将全部数据加载至 R 语言环境中。
5. 调用 cbind() 函数，将前 3 列数据转换为矩阵形式并存储于 dat 对象中。
6. 为矩阵的列进行命名。
7. 调用 basicStats() 函数，计算这笔数据的各个数字特征并输出。

在上述代码中，最重要的是第4行，也就是attach(bankwage)。如果没有该行代码，就不能通过列名称操作数据。例如，如果不输入attach(bankwage)，就要声明必须通过“bankwage$wage”的形式获取wage字段下的数据，也就是必须告知系统“wage”是“bankwage”下的字段；而输入attach(bankwage)后，系统可以自动与bankwage建立连接，省略bankwage$，只输入wage即可操作该字段下的数据。如果想移除这个数据文件，则需要输入detach(bankwage)。调用basicStats()函数的输出结果如表C.3所示。

表C.3 调用basicStats()函数的输出结果

	log(wage)	education	log(wage0)
nobs	474	474	474
NAs	0.000	0.000	0.000
Minimum	9.665	8.000	9.105
Maximum	11.813	21.000	11.290
1.Quartile	10.086	12.000	9.432
3.Quartile	10.517	15.000	9.769
Mean	10.357	13.492	9.669
Median	10.271	12.000	9.616
Sum	4909.12	6395.0	4583.298
SE Mean	0.018	0.133	0.016
LCL Mean	10.321	13.231	9.638
UCL Mean	10.393	13.752	9.701
Variance	0.158	8.322	0.124
Stdev	0.397	2.885	0.353
Skewness	0.995	-0.113	1.268
Kurtosis	0.647	-0.286	1.741

表C.3中包含平均值的控制下限和控制上限，即LCL mean和UCL mean，它们是根据0.95这一基准计得出的。如果读者需

要更改计算基准，如将计算基准改为 0.9，可将第 7 行代码改为 basicStats(dat,0.9)，默认情况下该值为 0.95。

使用数据库读取数据

R 语言除了可以读取数据文件，还内置了与各种数据库，如 MySQL 等建立连接的函数。在没有数据库的情况下，直接读取数据时会将整个数据文件放入内存，才能进行后续处理，而使用数据库可以避免这个问题。大型数据库在使用之前一般都需要安装驱动程序，才能通过函数与数据库建立连接，进而读取数据。

请注意，这里使用的关键词是连接而不是载入。用 R 语言来处理大数据，关键在于使用的数据库连接技术与数据传输技术。本部分示例使用 MySQL 数据完成。我们先来介绍如何安装 MySQL 数据库，再来介绍如何使用 R 语言读取 MySQL 数据库中的数据。安装 MySQL 数据库的步骤如下。

步骤 1：下载 MySQL 数据库。MySQL 数据库的官方网址为 https://dev.mysql.com/downloads/windows/，首页界面如图 C.4 所示。点击“MySQL Installer”按钮，进入图 C.5 所示的下载界面。

图 C.4　MySQL 数据库官方网站

图 C.5　MySQL 数据库下载界面

图 C.5 中有两个方框，除了要安装 MySQL Server 之外，还要安装 MySQL Workbench and sample models，MySQL Workbench 是一款专为 MySQL 数据库设计的数据库建模工具。R 语言函数只能操作数据库中的数据，而无法实现对 MySQL 数据库的建模。MySQL Workbench 的主界面如图 C.6 所示。

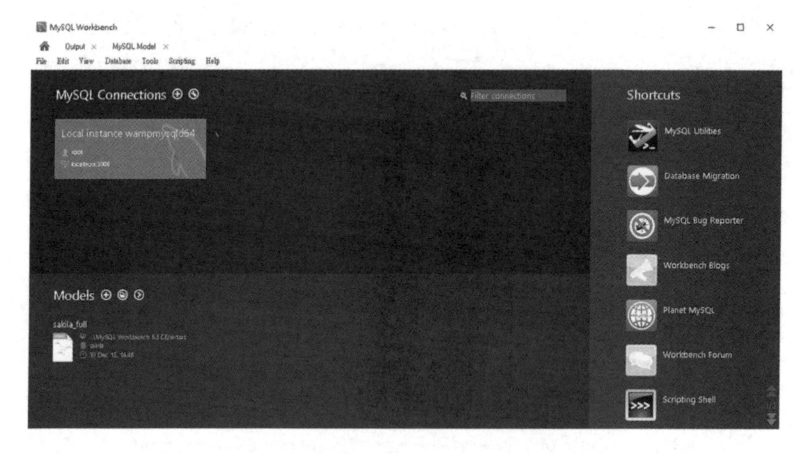

图 C.6　MySQL Workbench 的主界面

在使用 MySQL Workbench 前，需要输入用户名和密码，登录

MySQL Workbench 后的界面如图 C.7 所示。

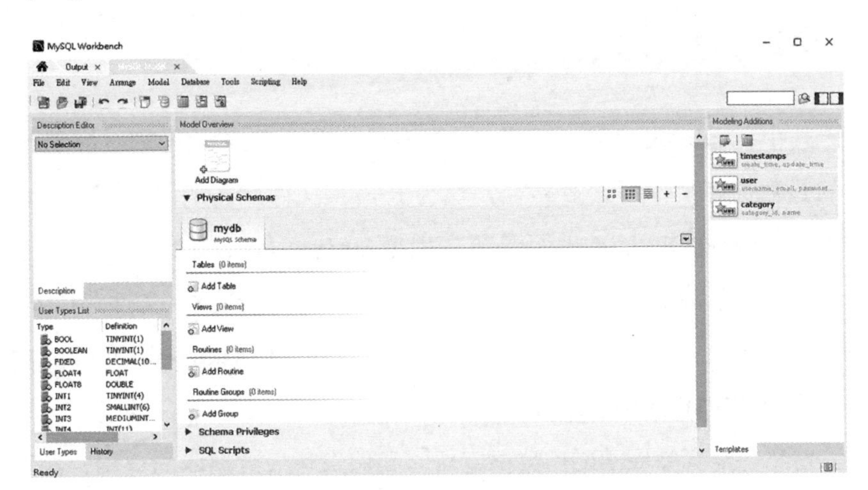

图 C.7　登录 MySQL Workbench 后的界面

步骤 2：安装 RMySQL 包。RMySQL 包的作用是建立 R 语言与 MySQL 数据库的连接，具体安装方法为在 R 语言控制台输入以下代码：

```
install.packages("RMySQL")
```

还有一种安装方法是：点击 RStudio 右下方的“Packages Install”按钮，在弹出的对话框中输入“RMySQL”。

步骤 3：配置环境变量。依次选择“控制面板”→“系统和安全”→“系统”→“高级系统设置”→“环境变量”→“新建”，弹出配置变量的对话框。最后在变量值后面的空白处输入变量地址。

本例安装路径 C:\Program Files\MySQL\MySQL Server 5.7\ 下有一个 my.ini 文件，用任一文本编辑器（如记事本）将其打开，输入以下内容：

```
basedir=C:\Program Files\MySQL\MySQL Server 5.7\
datadir=D:\MySQL\data\
```

其中，basedir 参数对应的是 MySQL 的安装路径；datadir 参数对应的是数据库文件的存放路径，这与 R 语言文件所在的路径不同。本例中的 D:\MySQL\data\ 路径是笔者根据自己的习惯设定的，读者可自行设定。这里我们存入一个数据文件。先将 sakila-db.zip 文件解压缩，然后将 sakila-db 文件夹存入 D:\MySQL\data\，则 sakila-db 文件夹的路径为 D:\MySQL\data\sakila-db\。

安装、配置完 MySQL 数据库后，我们来建立数据库的连接，测试 MySQL 是否安装成功，代码如下：

```
library(RMySQL)
con<-dbConnect(MySQL(),host="127.0.0.1",port=3306,user="root",password=
" 数据库密码 ", dbname="sakila-db")
summary(con,verbose=TRUE)
dbDisconnect(con)
```

其中，dbConnect() 函数内的参数为安装和启动 MySQL 时填写的，部分内容在启动界面中可以找到，如图 C.6 所示。需要注意的是，安装 MySQL 时必须确定密码都没有过期。数据库中的数据十分重要，它们与大数据分析息息相关。如果读者之前对数据库有一定的了解，那么学习本部分内容时就会轻松许多。

常用的数据处理函数

下面我们介绍几个常用的数据处理函数。

数据分组函数 split()

本例使用的数据为 MASS 包中的汽车性能数据，数据文件名称为“Cars93”。首先加载这笔数据，然后查看前 6 笔数据，代码如下：

```
data(Cars93, package="MASS")

head(Cars93)
```

其实，该数据文件中存储的数据量十分庞大，图 C.8 所示仅为其中的部分数据。

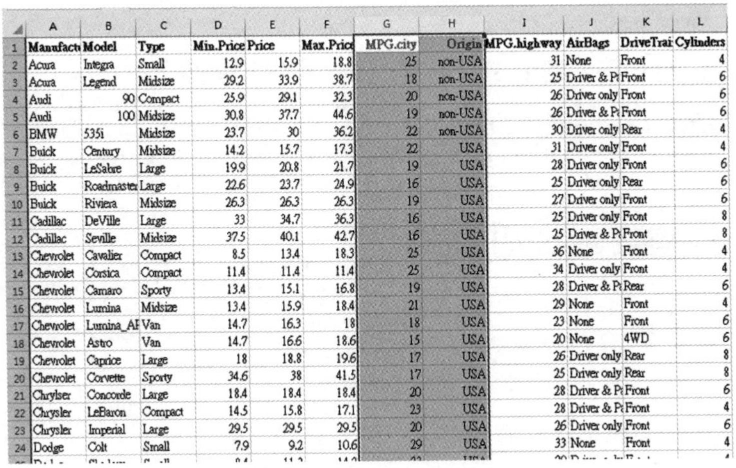

	A	B	C	D	E	F	G	H	I	J	K	L
1	Manufactu	Model	Type	Min.Price	Price	Max.Pric	MPG.city	Origin	MPG.highway	AirBags	DriveTrai	Cylinders
2	Acura	Integra	Small	12.9	15.9	18.8	25	non-USA	31	None	Front	4
3	Acura	Legend	Midsize	29.2	33.9	38.7	18	non-USA	25	Driver & Pa	Front	6
4	Audi	90	Compact	25.9	29.1	32.3	20	non-USA	26	Driver only	Front	6
5	Audi	100	Midsize	30.8	37.7	44.6	19	non-USA	26	Driver & Pa	Front	6
6	BMW	535i	Midsize	23.7	30	36.2	22	non-USA	30	Driver only	Rear	4
7	Buick	Century	Midsize	14.2	15.7	17.3	22	USA	31	Driver only	Front	4
8	Buick	LeSabre	Large	19.9	20.8	21.7	19	USA	28	Driver only	Front	6
9	Buick	Roadmaster	Large	22.6	23.7	24.9	16	USA	25	Driver only	Rear	6
10	Buick	Riviera	Midsize	26.3	26.3	26.3	19	USA	27	Driver only	Front	6
11	Cadillac	DeVille	Large	33	34.7	36.3	16	USA	25	Driver only	Front	8
12	Cadillac	Seville	Midsize	37.5	40.1	42.7	16	USA	25	Driver & Pa	Front	8
13	Chevrolet	Cavalier	Compact	8.5	13.4	18.3	25	USA	36	None	Front	4
14	Chevrolet	Corsica	Compact	11.4	11.4	11.4	25	USA	34	Driver only	Front	4
15	Chevrolet	Camaro	Sporty	13.4	15.1	16.8	19	USA	28	Driver & Pa	Rear	6
16	Chevrolet	Lumina	Midsize	13.4	15.9	18.4	21	USA	29	None	Front	4
17	Chevrolet	Lumina_AP	Van	14.7	16.3	18	18	USA	23	None	Front	6
18	Chevrolet	Astro	Van	14.7	16.6	18.6	15	USA	20	None	4WD	6
19	Chevrolet	Caprice	Large	18	18.8	19.6	17	USA	26	Driver only	Rear	8
20	Chevrolet	Corvette	Sporty	34.6	38	41.5	17	USA	25	Driver only	Rear	8
21	Chrylser	Concorde	Large	18.4	18.4	18.4	20	USA	28	Driver & Pa	Front	6
22	Chrysler	LeBaron	Compact	14.5	15.8	17.1	23	USA	28	Driver & Pa	Front	4
23	Chrysler	Imperial	Large	29.5	29.5	29.5	20	USA	26	Driver only	Front	6
24	Dodge	Colt	Small	7.9	9.2	10.6	29	USA	33	None	Front	4

图 C.8　Cars93 中的部分数据

现在我们要知道汽车在所在城市燃烧一加仑汽油能行驶的英里数

（MPG.city），并且根据汽车生产地（Origin）进行分组显示，代码及结果如下：

```
>split(Cars93$MPG.city,Cars93$Origin)
$USA
 [1] 22 19 16 19 16 16 25 25 19 21 18 15 17 17 20 23
[17] 20 29 23 22 17 21 18 29 20 31 23 22 22 24 15 21
[33] 18 17 18 23 19 24 23 18 19 23 31 23 19 19 19 28

$`non-USA`
 [1] 25 18 20 19 22 46 30 24 42 24 29 22 26 20 17 18
[17] 18 29 28 26 18 17 20 19 29 18 29 24 17 21 20 33
[33] 25 23 39 32 25 22 18 25 17 21 18 21 20
```

［练习］

请自行计算上例中 $USA 和 $`non-USA` 的平均值。

提示： out=split(Cars93$MPG.city, Cars93$Origin); out$USA

数据计算函数 apply() 家族

apply() 函数

apply() 函数是针对数据框或矩阵计算的函数，例如：

```
Returns=read.csv("eMarkets.csv")
```

```
head(Returns)    ## 因为第一栏是时间，所以执行数值计算时去除此栏
apply(Returns[,-1],1,mean)                              ## 计算行平均值
apply(Returns[,-1],2,sd)                                ## 计算列标准差
```

apply() 函数中有 3 个参数，分别表示参与计算的矩阵、按行还是按列计算和执行计算的函数。第二个参数值为 1 时表示根据行计算，值为 2 表示按列计算；第 3 个参数可以传递所有 R 语言内置函数，如 median()、sum() 等，还可以自定义函数。例如，计算每个国家和地区的平均工资与标准差相除的值，代码如下：

```
apply(Returns[,-1],2,function(x){
      mean(x)/sd(x)
}
)
```

lapply() 函数

lapply() 函数主要针对 list 类型数据的计算。在说明 lapply() 函数如何使用之前，我们先构造一个 list 对象 scores，代码如下：

```
S1=as.integer(rnorm(45,70,15))
S2=as.integer(rnorm(52,70,25))
S3=as.integer(rnorm(38,70,20))
S4=as.integer(rnorm(41,70,25))
scores=list(S1=S1,S2=S2,S3=S3,S4=S4)
```

构造完 list 对象后，使用 lapply() 函数对其各项数字特征进行计算，代码如下：

```
lapply(scores, mean)
lapply(scores, sd)
lapply(scores, range)
lapply(scores, length)
lapply(scores, t.test)

>lapply(scores, mean)
$S1
[1]68.08889

$S2
[1]71

$S3
[1]68.73684

$S4
[1]72.7561
```

sapply() 函数

对于 sapply() 函数，我们仍然使用上例构造的 list 对象进行讲解，计算目标还是其各项数字特征，代码如下：

```
sapply(scores, mean)
sapply(scores, sd)
sapply(scores, range)
sapply(scores, length)
sapply(scores, t.test)



>sapply(scores, mean)
      S1          S2          S3          S4
68.08889    71.00000    68.73684    72.75610
```

读者可自行比较lapply()函数和sapply()函数的异同，此处不再赘述。

sapply()函数还有很多用途，如可先对apply()函数针对的数据取值，再计算配对的相关系数，代码如下：

```
y=Returns[,2]
sapply(Returns[,-1],cor,y)
```

应用如下：

```
>sapply(Returns[,-1],cor, y)
     China       India      Brazil      Russia
1.0000000   0.5063852   0.3421741   0.4349667
```

```
    Indonisia      Taiwan     Columbia         Peru
0.6003137   0.5916782   0.2817501   0.1563615
        Egypt  Philippine          EMI
0.1196523   0.4377411   0.7928098
```

tapply() 函数

tapply() 函数的功能与 Excel 中的数据透视表类似，例如：

```
SSE=read.csv("SSE.csv")
head(SSE)
tmp0=tapply(SSE[,5],SSE$Name,mean)
tmp0
tmp0=data.frame(tmp0)
colnames(tmp0)="avgReturns"
tmp0
```

类似的还有：

```
by(SSE[,4:5],SSE$Name,summary)
```

值得注意的是，output 的格式必须加以区分。接下来我们通过两个示例介绍如何使用 apply() 函数简化传统的计算。

示例 1：建立循环

代码如下：

```
crossID=unique(SSE$CO_ID)
length(crossID)
result=NULL
for (j in 1:length(crossID))
{
        mydat=subset(SSE,CO_ID==crossID[j])
        output=with(mydat, lm(returns~marketReturns)$coef)
result=rbind(result,output)
}
result
```

示例 2：简化上述循环过程，代码如下：

```
SSE.reg=by(SSE,SSE$Name,function(x) lm(returns~marketReturns,data = x))
SSE.reg
lapply(SSE.reg,summary)

lapply(SSE.reg,confint)
```

取出 SSE.reg 系数表，代码如下：

```
t(sapply(SSE.reg, coef))
t(sapply(SSE.reg, function(x) {summary(x)$coef}))
```

上述代码的用途非常大，此处不再赘述，读者可自行练习。